AF401349

LE PROBLÈME

DE

LA VIE

ESSAI

DE SOCIOLOGIE GÉNÉRALE

PAR

Louis **BOURDEAU**

PARIS

FÉLIX ALCAN, ÉDITEUR

ANCIENNE LIBRAIRIE GERMER BAILLIÈRE ET Cⁱᵉ

108, BOULEVARD SAINT-GERMAIN, 108

1901

LE

PROBLÈME DE LA VIE

Coulommiers. — Imp. PAUL BRODARD. — 813-1900.

LE PROBLÈME

DE

LA VIE

ESSAI

DE SOCIOLOGIE GÉNÉRALE

PAR

Louis BOURDEAU

———•••———

PARIS

FÉLIX ALCAN, ÉDITEUR

ANCIENNE LIBRAIRIE GERMER BAILLIERE ET Cⁱᵉ

108, BOULEVARD SAINT-GERMAIN, 108

—

1901

LOUIS BOURDEAU

IN MEMORIAM

L'ouvrage posthume de Louis Bourdeau, *Le Problème de la Vie*, que nous publions aujourd'hui, se rattache étroitement à l'ensemble d'une œuvre remarquable par ses tendances et son unité; il en est, pour ainsi dire, le couronnement.

Son premier ouvrage, *Théorie des sciences, plan de science intégrale*, est un essai de coordination des sciences particulières, une tentative pour réformer et avancer l'œuvre d'Auguste Comte, selon l'esprit de Comte, tentative reprise par Herbert Spencer. « Au moyen âge, écrivait Louis Bourdeau, époque de foi plus que d'examen, saint Thomas d'Aquin résuma les croyances de son temps dans une *Summa Philosophiæ*. Notre âge, où prévaut la recherche positive, aurait pour mission d'accomplir une *Summa Scientiæ*. Leibniz l'avait rêvée sous le nom de « Science générale ». On constituerait ainsi une science maîtresse, qui assignerait à chaque science particulière son objet, ses limites respectives, éclairerait les problèmes, établirait les méthodes d'investigation et de preuves, et les ramènerait toutes à l'unité. » Ainsi se formerait une science universelle, où n'entrerait aucune conception métaphysique ou théologique.

Taine tenait *la Théorie des sciences* en particulière estime; Edmond Schérer s'étonnait que l'ouvrage ne fût pas plus souvent cité. Enfin Flint le signale en Angleterre à tous ceux qui pensent comme une œuvre de haute importance.

A cet harmonieux édifice de la science il manque, pour être achevé dans ses lignes générales, deux sciences particulières à peine ébauchées, la psychologie et l'histoire, l'étude méthodique et positive de la nature humaine et des sociétés humaines, de leur évolution et des lois qui les gouvernent. L'homme était autrefois considéré au sein de l'univers comme un empire dans un empire, tandis qu'il n'est, selon le mot de Spinoza, qu'une partie dans un tout. Il s'agit donc de souder la psychologie à la physiologie, l'histoire à l'histoire naturelle, et de constituer, sous le nom de *sociologie*, la science des sociétés humaines, la plus importante de toutes.

L'Histoire et les historiens est une étude consacrée à cette *science de l'histoire*, à son objet et à ses méthodes. Louis Bourdeau fait une critique pleine de verve de l'ancienne conception de l'histoire, individualiste et aristocratique, branche équivoque de l'art. L'auteur démontre qu'en ce qui concerne les individus et les événements accidentels, l'histoire ne peut arriver à aucune certitude. Pour le même fait, auquel ont assisté vingt témoins, on recueille vingt récits différents. Tout les historiens se contredisent. Il existe autant d'histoires que de partis. Imaginez une histoire *des histoires de la Révolution française* : quelle diversité de jugements sur les faits et sur les hommes! Nous ne sommes pas d'accord sur le caractère des contemporains : que pouvons-nous savoir des anciens?

Mais nous connaissons exactement le nombre des naissances, et nous pouvons prévoir combien la France et l'Allemagne, d'ici à dix ans par exemple, posséderont d'hommes valides capables de porter les armes. Nous savons de quelles ressources, en moyenne, disposera le budget de l'État l'année prochaine, entre quelles limites oscillera la production du blé ou du charbon, nous pouvons juger, d'après les chiffres, de l'activité ou de la langueur de l'industrie nationale, comparée aux autres pays. Les statistiques de Quételet ont révélé une étonnante régularité jusque dans les crimes et les suicides. Quiconque a parcouru les salles du Palais social à l'exposition, s'est rendu compte que l'histoire des classes ouvrières s'écrivait par des nombres : les chiffres nous disent la production et la distribution de la richesse, les salaires des ouvriers, le temps de leur travail, leur longévité, les accidents auxquels ils sont exposés, etc., et là encore les prévisions à brève échéance semblent possibles. Quant aux prévisions lointaines, il faut y renoncer, tant les sociétés humaines comportent de germes de développements imprévus, de découvertes dont nous ne pouvons imaginer la portée.

Pour cesser d'être qualitative et devenir quantitative, c'est-à-dire pour se classer à son rang parmi les sciences, l'histoire doit donc abandonner l'étude des faits particuliers, des accidents, et ne s'attacher qu'aux faits généraux et réguliers de l'activité humaine. Elle doit considérer comme les véritables agents du progrès, non pas les grands hommes, mais la foule et l'élite anonyme. De même que Buckle dans son *Histoire de la civilisation*, que Macaulay dans son *Essai sur Dryden*, que Tolstoï dans *la Guerre et la Paix*, Louis Bourdeau considère les grands hommes comme des organisateurs, des accélérateurs de mouvements dont l'origine doit être cherchée dans la foule inconsciente.

D'après Louis Bourdeau, il y a donc lieu d'opérer en histoire une révolution analogue à celle qui se poursuit dans l'ordre politique, où les individus s'effacent de plus en plus devant l'importance croissante des masses. C'est le chœur de la tragédie qui est maintenant, comme le dit Henri Heine, le protagoniste, et qui occupe le devant de la scène ; les rois les empereurs, les princes, les ministres ne jouent plus que le rôle subalterne d'interprètes bavards et d'exécuteurs des volontés populaires.

Cette constitution de la science des sociétés humaines est le grand effort de notre temps. M. Lacombe, et d'autres après lui, ont traité de nouveau le sujet. On ne s'est pas tenu aux théories, et des livres comme la *Cité Antique*, de Fustel de Coulanges, comme *l'Histoire du peuple anglais*, de Green, et de si nombreuses histoires de la civilisation, marquent avec éclat cette transformation des méthodes historiques.

La meilleure preuve que l'on puisse fournir de l'excellence d'une thèse, c'est de l'appliquer soi-même. En écrivant *l'His-*

toire des arts utiles[1], Louis Bourdeau donnait la démonstration même de sa théorie, que dans l'histoire, prise dans sa généralité, il n'y a pas d'autre héros que l'humanité même, ou plutôt la raison humaine. On a reproché à la définition qu'il donne de l'histoire « la science des développements de la raison » de ne pas tenir assez compte des passions, moteurs universels de l'activité des hommes : du moins il attire l'attention sur cette variété croissante, sur cette floraison continue des sociétés humaines, œuvre de la raison sous l'impulsion des besoins, qui a constitué les sciences, découvert leurs applications, transformé la vie sociale.

Dans les *Forces de l'Industrie*, Louis Bourdeau expose ces merveilles accomplies par l'imagination créatrice. Il déroule à nos yeux le spectacle grandiose du duel acharné entre la faiblesse humaine et toutes les puissances de la nature, dont l'homme est devenu vainqueur par l'invention des armes et des outils, l'utilisation des cours d'eau, des vents, de la chaleur, de l'électricité et de la lumière. La *Conquête du monde animal* raconte les phases de la lutte contre les grands fauves, puis la domestication des animaux ; la *Conquête du monde végétal* décrit l'ingénieuse et laborieuse culture des plantes utiles ; l'histoire de *l'alimentation* nous donne une foule de détails pittoresques sur l'ingéniosité de l'homme à se procurer une nourriture toujours plus abondante, plus variée et plus saine. L'attrait de ces livres réside non seulement dans l'exactitude des chiffres et des faits, l'érudition la plus variée, mais aussi dans le goût littéraire. Ils n'ont pas acquis, selon les critiques les plus compétents, toute la réputation qu'ils méritent.

L'ouvrage de Louis Bourdeau qui a trouvé le plus rapide accès auprès du grand public est une œuvre philosophique, le *Problème de la mort*; ce livre met en relief sa pensée dominante.

Bien loin d'opposer, comme le font les positivistes étroits, la philosophie et la science, il s'ingénie à les unir, à les éclairer l'une par l'autre.

---

1. C'est sous ce titre général que Louis Bourdeau a réuni les livres que nous citons au paragraphe suivant.

Quelles indications la science pure nous fournit-elle sur le sens de notre destinée? et tout d'abord cette destinée est-elle bornée à la vie présente, ou voit-elle s'ouvrir devant elle les perspectives infinies de l'au-delà? La solution du problème de la mort n'est-elle pas le point de départ du problème de de la vie? C'est la crainte de la mort qui a donné naissance aux religions : *Primus in orbe deos fecit timor*. La mort est le « musagète » de la philosophie. Dès que l'homme a commencé à réfléchir, son premier effort a été de soulever le voile du tombeau. Il n'est pas de question qui ait pour lui plus d'intérêt, car selon qu'elle est résolue dans un sens ou dans l'autre, elle déplace le centre de gravité de ses sentiments, de ses pensées et de ses actes.

Il faut chercher l'origine de l'idée de vie future dans l'instinct de conservation et de vouloir vivre. Par le rêve l'homme a l'idée d'un *double*, d'une âme distincte, indépendante du corps. Cet instinct, cette idée ont donné naissance à tous les systèmes de théologie et de philosophie.

Les hommes, dit M. Pillon, ont modelé la vie future sur leurs désirs; l'intelligence en a cherché des preuves; le sens moral demande à la vie future de satisfaire sa soif de justice, enfin cette croyance est considérée comme une garantie de l'ordre social, car elle retient les méchants par la crainte et encourage les bons par l'espérance.

Dans le *Problème de la mort*, Louis Bourdeau nous promène, ainsi que Dante et Virgile, à travers les Paradis, les Enfers, les Purgatoires qui ont hanté l'imagination des hommes. C'est un trésor de renseignements sur tous les dogmes religieux, les doctrines philosophiques, les inventions poétiques, par lesquels les hommes, dans tous les temps, se sont figuré un monde meilleur ou pire que le nôtre.

Le livre est écrit avec un ordre rigoureux, et l'on y trouve, logiquement enchaînés, les plus formidables arguments contre l'idée de vie future, si bien que M. Faguet a désigné l'Essai de Louis Bourdeau comme la contre-partie du célèbre dialogue de Platon sur l'Immortalité de l'âme, comme un *Anti-Phédon*. Pour des raisons conformes aux données de la science, l'auteur nie toute immortalité. Et ne dites pas que c'est là une conclusion désolante. D'abord Louis Bourdeau n'admet point qu'on puisse tirer une consolation d'une erreur. Il ne partage pas l'opinion de Gœthe dans une de ses ironiques Xénies : « Quand je vois le pèlerin, je suis touché « jusqu'aux larmes. — A quel point une idée fausse peut-elle « rendre un homme heureux ! » Si nous réfléchissions, d'après Louis Bourdeau, c'est au contraire de l'immortalité que nous aurions horreur, tandis que la mort devrait nous apparaître comme une amie qui vient trancher nettement toutes nos misères, nous verser le repos, la paix et l'oubli. La calme sagesse dépouille la mort de son aspect terrible, elle la contemple fixement, n'y voit l'image de rien de sinistre, et lui donnerait pour symbole, comme le bas relief antique, un génie qui tient un flambeau renversé.

L'auteur trouve à cette solution un double stimulant : au lieu de rêver un monde meilleur, tachons d'améliorer celui où nous vivons, et persuadons-nous que toute faute s'expie ici-bas.

Le livre de Louis Bourdeau s'adresse aux âmes fortes qui vivent sous l'empire de la raison. C'est le bien petit nombre. Les foules obéiront longtemps encore, sinon toujours, au sentiment et à l'imagination. Les croyances religieuses, comme le langage, semblent le résultat d'une activité mentale inconsciente, et se trouvent par là protégées contre les entreprises du rationalisme.

Avouons enfin que si la science fournit à la thèse de Louis Bourdeau les présomptions les plus fortes, elle n'apporte pas la preuve décisive. L'auteur le reconnaît lui-même. M. Guyau, dans l'*Irréligion de l'avenir*, fait peu de cas de ces présomptions : « Devant la science moderne, l'immortalité demeure. Si le problème n'a pas reçu de solution positive, il n'a pas reçu davantage, comme on le prétend parfois, de solution négative. » De ces contrées mystérieuses ou imaginaires de l'au-delà nul voyageur n'est revenu.

Le dernier livre de Louis Bourdeau, le *Problème de la vie*, est un *essai de sociologie et de métaphysique positives*. L'auteur écrivait dans les dernières pages de la *Théorie des sciences* : « L'idée de l'Infini, gloire et tourment de la raison, deviendra-t-elle jamais un objet de connaissance? Vainement la théologie et la métaphysique, sœurs de la poésie, prétendent l'avoir trouvée; leurs formules sont diverses, et, loin de concorder, se contredisent. Pour aborder ce grand problème, il faudrait procéder non par l'*a priori* de la révélation ou du système, mais par l'*a posteriori* de la science, et faire du vraisemblable le prolongement logique du vrai. » Sans doute, dès que les moyens de preuve et de contrôle par l'expérience méthodique nous manquent, nous n'avons aucune certitude que la logique de la nature soit celle de notre entendement; Littré déclare que la poursuite du probable nous déçoit comme un feu follet. Mais d'autre part l'intelligence humaine ne peut s'empêcher de dépasser l'expérience sensible, de se poser les questions suprêmes, et les esprits scientifiques s'efforcent de les résoudre selon les données de la science.

C'est donc avec le secours de la science que Louis Bourdeau cherche à élucider le problème du divin et de l'infini, le problème du mal, et à fonder une morale sur une observation exacte des lois de la vie.

Le dernier mot de sa philosophie est une sorte de religion de la nature, une piété envers l'univers, *amor fati*. Étudions nous à connaître l'ordre du monde, afin d'y conformer nos désirs, de vivre, autant que cela nous est possible, êtres bornés que nous sommes, en harmonie avec le divin, tel que la science nous permet de le concevoir. — Cette doctrine a des affinités avec la pensée de Marc-Aurèle et de Spinoza, sans se confondre avec elle.

La plume est tombée des mains de Louis Bourdeau, comme il venait d'achever son dernier livre[1]. Il vécut de la vie de l'esprit, dans la retraite, l'étude et la méditation, voué à la recherche à la fois passionnée et désintéressée de la vérité, moins soucieux de notoriété personnelle qu'ardent à répandre ses idées, intransigeant en matière de raison pure, tolérant et bienveillant dans la pratique de la vie, homme de bien, caractère sans tache.

J. B.

---

1. Louis Bourdeau naquit à Rochechouart, en 1824. Il était neveu de M. Bourdeau, garde des sceaux dans le ministère Martignac, puis pair de France sous Louis-Philippe. Les vingt dernières années de sa vie s'écoulèrent dans les environs de Pau, où l'avait fixé le soin d'une santé fragile. Il est mort dans sa soixante dix-septième année, le 9 mars 1900.

LE
PROBLÈME DE LA VIE

INTRODUCTION

Qu'est-ce que la vie? D'où nous vient-elle? Quelles en sont la nature, la cause, la raison d'être, la fin dans l'ordre du monde? Pourquoi vivons-nous et comment convient-il de vivre pour remplir notre destinée? Questions immenses que tout être capable de raisonner devrait, semble-t-il, se poser avant aucune autre. Il n'y a pas de sujet d'étude qui importe davantage, puisque, dans cette recherche, il s'agit de nous-même et de notre tout. Seulement, le problème est si complexe, enveloppé de tant de ténèbres, qu'on n'en peut guère aborder de plus difficile à résoudre. C'est pourquoi l'on a été si longtemps réduit à des conceptions religieuses ou métaphysiques, solutions provisoires aisément acceptées durant des époques d'ignorance et de crédulité naïve, mais dont un âge de critique et de réflexion ne peut plus se contenter. La science exige que désormais on écarte résolument, à titre de conjectures imaginaires, les interprétations mythiques ou symboliques de la vie, qui prétendent expliquer ce qu'on ignore par ce qu'on ne connaît pas. Elle réclame une explication rationnelle qui, partant de faits positifs, réussisse à les lier par une chaîne de rapports et remonte, de cause en cause, jusqu'à une cause générale et simple qui fasse tout comprendre sans qu'il soit besoin de l'expliquer elle-même, comme la théorie de la gravitation en est un admirable exemple. L'état actuel des connaissances laisse entrevoir la possibilité d'une systématisation analogue en ce qui concerne les phénomènes de la vie. Nous nous proposons, dans cette étude, d'en esquisser le plan sommaire ou, pour mieux dire, l'avant-projet.

A raison de sa complexité, la vie est à considérer sous un double aspect, d'abord dans les êtres vivants, dont chacun la réalise par un ensemble coordonné de fonctions, puis dans le milieu où ils naissent, évoluent et se développent. La vie, en effet, ne se soutient pas par elle-même; elle a pour condition un système de rapports. Elle dépend de ce qui la précède et l'entoure, la précède et la détermine. « L'idée de vie, dit Auguste Comte, suppose constamment la corrélation nécessaire de deux éléments indispensables, un organisme approprié et un milieu convenable. C'est de l'action réciproque de ces deux éléments que résultent inévitablement tous les phénomènes vitaux[1]. » La vie a ainsi pour cause une série de séquences et pour loi une adaptation continue à son milieu. Or, les corrélations de ce genre se prolongent à l'infini, et, comme la vie tient à tout, il faudrait tout connaître pour la bien comprendre. Nous serons donc tenus de l'étudier, d'abord en elle-même, dans les êtres où elle se manifeste avec le plus de puissance, ensuite dans l'ensemble des réalités dont elle dépend.

Mais, dans une enquête aussi vaste, on arrive vite à

---

1. *Cours de philosophie positive*, t. III, p. 209.

soulever des questions auxquelles les méthodes de la
science ne permettent pas de répondre avec précision, et
qui ne peuvent être tranchées que par inférence. Là où
manquent les moyens de preuve, l'esprit semble forcément voué aux illusions que nous voudrions éviter.
Entre le connu certain des acquisitions de la science, ou
même le connaissable, encore en problème, mais ouvert à
nos investigations, et l'inconnaissable fermé à toute
recherche, se creuse un abîme que le savoir positif paraît
incapable de franchir. Comme nos connaissances, aussi
loin qu'elles s'étendent, auront toujours une limite, et
comme, à partir de cette limite, toute certitude finit, il y
a un au-delà où nous ne pourrons jamais pénétrer que
par conjecture, c'est-à-dire une métaphysique.

Toutefois, il importe de faire une distinction. Sans
doute, le véritable absolu est absolument inconnaissable,
et, tout ce que nous en pouvons savoir, c'est de le comprendre comme tel. Il est pour nous cet Océan dont parle
Littré, « qui vient battre notre rive et pour lequel nous
n'avons ni barque ni voile, mais dont la claire vision est
aussi salutaire que formidable[1] ». M. A. Fouillée nous
montre de même « au delà de tout ce qui est accessible
à la science, de tout ce qui est pensée ou objet de pensée,
intelligence ou intelligibilité, le mystère éternel, aussi
impénétré que jamais, changeant de nom à travers nos
bouches, sans cesser d'être englouti dans la même nuit
et le même silence[2]. » Aucune tentative d'exploration ne
peut aboutir de ce côté; nous devons nous résigner à une
éternelle ignorance.

Mais, entre les certitudes de la science et les insondables ténèbres s'étend une zone de vraisemblance où

1. *Auguste Comte et la philosophie positive*, 1863, p. 519.
2. *Descartes.*

l'on peut pénétrer par les voies de l'hypothèse et qui constitue le domaine de la métaphysique. L'esprit humain, qu'agite le tourment de l'inconnu, éprouve l'impérieux désir, sinon de savoir sûrement la vérité qui lui échappe, du moins de pressentir la solution probable de l'irritant mystère. Ni la science positive, ni la métaphysique traditionnelle, confinées dans leurs domaines exclusifs, ne lui en fournissent le moyen. Les hommes de science, en effet, résignés à ne poursuivre que des connaissances relatives et finies s'abstiennent de rien entreprendre dans le champ infructueux de l'inconnaissable, tandis qu'au rebours les métaphysiciens, n'attachant aucun prix à des notions bornées, prétendent établir, par des inductions *a priori*, une science transcendante de l'absolu. De là résulte, entre ces deux sortes d'esprits engagés dans des voies contraires, un désaccord qui va jusqu'au dédain réciproque de leur but et de leurs efforts.

Au lieu de s'opposer et de s'exclure, de rester étrangères ou pis encore ennemies, la science et la métaphysique auraient intérêt à s'entendre, à se concerter et à s'unir. Elles relèvent l'une et l'autre de la même raison à laquelle leur contradiction semble infliger un démenti, et toutes deux scrutent le même fond d'universelle réalité, dont la nature ne change pas, qu'elle soit saisie ou reste cachée. Le résultat de leur double enquête devrait se confondre dans la connaissance claire ou vraisemblable des choses. Il n'y a, pourrait-on dire, que la mauvaise science et la mauvaise métaphysique qui se querellent, l'une incomplète, restreinte à l'étude des phénomènes et de leurs rapports, sans ouverture d'idées sur ce qui les dépasse; l'autre présomptueuse, chimérique, se complaisant à spéculer sur des abstractions, sans tenir aucun compte des notions les plus sûres. La science intégrale, aspirant à conjecturer l'ordre du monde dans sa généralité, et une métaphysique prudente, échafaudant une hypothèse sur les données du savoir positif, se laisseraient concilier sans peine, puisqu'elles se touchent par une commune frontière. Là où finit la certitude scientifique, l'induction métaphysique commence, et la seconde doit être le prolongement idéal de la première. Par malheur, les métaphysiciens ont précédé les savants, alors que, rationnellement, ils auraient dû venir après eux. Procédant par inspiration, ils sont entrés en aveugles dans l'inconnu, et, faute de données premières bien établies, n'ont pu aboutir qu'à des inférences vaines. La *Logique de Port-Royal* remarque avec raison qu'on se trompe communément parce qu'on part de principes incertains, plutôt que dans les déductions qu'on en tire. La chaîne des raisonnements est d'ordinaire assez bien liée; mais il manque au premier anneau d'être fixé en pleine évidence, et tout flotte dans le vide. Tandis que la science, prenant pour point de départ des vérités manifestes, va pas à pas du connu vers l'inconnu, la métaphysique, partant d'une conception *a priori*, prétend conduire de l'inconnu au connu et faire sortir d'un principe abstrait, toujours discutable, l'ordre entier des réalités. Au lieu de débuter ainsi par un saut dans les ténèbres, la métaphysique devrait être le développement rationnel, l'extension inductive de l'ensemble des connaissances les mieux établies. Il lui conviendrait donc de se montrer aussi réservée qu'elle a jusqu'ici été téméraire, de n'aborder l'inconnaissable qu'à partir du connaissable exploré, et de ne tenter quelques pas dans la nuit de l'inconnu qu'en empruntant, pour s'y guider, les lumières de la science acquise. Puisque sa tâche consiste à donner une explication plausible de l'univers, il importe avant tout de consulter ce qu'on en sait pertinemment. Si courte que soit notre connaissance du fini et du relatif, en comparaison de ce que recèlent l'infini et l'absolu, cette connaissance vaut toujours mieux que rien, et l'on a moins chance d'errer en allant de ce qu'on sait à ce qu'on ignore, qu'en raisonnant sans rien savoir sur ce qu'on ne connaît pas.

Une seule méthode paraît logique et profitable : prendre pour base de la spéculation métaphysique la solide assise des vérités de la science, et s'élever par degrés jusqu'aux généralisations les plus hautes qui se puissent concevoir. Sans doute, les inférences de ce genre n'auront jamais de rigueur scientifique, puisqu'elles anticipent sur l'inconnu ; mais d'accord avec les données de la sience, au lieu d'être sans lien avec elles et souvent démenties par elles, les conjectures cesseront d'être imaginaires pour devenir vraisemblables. Elles profiteront alors, pour s'affermir où se rectifier, de tous les progrès de la connaissance, et l'avenir aurait le lointain espoir de voir s'instituer un jour une métaphysique positive, et, pour ainsi dire une religion scientifique.

Telle est la marche que nous nous proposons de suivre dans cette étude, où nous aurons à opérer, d'abord l'analyse de la vie individuelle, puis la synthèse des groupes qui la circonscrivent et l'expliquent.

LIVRE PREMIER

ANALYSE DE LA VIE INDIVIDUELLE

Comme l'être humain est un type supérieur d'organisation et de vie, nous le prendrons pour sujet de notre analyse, avec le double avantage de trouver en lui l'individualité la plus tranchée, et l'unique possibilité d'associer dans cette étude l'observation externe et l'introspection.

Considéré à part, l'être humain forme un tout dont l'unité semble parfaite. Lui-même a, par le sens intime, une conscience très nette de cette unité, et se perçoit comme une personnalité simple, indivisible pour la pensée. Néanmoins, l'observation, même sommaire, se décompose facilement en parties qui, à leur tour, se laissent décomposer en parcelles, puis en particules, dont le détail paraît sans fin. Les philosophes anciens appelaient l'homme un *microcosme*, un petit monde. Aucune désignation ne saurait lui mieux convenir, et, plus on avance dans son étude, plus, sous une simplicité sommaire, on découvre de complexité réelle. Essayons d'opérer méthodiquement l'analyse de l'individualité humaine. Quoique, dès le début, la philosophie se soit proposé avec Socrate la connaissance de l'homme, elle a mal réussi à l'établir, parce qu'à l'observation patiente des faits elle a substitué de vagues abstractions. La science, abordant le problème par une autre voie et serrant la réalité de plus près, s'est montrée moins inféconde. Consultons-la de préférence et demandons-lui des moyens plus exacts d'information.

Pour procéder avec ordre à l'analyse de l'être humain, il importe de distinguer en lui deux aspects, l'un physique, l'autre psychique, dont l'investigation exige l'emploi de procédés différents, car ils ne sont saisissables, le premier que par le dehors, à l'aide des sens externes, le second que du dedans, par le sens intime. Des théories métaphysiques ont fait méconnaître l'irréfragable unité du moi et conduit à le suppposer composé de deux êtres accolés, mais dissemblables, d'un corps et d'une âme d'essence contraire, grave méprise qui a entraîné une longue suite d'erreurs et d'antinomies. En réalité, ces deux aspects du moi ne représentent, dans l'être total qu'ils forment en s'unissant, que deux ordres de fonctions, deux classes de phénomènes inséparables et concomitants. Leur distinction, fondée sur une simple disparité de modes de perception, n'autorise nullement l'affirmation de deux natures opposées, puisqu'elles se confondent dans le moi, et c'est le même être qui s'observe tour à tour du dehors et au dedans. Tout en admettant cette distinction, consacrée par l'usage, comme moyen d'analyse et pour la commodité des recherches, nous nous garderons conséquemment d'attribuer aux mots de corps et d'âme, de matière et d'esprit, le sens absolu et trompeur d'hétérogénéité qu'y ont attaché les métaphysiciens. Pour nous, ces termes se réfèrent, non à des substances différentes, car nous ignorons ce qu'est en soi une substance et nous n'en pouvons pas raisonner, mais à des attributs de l'être, à deux groupes de phénomènes dont l'accord constitue notre personnalité.

Ces réserves posées, voyons de quels éléments se compose l'individualité humaine, considérée d'abord à titre d'organisme vivant, puis à celui d'agent psychique. Comme on ne peut arriver à la connaissance d'un tout complexe que par l'étude de ses parties prolongée aussi loin que possible dans le détail, appliquons-nous à décomposer ces deux aspects du moi, et tâchons d'en poursuivre l'analyse jusque dans les moindres subdivisions que la pensée puisse atteindre.

CHAPITRE PREMIER

ANALYSE DU SOMATISME INDIVIDUEL

---

§ I. Organes de l'organisme.

1. — Sous l'harmonieuse unité de sa forme, tout-clos nettement circonscrit, l'organisme humain laisse reconnaître de prime abord une grande diversité d'organes. Les plus extérieurs étaient faciles à distinguer, car leurs formes et leurs fonctions apparaissaient avec évidence. Toutes les langues, même les plus indigentes, spécifient et dénomment la tête, le cou, la peau et ses annexes, etc.

La connaissance des organes intérieurs fut naturellement beaucoup plus tardive. Il fallut, pour la révéler aux regards, soit des accidents qui missent quelques parties à découvert, soit des habitudes d'anthropophagie ou des pratiques d'embaumement. Les recherches médicales et les tentatives de chirurgie ne suivirent que de très loin. Même parvenue à l'état de science ébauchée, l'anatomie manqua longtemps de précision parce que le respect religieux, interdisant de profaner les cadavres, réduisait les anatomistes à disséquer des animaux. Aristote dit expressément que les parties internes du corps humain sont presque inconnues (ἄγνωστα), « de sorte qu'en les étudiant on doit avoir en vue les parties analogues d'animaux autres que l'homme, mais dont la nature est approchante [1]. » Galien lui-même n'avait disséqué aucun cadavre, et son anatomie se réfère principalement à des magots. En Égypte pourtant les Lagides autorisèrent la dissection des cadavres, même la vivisection des criminels condamnés à mort, et, avec Érasistrate et Hérophile, l'anatomie était en voie de prendre un rapide essor, mais ses progrès furent peu après complètement arrêtés par le préjugé chrétien. En somme, depuis Hippocrate jusqu'à Vésale, on ne put guère porter la connaissance du détail de l'organisme au delà d'une distinction sommaire de « parties » [2] observables à l'œil nu, et l'on dut se borner à décrire la forme des organes, à démonter pièce à pièce ce prodigieux mécanisme, à scruter le jeu de chaque rouage, la fonction de chaque appareil. Le dedans parut alors bien plus complexe que le dehors. On y discerna des os, des muscles, des viscères, le cœur, l'estomac, les poumons, le foie, diverses glandes, des canaux servant au passage de l'air et des aliments, des vaisseaux sanguins, des cartilages, des tendons, des nerfs, le cerveau, la moelle épinière, des organes reproducteurs... On se perdit d'abord et on s'égara souvent dans la confusion de tant de parties dont la structure et les attributions restèrent longtemps obscures, car plusieurs n'ont été déterminées que de nos jours, et quelques-unes même sont encore problématiques. Néanmoins, à force de temps et d'étude, l'anatomie et la physiologie réussirent à mettre de l'ordre dans ce chaos de données, et l'organisme apparut comme un assemblage prodigieux d'organes où l'on ne sait qu'admirer le plus, du nombre des parties,

---

1. *Histoire des animaux*, t. 1, p. 16.
2. Aristote, Περὶ ζώων μορίων; Galien, *De usu partium*.

de la diversité des fonctions, de leur concordance dans l'ensemble et de l'unité du tout.

A raison de cette unité, on commença par croire qu'un principe unique d'activité, la vie, entité mystérieuse, animait l'organisme entier et l'abandonnait à la mort. Mais on reconnut plus tard que la vie n'est pas un phénomène aussi simple, et il fallut admettre que le corps est un tout vivant composé de parties qui elles-mêmes sont vivantes. Chaque organe, en effet, quoique solidaire des autres et concourant avec eux à la vie commune de l'organisme, doit être considéré comme étant lui-même un petit organisme spécial qui a sa vitalité propre, son indépendance relative, ses conditions particulières de développement et de fonctionnement, ses états de santé et de maladie, ses phases d'évolution, son déclin et sa mort. Plusieurs peuvent périr ou disparaître sans que l'existence du tout soit compromise, comme il arrive quand on perd un membre, les dents, les cheveux, la vue ou l'ouïe. D'autre part, quelques-uns peuvent survivre un temps à la mort de l'ensemble, et l'on sait que, sur un cadavre, les ongles et les poils continuent de croître un jour ou deux. On dut alors distinguer dans l'organisme deux sortes de vies, celle de l'ensemble et celle des organes. Paracelse formula le premier cette idée de génie en séparant la vie totale de l'individu (*vita communis*), qui est une résultante d'ensemble, et la vie spéciale (*vita propria*) de chaque partie. La même théorie fut ensuite développée par Bordeu, pour qui « la vie générale d'un être animé, d'un homme notamment, n'est que la somme des vies particulières à chacun de ses organes [1] ». Ce qu'on appelle vie est, selon lui, la synthèse d'une multi-

1. Milne-Edwards, *Leçons sur la physiologie et l'anatomie comparées de l'homme et des animaux*, p. 140, § 6.

plicité de vies partielles qui ont leur siège dans chaque élément de l'organisme. Il tient que tout vit dans un être vivant, les organes, les tissus, même le sang. Bordeu remplaçait ainsi l'iatro-mécanisme de l'école cartésienne et l'iatro-chimie des humoristes par un vitalisme positif et le dynamisme leibnizien[1]. Cette grande vérité, qui est devenue le fondement de la biologie, laisse entrevoir la complexité du phénomène de la vie.

2. — Chaque organe forme ainsi par lui-même un tout distinct ; mais ce tout se compose également de parties qu'une observation attentive pouvait déterminer sans trop de peine. On reconnut que le squelette d'un adulte comprend 244 pièces osseuses, et que les muscles s'y rattachant, au nombre d'environ 500, mettent en branle un système de leviers. Le cœur est fait de deux oreillettes et de deux ventricules accolés ; le foie et le poumon se partagent en lobes inégaux. Le réseau circulatoire et l'appareil d'innervation se ramifient en une quantité de vaisseaux et de filaments... Toutefois, jusqu'à la fin du xvi⁰ siècle, les recherches des anatomistes, bornées à ce que la vision simple pouvait directement saisir, furent impuissantes à dépasser un champ d'exploration assez restreint.

A partir de la découverte du microscope (Zacharias Jansen, 1590), la vue amplifiée put étendre beaucoup plus loin l'investigation du détail des organes, et, à mesure que s'accrut la puissance de ce merveilleux appareil, les regards, pénétrant dans le monde si longtemps fermé des infiniment petits, opérèrent la conquête inespérée de l'invisible. Il apparut alors que les particules similaires d'un organe ou de très petits organes disséminés dans l'organisme offrent parfois l'exemple d'une surprenante multi-

1. F. Papillon, *Histoire de la philosophie moderne dans ses rapports avec le développement des sciences de la nature*, t. II, pp. 321, 338.

plicité. Chaque muscle se décompose en un grand nombre de fibres composées elles-mêmes de fibrilles. Les deux systèmes circulatoire et nerveux se résolvent, dans leurs ramifications ultimes, en canalicules et en filaments dont le diamètre dépasse en petitesse celle du cheveu le plus fin, et partout si répandus qu'on ne peut guère piquer un point quelconque de l'organisme avec une pointe d'aiguille sans en blesser quelques-uns. A raison de leur structure aréolaire, les lobules du poumon sont creusés de vésicules si nombreuses que, à chaque aspiration, le sang vient s'y étaler au contact de l'air sur une surface totale de 150 mètres carrés. Dans la cloison du limaçon de l'oreille, on compte environ 3 000 arcs parallèles, de grandeur décroissante comme les cordes d'une harpe et destinés à filtrer des sons. Au fond de notre œil, disposé en forme de chambre obscure, des bâtonnets et des cônes, de dimensions inégales, et dont Helmholtz évalue le nombre à 250 000, sont en rapport, d'une part avec les degrés d'intensité de la lumière, de l'autre avec les longueurs d'onde qui correspondent à la perception des couleurs. La peau, enveloppe du corps, est rendue sensible aux contacts par des corpuscules épars qui, à la face palmaire des doigts de la main, spécialement affectés au toucher, sont au nombre de plus de 60 par millimètre carré. Cette membrane tégumentaire est en outre percée d'environ 2 300 000 pores par où s'effectue la transpiration au débouché d'autant de glandes sudoripares, et ces canalicules, mis bout à bout, ne mesureraient pas moins de 45 kilomètres. Mentionnons encore la présence, dans la peau, de glandes sébacées dont les sécrétions graisseuses entretiennent sa souplesse, et de bulbes aussi nombreux que les poils ou les cheveux implantés à sa surface. Les muqueuses qui tapissent les voies respiratoires sont garnies de cils vibratiles plus serrés que les villosités d'une brosse, et toujours en mouvement.

Comme les organes spéciaux de l'organisme, chacune de ces parties ou particules d'organe constitue un petit centre de vie qui a son activité propre, son évolution particulière, ses causes de force ou de faiblesse, et peut cesser d'être sans que le reste de l'organe soit atteint, de sorte que la vie totale de l'organe est la résultante de la vie partielle d'innombrables éléments.

3. — On a déjà, par ces exemples, un aperçu de la multiplicité des organes dont est fait le corps humain. Un si grand nombre de parties rendait confuse la complication de l'ensemble. Il importait de discerner les éléments premiers de la structure organique et de montrer, sous la diversité des formes, la simplicité de leurs matériaux communs. Bordeu, Haller, et surtout Bichat, s'appliquèrent à réduire la composition des divers organes à un petit nombre de trames, douées de propriétés caractéristiques et désignées par l'expression de *tissus*. Ce terme, dû à Bordeu [1], fut ensuite consacré par Meyer, qui donna le nom d'*Histologie* (de ἱστος, tissu) à la science nouvelle des éléments anatomiques. Bichat, cherchant à classer ces matériaux de l'organisme, crut pouvoir admettre vingt et une sortes de tissus; mais les analogies de structure et de fonction de plusieurs d'entre eux, ainsi que leurs rapports de dérivation, ont fait limiter le nombre des classes à quelques éléments types, dont les aptitudes bien définies sont susceptibles de traverser, sans les perdre, des modifications plus ou moins étendues. Le tissu conjonctif, la plus simple et la moins spécialisée de ces trames, unit les autres éléments, qui tous procèdent

---

1. *Recherches sur le tissu muqueux*, 1767.

de lui, comble les vides interorganiques et donne à l'ensemble de la cohésion. Aisément imprégné par les liquides blastématiques, il assure la nutrition du système en facilitant dans sa masse une rénovation continue de substance. Les tissus épithéliaux, particulièrement propres à absorber ou à exhaler, recouvrent les surfaces organiques. Les tissus glandulaires ont pour fonction de sécréter les liquides nécessaires à l'économie ou d'excréter ses matériaux usés. Les tissus cartilagineux et osseux, à raison de leur force de résistance, forment la charpente rigide des corps, soutiennent et protègent les organes, ou, articulés et mobiles, servent d'intermédiaires pour la transmission des mouvements. Le tissu musculaire, excitable et contractile, est un producteur de puissance, chargé de pourvoir à la motricité. Enfin, le tissu nerveux, le plus impressionnable de tous, fait subir aux causes d'excitation une transformation mystérieuse, détermine les phénomènes psychiques de sensibilité, d'idéation et de volonté, met ainsi l'organisme en relation avec le dehors et règle son fonctionnement.

Les propriétés de ce petit nombre de trames élémentaires font comprendre, malgré la diversité des organes, les fonctions essentielles de l'organisme. Quoique la vie semble diffuse dans les tissus, chacun d'eux a, par l'effet même de sa composition et de sa structure, ses conditions d'activité, ses exigences de nutrition, ses modifications évolutives, ses états de fatigue, ses désordres pathologiques qui retentissent sur l'ensemble et nécessitent un traitement approprié. Chacun d'eux a sa vitalité distincte dont l'organisme se borne à effectuer la synthèse.

§ II. — Éléments plastiques des organes.

1. — Par suite de l'apparente simplicité des tissus, on prit d'abord ces matériaux plastiques pour les éléments ultimes de la construction organique, et Auguste Comte tenait que là devaient s'arrêter les recherches, interdisant même à l'avenir le pouvoir de les étendre plus loin[1]. Mais, au moment où le fondateur de la philosophie positive émettait cette imprudente et peu philosophique affirmation, la théorie cellulaire, que Schleiden (1838) et Schwann (1839) travaillaient à instituer, vint ouvrir des voies nouvelles à l'analyse du détail des organes. Cette théorie, une des gloires scientifiques du xix° siècle, a éclairé d'un jour imprévu la structure et le fonctionnement des organismes composés en montrant que leur vie totale est la somme et la résultante d'une immense multitude de petites vies coordonnées et unifiées.

Nos organes et nos tissus sont en effet, des agrégats de cellules ou, pour mieux dire de plastides[2], unités simples qui semblent être la première ébauche qu'ait réalisée en s'organisant la matière vivante. L'extrême petitesse de ces éléments les a longtemps dérobés à l'observation, car la mesure de leur diamètre varie de quelques centièmes au plus à des milièmes de millimètre, et l'on n'est parvenu que de nos jours à les percevoir, à l'aide de très forts grossissements. Sous une forme rudimentaire, ces organismes infimes peuvent subsister isolés, au sein d'un liquide convenable, comme on le voit par la

---

1. *Cours de philosophie positive*, t. III, pp. 365, 370.
2. Le terme de « cellule » appliqué d'abord aux élémens des végétaux, ne convient qu'à eux. Celui de « plastide », dont le sens est moins spécial, serait préférable pour désigner les éléments de structure dans les deux règnes organiques.

multitude des microbes unicellulaires qui peuplent les
eaux, et, en nous-mêmes, par l'exemple des globules
tenus en suspension dans le sang ou des germes reproducteurs d'où l'organisme provient. Mais ces éléments
peuvent aussi s'agréger, former des trames et mener
alors une vie commune. Néanmoins, leur condition à
l'état d'assemblage ne diffère pas essentiellement de la
précédente, puisqu'ils vivent toujours dans un milieu
intérieur, sang et liquides blastématiques, où ils trouvent
l'eau, l'air, la chaleur et les matériaux de nutrition
nécessaires à leur existence.

Ces liquides seuls exceptés, l'organisme entier dans ce
que sa forme a de stable, les os du squelette, les fibres
des muscles, le parenchyme des glandes, les membranes
des vaisseaux, la peau et ses annexes, la pulpe nerveuse...
sont construits avec diverses sortes de cellules dont la
configuration, la nature et les aptitudes varient. Malgré
leur exiguïté, qui confine à l'infiniment petit, chacun de
ces éléments constitue un être à part qui a son individualité distincte, sa fonction particulière, sa façon de
naître, d'évoluer et de mourir. Réunis et concourant à
une activité d'ensemble, ils composent un tout dont
l'unité résulte de la symbiose des éléments associés.

Eu égard à la ténuité microscopique des plastides, le
nombre de ceux qui entrent dans la structure du corps
humain dépasse de beaucoup ce que l'esprit peut saisir
avec netteté. Il faut, dit Darwin, concevoir chaque être
vivant comme un petit univers composé d'une foule
d'organismes aptes à se reproduire par eux-mêmes, d'une
petitesse infinie et aussi nombreux que les astres du
firmament ». Si grandiose que soit cette image, elle est
fort insuffisante, car la quantité des plastides contenus
dans le corps humain est immensément supérieure à celle

des astres visibles dans le ciel. On en peut fournir aisément la preuve.

En procédant par des jauges méthodiques, on a constaté qu'un millimètre cube de sang renferme de 5 à 6 millions de globules rouges et de 8 à 9000 globules blancs, les uns et les autres à l'état de plastides libres. D'une proportion facile à établir, il ressort que le sang d'un adulte (quatre litres et demi en moyenne ou 4 500 000 millimètres cubes) doit approximativement contenir 25 trillions de globules rouges et 40 billions de globules blancs. Les premiers ont une largeur d'environ 7/1000 de millimètre, et, rangés bout à bout, formeraient une chaîne dont la longueur excèderait quatre fois la circonférence du globe.

Le dénombrement des plastides fixés à demeure dans les tissus présente plus de difficulté, et les données précises font défaut. En ce qui concerne le tissu nerveux, étudié avec le plus de soin, on sait seulement que le nombre des cellules accumulées en strates à la surface du cerveau, dans la couche de substance grise, a été évalué à 600 millions par Meyner et même à plus par Beale [1]. S'il paraît malaisé, ou pour mieux dire impossible, de faire un recensement méthodique de tous les plastides du corps humain, on peut du moins s'en former une idée approchante d'après le rapport de leur petitesse à la masse de l'organisme. Alors même qu'on se bornerait à prendre, comme moyenne de l'ensemble, la proportion constatée pour les globules du sang, — proportion

1. Le nombre des cellules nerveuses contenues dans le *cortex* du cerveau, évalué sommairement par Meyner à 622 millions, s'élèverait, d'après des observateurs plus récents (le Suédois Hammarburg (1895) et Miss Thomson [1899] aux États-Unis) en prouvant par le décompte des cellules contenues dans 1 millimètre cube de substance prélevée dans 16 régions du *cortex*, au chiffre invraisemblable de 9 milliards cent millions!

manifestement trop faible, puisque les hématies flottent dispersées au sein d'un liquide, tandis que les éléments des tissus sont adhérents et pressés, — on devrait admettre, pour un corps ayant le poids normal de 66 kilogrammes, environ quatorze ou quinze fois plus de plastides que n'en contiennent les quatre kilogrammes et demi de sang, c'est-à-dire un total de 350 trillions.

Ce n'est pas encore tout. Si prodigieux que soit ce nombre, il ne représente que la quantité des cellules simultanément agrégées dans l'organisme, à un moment de son plein développement. Or, ces éléments ont une courte durée, en rapport avec leur petitesse, et, par suite, les générations de cellules se succèdent rapidement. Moleschott a évalué à quinze jours la durée probable de la vie des globules rouges, d'après l'espace de temps pendant lequel ceux d'une brebis se conservent dans le sang d'une grenouille. Attribuons-leur une longévité moyenne d'un mois, intervalle au terme duquel on admet que la substance du corps est entièrement renouvelée. Le nombre total des plastides, pour un être humain, durant une existence de soixante-quinze ans, serait alors 900 fois plus grand et s'élèverait à 315 quatrillions. Pour faire apprécier l'immensité d'un tel chiffre, dont l'esprit est impuissant à mesurer directement la valeur, il faut l'exposer autrement : si, à partir du commencement de notre ère, les unités qu'il comprend s'étaient écoulées à raison de 5 millions par seconde, le défilé d'une aussi prodigieuse multitude n'aurait pas encore pris fin. Mais, comme ce défilé, pour s'achever en soixante-quinze ans, doit être vingt-cinq fois plus rapide que réparti en un cycle de mille neuf cents ans, il s'ensuit que, dans le torrent de la circulation vitale, les éléments cellulaires sont produits et éliminés à raison de 125 millions par seconde !

Les diverses sortes de plastides, qui entrent en si grand nombre dans la construction de l'organisme, s'en partagent le travail physiologique. A leurs différences de composition et de structure correspondant des spécialités de fonction. Les cellules du tissu conjonctif, simples glomérules de protoplasme, servent de gangue connective pour relier les tissus ou les organes, et facilitent les rénovations de substance. Les cellules, mieux spécialisées, dont se composent les autres trames, sont investies de tâches particulières. Les cellules épithéliales, disposées soit en forme de petites plaques appareillées (épithélium pavimenteux), soit en forme de bâtonnets parfois terminés par des cils (épithélium cylindrique et vibratile), ont pour emploi d'absorber ou d'exhaler. Les plastides des tissus glandulaires sécrètent les liquides spéciaux qu'exigent les fonctions de l'organisme (salive, suc gastrique, suc pancréatique, bile, synovie, larmes...), ou filtrent le sang et l'épurent en éliminant des résidus d'excrétion (eau surabondante, urée, sueur...) Des cellules chargées de calcaire et presque minéralisées composent la charpente des os. Le tissu musculaire est fait de fibrilles tubulaires, à parois élastiques, pleines d'une substance (sarcoplasme) susceptible de se contracter et de se relâcher alternativement, d'où résulte un pouvoir de motilité. Les cellules nerveuses, petits amas de substance grise reliée par des filaments de substance blanche, sont douées d'une impressionnabilité délicate et propres à ressentir des causes d'excitation, puis à les convertir en causes d'incitation, qui se résolvent en mouvements. Enfin, les cellules génératrices pourvoient à la reproduction sous la double forme d'ovules et de spermatozoïdes, germes mystérieux où réside en puissance le principe d'évolution d'un être futur.

Sans faire partie d'aucun tissu, les globules du sang jouent un rôle essentiel dans le fonctionnement de l'organisme. Les plus nombreux, hématies ou globules rouges, doivent au fer qui les colore une remarquable affinité pour les gaz. A raison de cette propriété spéciale, ils ont pour mission d'aller, à chaque pulsation du cœur, absorber dans les poumons, au contact de l'air aspiré, l'oxygène dont le fer est avide, et de le charrier, par la circulation artérielle, dans toutes les parties du corps où ce gaz opère la combustion vitale. Ainsi déchargés de leur oxygène, ces mêmes globules recueillent dans les tissus l'acide carbonique qui provient de leur oxygénation, et vont le déverser, par la circulation veineuse, dans les poumons, d'où il s'exhale avec l'air expiré. Cette incessante modification chimique du fer contenu dans les hématies, qui le fait alternativement passer d'à l'état de peroxyde, sous l'influence de l'oxygène, à celui de protoxyde sous l'influence de l'acide carbonique, sert à entretenir la chaleur et l'activité de l'organisme.

Plus récemment observé, le phénomène de la *phagocytose*, signalé par M. Metchnikoff, révèle parmi les cellules une fonction de guerre et de carnage qui semble introduire au sein même de nos organes l'impitoyable loi du *struggle for life*, mais qui tend au contraire à une fin de préservation et de défense. D'une part, en effet, chaque genre de tissu contient, outre les cellules qui, anatomiquement, le constituent, des éléments spéciaux dits *phagocytes* (mangeurs de cellules), dont la tâche consiste à détruire en les dévorant les cellules débilitées, vieillies ou mortes, qui, devenues impropres au fonctionnement du tissu, seraient pour lui une cause d'obstruction ou d'infection. Toujours en mouvement, ces phagocytes s'insinuent dans les trames organiques, traversent les vaisseaux, englobent et désintègrent tous les déchets de la vie qu'ils trouvent sur leur passage. Ce sont des agents de purification qui veillent à entretenir la cité en bon état. D'autres part, les leucocytes ou globules blancs, qui flottent avec les globules rouges, mais en moindre proportion, dans le fluide sanguin, sont des phagocytes généraux qu'on peut appeler « bactéricides », car ils sont chargés de combattre et d'exterminer les microbes venus du dehors, dont nous absorbons continuellement, par les voies digestives ou respiratoires, des quantités énormes [1] sans jamais en éliminer aucun. Ces éléments étrangers, d'ordinaire indifférents, mais parfois infectieux, et toujours prêts à se propager dans l'organisme à nos dépens, arriveraient vite à l'encombrer et à lui nuire. Les leucocytes s'opposent à cette invasion et en préviennent le danger. Animés de mouvements amiboïdes, ils poussent des prolongements, englobent à la rencontre les germes neutres ou pathogènes, les absorbent, les suppriment. Sentinelles vigilantes investies d'un service de salubrité publique, les phagocytes empêchent ainsi l'organisme d'être menacé par l'intrusion d'éléments hostiles ou compromis par la corruption de nos propres matériaux.

La plupart des germes microbiens introduits dans l'économie avec l'air inspiré ou les aliments ingérés sont inoffensifs et facilement anéantis; mais quelques-uns ont un pouvoir de nocivité qui les rend redoutables à cause des toxines qu'ils sécrètent. Tantôt l'organisme élimine ces poisons, tantôt il leur oppose des antitoxines que sécrè-

---

1. A Paris, l'air contient, en moyenne de l'année, 7 620 bactéries par mètre cube; l'eau de la Seine, outrageusement polluée, n'en contient pas moins de 2,000,000.

tent les cellules et qu'on cherche à imiter par le procédé de la sérothérapie. Enfin il convient de mentionner une classe intéressante de microbes amis et alliés qui, sans faire partie intégrante de l'organisme, lui prêtent, à titre de parasites utiles, un précieux concours en collaborant à une de ses fonctions. Tels sont les microbes installés à demeure le long du canal digestif, et qui, comme agents de fermentation, contribuent au travail de la transformation des aliments.

Si nombreux et si divers que soient les plastides du corps humain, ils offrent entre eux des analogies fondamentales, et leur communauté d'origine ressort du fait que tous dérivent, par modifications graduelles, d'une cellule initiale, où sont confondus, par imprégnation, deux éléments générateurs, l'ovule femelle et le spermatozoïde mâle. Dans le germe ainsi animé d'une double impulsion vitale, le phénomène de la duplication cellulaire s'accomplit avec ordre, d'une façon continue. L'ovule fécondé se partage successivement en 2, 4, 8, 16, 32... plastides qui s'accroissent et se subdivisent à leur tour. Cellule simple au début, l'organisme en cours d'évolution devient un agrégat de plus en plus volumineux de cellules coordonnées. Homogènes dans le principe et de type uniforme, ces éléments se différencient par degrés, modifient leur état de composition, revêtent des aspects variés, acquièrent des attributs distincts et se spécialisent de plus en plus, par suite de leur situation dans l'ensemble, du mode de nutrition qui en résulte, des fonctions qu'ils remplissent et de l'action qu'ils exercent les uns sur les autres. Les cellules du tissu conjonctif, le moins spécialisé de la série, semblent posséder au plus haut degré le pouvoir d'amorce qui leur permet de croître, de se multiplier et de subir les transformations d'où proviennent ensuite les cellules différenciées. Ainsi les cellules épithéliales procèdent directement des cellules conjonctives et n'en sont qu'une forme voisine. Les cellules nerveuses dérivent ensuite, par métamorphose graduelle, des cellules épithéliales... Durant le cours de ces modifications successives, les plastides perdent peu à peu leur disposition globulaire du début, s'allongent, s'étirent, prennent des formes variées, ovoïdes, discoïdes, tabulaires, cylindriques, fusiformes, fibreuses, polygonales, étoilées... qui toutes se rattachent au type sphéroïdal original et s'expliquent par des pressions subies. D'une cellule primordiale simple sort ainsi, par une longue suite de dédoublements et de modifications graduelles, un monde de cellules hétérogènes, harmoniquement associées.

A mesure, en effet, que ces éléments se particularisent, ils s'adaptent les uns aux autres et concentrent leur activité. Tandis que les cellules de même espèce s'agrègent en tissu, les divers tissus agissent pour produire les organes, les organes se coordonnent en appareils, et le tout réalise un type déterminé. Ce prodigieux travail s'accomplit souvent dans un temps très court, comme le montre la surprenante élaboration plastique qui, en moins de vingt et un jours, transforme la substance inerte et homogène d'un œuf de poule en un poulet organisé et vivant. Au terme de la gestation humaine où l'embryon se développe en empruntant la substance de la mère, il est de même en état de mener une existence individuelle. Il continue de se développer, suit les phases d'une évolution normale, mais éprouve, par l'effet même des phénomènes dont il est le siège, un déperdition de puissance qui le condamne à mourir, et sa vie ne peut se prolonger dans d'autres êtres qu'après avoir provoqué en

eux l'impulsion génératrice, point de départ d'une individualité nouvelle.

En somme, le corps humain est l'assemblage effroyablement complexe d'une immense multitude de petits
organismes élémentaires coordonnés en système fortement
unifié. Nous sommes des êtres polycellulaires, des fédé-
rations de plastides associés suivant des lois d'adaptation
et d'hérédité. Seule, la vie de l'ensemble est manifeste et
paraît simple; en réalité, elle ne fait qu'exprimer la synthèse d'un nombre infini de vies parcellaires. Chaque plastide, en effet, a son existence propre, son individualité
distincte; il naît, se nourrit, se propage, évolue et meurt
dans des conditions qui lui sont particulières. Notre activité totale est la résultante de ces petites activités qui, se
développant avec ordre, d'une façon continue, produisent
une unité collective et supérieure. « L'ensemble des propriétés histologiques qui se superposent et s'ajoutent
constitue ce qu'on appelle d'un nom unique la vie de
l'individu. Cette vie est la somme, l'intégrale d'une multitude de vies élémentaires harmonisées... Les propriétés
vitales ne sont en réalité que dans les cellules vivantes.
Tout le reste est arrangement et mécanisme. Les manifestations si variées de la vie sont des expressions mille
et mille fois combinées et diversifiées de propriétés élémentaires fines et invariables... Ces infiniment petits
recèlent le véritable secret de la vie[1]. » Huxley définit
la vie de l'individu : « Un cycle de cellules constituées
par toutes les cellules dérivées de l'œuf fécondé ».

2. — Malgré leur petitesse et leur apparente simplicité
qui portent à les faire considérer comme des éléments
irréductibles, des « radicaux physiologiques », les plas-

---

1. Claude Bernard, *la Science expérimentale, Définition de la vie.*

tides sont encore loin de représenter, dans une étude approfondie de l'organisme, le terme de l'analyse possible. Par delà cette limite où semble s'arrêter la claire notion de matériaux figurés, la pensée entrevoit des abîmes de complexité croissante. Chaque plastide pris à part est une réduction d'organisme, un tout-clos, composé de parties distinctes, appareillées dans un certain ordre, s'acquittant de fonctions spéciales, ce qui nous oblige à descendre une nouvelle suite de degrés.

Examinée au microscope, sous de très forts grossissements, la cellule a une apparence complexe, et l'on reconnaît en elle diverses sortes d'éléments. Sa forme type est celle d'un glomérule de substance plasmatique contenu dans une enveloppe qui lui donne l'aspect d'une petite outre, d'où les noms d' « utricule » et de « vésicule » lui ont été parfois appliqués. Cette membrane limitante est perméable et se prête à des phénomènes d'osmose grâce auxquels la cellule, en relation avec le milieu, renouvelle sa substance, absorbe, exhale, se nourrit, s'accroît et se multiplie. Complète, elle renferme un corpuscule solide, le noyau (*nucleus*) signalé par de Mirbel et Robert Brown en 1831. Ce noyau sphéroïdal, qui occupe le milieu ou joint la paroi de la cellule, paraît en être le centre de vitalité. On le croyait jusqu'ici chargé d'effectuer la prolifération de la cellule, tandis que le cytoblaste qui l'environne était investi de fonctions nutritives. Mais des expériences récentes prouvent que celui-ci peut également ment s'acquitter de fonctions reproductives. Souvent le noyau d'apparence vésiculeuse contient dans son protoplasme un second corpuscule de dimensions infimes, le *nucléole*, qui est au noyau ce que le noyau lui-même est à la cellule. On distingue en outre, dans la substance de la cellule, comme dans celle du noyau et du nucléole, des trames rubanées ou fibrillaires, ébauches de réseau, de petits amas de plastine, des granules de chromatine... Enfin une vacuole contractile provoque parfois dans la masse des battements rythmiques[1].

A cette complexité des éléments de la cellule doivent correspondre des différences de composition et des spécialités de fonction. Ni la substance du plastide ni sa forme ne persistent dans le même état. A peine séparée par scission de la cellule-mère, la cellule-fille grandit, se modifie, complète son organisme et suit le cours de son évolution normale. Le nucléole et les granulations se déplacent. Dans la cellule nerveuse, des mutations se produisent par suite des excitations subies. La masse afflue autour du noyau; le noyau lui-même se rétracte; la chromatine, régulièrement répartie durant le repos, prend une disposition symétrique après avoir été excitée. Enfin, la matière de la cellule, qui se dénature, s'écoule et se renouvelle, éprouve de continuels changements. Elle est le siège d'une activité chimique intense dont le résultat est d'élaborer les humeurs qui d'une part se déposent dans les organes glandulaires, de l'autre, circulent dans l'organisme sous forme de sécrétions internes. Le plastide le plus simple représente donc un organisme en miniature dont les organes et leurs fonctions sont encore singulièrement complexes. C'est un produit d'évolution où se réalise une structure déjà très perfectionnée de la matière vivante. Il y aurait là tout un monde à explorer, une physiologie spéciale à établir. Mais jusqu'ici la science n'a pas de données suffisantes pour définir avec précision les modes de l'activité vitale des cellules.

Un exemple du moins permet de se faire une idée du

---

1. E. Perrier, *Traité de zoologie*, fascicule 1, p. 7.

degré de complication où peuvent atteindre les éléments
de la structure cellulaire. Dans l'ovule, plastide initial
d'où tous les autres proviennent, les virtualités d'évolution dont il est dépositaire se lient nécessairement à des
particularités de composition et de structure. Cette simple
cellule possède les rudiments de toutes les propriétés
spéciales des cellules dérivées, sans qu'aucune prédomine
en elle. Les conditions de développement de l'être futur,
sa tendance à se modeler suivant un type d'espèce plus
ou moins modifié par la race, le principe de similitude
d'où résulteront ses traits ethniques ou familiaux, les
caractères personnels qui le particularisent, son état congénital d'organisation, sa prédisposition à certaines maladies, et même ses facultés psychiques, leurs aptitudes,
leurs troubles éventuels... préexistent dans le mystérieux
agencement des éléments de l'ovule, et la courbe entière
de notre vie est comme inscrite d'avance dans les liné-
ments confus d'un imperceptible germe.

3. — Si la nature et le rôle des organes de la cellule
posent à la morphologie des problèmes qu'elle n'est pas
actuellement en état de résoudre, la chimie lui vient en
aide en révélant une part des phénomènes de composition
dont la substance des plastides est le siège. L'expression
la plus générale de la matière vivante est un composé
albuminoïde de carbone, d'hydrogène, d'oxygène et
d'azote, dont Schutze a montré l'identité dans les deux
règnes animal et végétal. Cette substance, demi-liquide
et d'aspect glaireux, analogue au blanc d'œuf non coagulé,
a reçu de Mohl le nom de *protoplasma*, et constitue,
d'après la formule de Huxley, « la base physique de la
vie »[1]. Nulle part, en effet, la vie ne se manifeste sans

1. Huxley, *les Sciences naturelles et les problèmes qu'elles font surgir*,
p. 167.

protoplasme, et, partout où il se rencontre, la vie existe. Même homogène, indifférenciée et amorphe, la matière protoplasmatique est vivante, puisqu'elle absorbe, entretient son état de composition, s'accroît, exhale, élimine, et possède ce pouvoir d'activité continue qui caractérise la vie. « C'est, dit Claude Bernard, dans le protoplasme seul que nous trouvons l'explication de toutes les propriétés des tissus. Le protoplasme possède en réalité, à l'état plus ou moins confus, toutes les propriétés vitales; il est l'agent de toutes les synthèses organiques, et par cela même de tous les phénomènes intimes de la nutrition. Le protoplasme, en outre, se meut, se contracte sous l'influence des excitations et préside ainsi aux phénomènes de la vie de relation. Par suite de l'évolution des organismes et de la différenciation successive de leurs tissus, chacune de ces propriétés primitives et confuses du protoplasme se différencie elle-même, en acquérant une intensité plus grande dans certains éléments organiques[1]. »

La tendance du protoplasme à se partager en cellules, sous un très petit volume, plutôt qu'à se développer en masse continue, tient aux exigences de la nutrition, car le besoin de renouveler sa substance, dont il doit tirer les éléments du dehors, trouve mieux à se satisfaire sous des dimensions restreintes, en rapport direct avec les ressources du milieu. Le protoplasme est disposé à se diviser, lorsqu'il atteint ces proportions exiguës, à raison des facilités plus grandes qu'ont des particules séparées à effectuer des échanges autour d'elles. Il s'accroît donc et se propage avec moins de peine sous forme de glomérules distincts, mais il se propage par eux sans perdre

---

1. *Leçons sur les phénomènes de la vie*, t. I, p. 250.

aucune de ses propriétés caractéristiques, et c'est là le principe de l'hérédité vitale.

L'activité du protoplasme résulte de sa condition physique et chimique. Cette substance est dans un état moléculaire spécial, où les trois états généraux, gazeux, liquide et solide, qu'on distingue dans les corps bruts, se confondent, pour les corps vivants, dans un quatrième, dû au mélange des trois autres et qui cumule leurs propriétés, d'autant plus actives qu'elles s'exercent de concert. La matière vivante, où entrent à la fois des solides, des liquides et des gaz, joint à la stabilité plastique des premiers la mobilité moléculaire des fluides, et devient sensible aux moindres influences capables d'agir séparément sur chacun d'eux. En outre, la composition très complexe du protoplasme le dispose à subir de continuelles mutations chimiques. En lui s'opère sans relâche un double travail de décomposition et de recomposition. Il s'incorpore des éléments, en rejette d'autres, et c'est ce courant ininterrompu de matière qui est le principe de la vie, car on a pu la définir : « Un phénomène chimique qui dure ». De ce mode d'activité fonctionnelle qualifié de « nutrition », proviennent en effet la faculté de multiplication et l'excitabilité motrice. Essentiellement instables et faciles à modifier sous de minimes influences, les matériaux du protoplasme admettent des adjonctions ou des disjonctions de molécules et d'atomes, des degrés d'hydratation, des substitutions d'équivalents, des changements isomériques... Sans cesse en cours de variation, mais oscillant autour d'un état stable de composition, ces agrégats se compliquent et se simplifient tour-à-tour, se construisent et se déconstruisent, suivant les lois d'une mouvante architecture. « Un corps vivant, dit de Blainville, est un foyer chimique où, à tout moment, ont lieu un apport de molécules nouvelles et un départ de molécules anciennes. Les combinaisons n'y sont jamais fixes, mais toujours *in nisu* : d'où mouvement continuel et chaleur. »

La science n'a pas présentement le moyen de constater et de suivre le détail des mutations de substance qui s'accomplissent au sein du protoplasme et maintiennent la permanence de sa composition malgré le renouvellement de ses matériaux. Le problème semble défier les efforts de l'analyse et n'aura chance d'être résolu que par les voies ardues de la synthèse. On peut du moins se faire une idée de l'intensité du travail chimique dont la substance vivante est le siège, quand on réfléchit à la quantité d'éléments que la nutrition met en œuvre pour y subvenir, et aux transformations qu'ils subissent en peu de temps. Afin de pouvoir suffire à la réfection de ses tissus, à l'entretien de sa température et à l'exercice de son activité, l'organisme humain exige chaque jour, dans nos climats, l'ingestion de trois ou quatre kilogrammes (environ le quinzième ou le vingtième de son poids) de substances empruntées au milieu, savoir : un kilogramme et demi, en moyenne, d'aliments proprement dits, un kilogramme d'eau et un kilogramme d'oxygène. Ceux de ces matériaux que la digestion doit élaborer sont, si diverse que puisse être leur nature, rapidement transformés en un fluide nourricier de composition uniforme et prêt à subir, dans l'intimité des tissus, soit une assimilation plastique, soit une combustion, source de chaleur, soit une décomposition qui se résout en effets dynamogéniques, principe d'activité. Chaque plastide puise dans le sang, que l'alimentation renouvelle et que la respiration vivifie, les éléments que réclament ses fonctions, les utilise, les dénature, et finalement les déverse dans le torrent circulatoire sous forme d'urée, d'acide carbonique et d'eau. Ce travail, accompli sans interruption par la matière organique, constitue sa vie propre.

Le pouvoir dont le protoplasme est doué, de recomposer sa substance à mesure qu'elle s'altère, est la caractéristique essentielle de la vie parce qu'il assure à la fois son activité et sa durée. Tandis que la matière brute se dénature chimiquement dès qu'elle réagit, la matière vivante peut réagir et se modifier sans perdre son état de composition, parce qu'elle se répare en même temps qu'elle se détruit. « Dans les corps vivants, dit Cuvier, aucune molécule ne reste en place; toutes entrent et sortent successivement : la vie est un tourbillon continuel dont la direction, toute compliquée qu'elle est, demeure constante, ainsi que l'espèce de molécules qui y sont entraînées, mais non les molécules individuelles elles-mêmes; au contraire, la matière actuelle du corps vivant n'y sera bientôt plus, et cependant elle est dépositaire de la force qui contraindra la matière brute à marcher dans le même sens qu'elle. Ainsi la force des corps leur est plus essentielle que la matière [1]. »

§ III. Éléments physico-chimiques des plastides.

1. — Le protoplasme et ses dérivés sont des composés complexes d'éléments plus simples représentés par des molécules et par des atomes. Le terme de molécule désigne la moindre parcelle qu'on puisse détacher d'un corps composé sans dénaturer sa substance. Le protoplasme en contient de plusieurs sortes qui, en s'agrégeant, l'élèvent à ce degré de complexité. On voudrait

1. *Rapport sur les progrès des sciences naturelles*, p. 183.

connaître le nombre de ces éléments qui entrent dans la structure d'une cellule organique; mais la petitesse ultra-microscopique des molécules les dérobe à l'observation, et il y a peu d'espoir que les progrès de l'optique[1] les rendent jamais visibles, parce que, pour y réussir, il faudrait des appareils d'une puissance cent fois supérieure à celle qu'ils ont atteinte jusqu'ici. Néanmoins, quelques considérations détournées autorisent des conjonctures sur la grandeur, le poids et les distances des éléments moléculaires. D'éminents physiciens (Clausius, William Thomson, Clerk Maxwell...) interprétant des indices fournis par divers phénomènes physiques, sont arrivés, pour les molécules, à des ordres de grandeur qui se mesurent par millionièmes de millimètre. W. Thomson (lord Kelvin) estime que la distance entre les centres de deux molécules d'eau contiguës ne peut pas être moindre d'un dix-millionième de millimètre, ni supérieure à un deux-cent-millionième. Si, dit-il, on suppose une goutte d'eau de la grosseur d'un pois amplifiée jusqu'à égaler le volume de la terre, ses molécules, grossies dans la même proportion, équivaudraient à de petites sphères plus grandes que des grains de plomb, mais moindre que des oranges. Comme l'eau compose les 9/10 du corps humain, on entrevoit quelle incalculable somme de molécules aqueuses s'y trouve comprise. Le diamètre des molécules d'air peut être évalué à un quart de millionième de millimètre, et l'intervalle qui les sépare, à la pression d'une atmosphère et à la température de 0,

---

1. Divers indices fournis par les théories de l'optique, la capillarité, la conduction électrique permettent de se faire une idée approximative des grandeurs moléculaires. Le diamètre de ces particules, évalués en *micro-microns* ou millionièmes de millimètre, s'exprimerait en millièmes de micro-micron, et le rayon d'action où leur force d'attraction se fait sentir, serait d'environ 25 micro-microns (Dastre, *Revue des Deux Mondes*, 15 février 1900).

serait d'environ trois millionièmes et demi. D'où il résulte qu'un centimètre cube en contiendrait 21 millions de milliards, soit le chiffre 21 suivi de dix-huit zéros. Quant à la masse de ces molécules d'air, il faudrait en réunir dix trillions pour faire le poids d'un milligramme[1].

2. — Ces nombres prodigieux ne marquent pas encore le terme de la divisibilité de la matière. Les molécules sont aussi des agrégats d'éléments que les chimistes ont qualifiés d'atomes, et qui peuvent entrer en très grand nombre dans la formation d'un groupe moléculaire de substance vivante. Ainsi, d'après M. Schützenberger, une molécule d'albumine protoplasmatique associe plus de 1 100 atomes, savoir : 480 de carbone, 392 d'hydrogène, 150 d'oxygène et 75 d'azote, auxquels viennent se joindre des atomes adventices de soufre, de phosphore, de potasse, de soude, de chlore, de chaux, de fer... Pour qu'un atome de fer puisse être fixé dans une des molécules dont se compose la substance rouge des globules du sang, il faut qu'il s'y trouve uni à 712 atomes de carbone, 1 130 d'hydrogène, 245 d'oxygène, 214 d'azote, et 2 de soufre, soit un assemblage total de 2 303 atomes; et, comme chacun des 25 trillions de globules rouges contient une quantité de molécules pareilles, on peut juger du nombre d'atomes qui servent à constituer cette minime partie de l'organisme.

La substance des tissus actifs offre une complication plus prodigieuse encore, où l'analyse a peine à se reconnaître. Dans les muscles, on distingue, outre des composés albuminoïdes, des composés non azotés, des graisses, des sels... et, entre ces divers éléments, des réactions se produisent, en rapport soit avec la force emma-

---

1. Wurtz, *Théorie atomique*, pp. 229 à 231 (Paris, Félix Alcan), *Hypothèses sur la constitution de la matière*.

gasinée, soit avec le travail affectué. La substance nerveuse,
plus complexe et plus muable qu'aucune autre, combine
une série de composés spéciaux dont les réactions s'entrecroisent, de l'albumine dans un état particulier, des
principes oxigénés ternaires, des composés azotés quater-
naires, des composés phosphorés quinaires... A raison
de son instabilité chimique résultant de cette complexité
de composition, la pulpe nerveuse s'assimile avec une
grande facilité les éléments du sang, acides, alcalins et
alcaloïdes, puis les transforme en albuminoïdes complexes
dont la force latente, accumulée à l'état de tension dans
le système, se dégage sous l'influence des causes d'exita-
tion et passe à l'état de force vive ou d'incitation par l'effet de la décomposition fonctionnelle du tissu.

On conçoit la mobilité de ces fragiles échafaudages
d'atomes que le jeu des affinités les plus délicates agrège
et désagrège tour à tour.

Le nombre total des atomes qui, simultanément et
plus encore successivement, entre dans le tourbillon
vital de l'organisme, est absolument incalculable et se
dérobe, par son immensité même à toute tentative de
supputation. Mais aucun de ces éléments ne figure dans
notre corps sans y remplir une fonction et sans contribuer, pour minime que soit sa part, à l'activité de l'ensemble. En somme, notre vie n'est qu'une résultante des
propriétés des atomes.

3. — Enfin, les atomes des corps simples engagés en si
grand nombre dans la structure organique ne paraissent
pas être les unités irréductibles qu'avait supposées Dalton,
fondateur de la théorie atomique, et que rappelle leur
nom, plus conventionnel qu'exact. Ce terme d'atome ne
doit être admis qu'avec un sens relatif, comme indiquant
la limite actuelle où, faute de moyens efficaces de réduc-

tion, nos analyses sont arrêtées dans leurs essais pour décomposer les corps, et l'on appelle provisoirement simples ceux dont n'a pas réussi à défaire la complexité. L'idée d'atome, ébauchée par Leucippe et Démocrite au ve siècle avant notre ère et reprise de nos jours, est un legs de la métaphysique ancienne qui va au-delà de l'expérience, affirme un fait incertain, et il n'est recevable que comme marquant la borne de nos connaissances acquises. A la notion d'atomes insécables et absolus, il conviendrait de substituer celle d'atomes composés ou relatifs, susceptibles de se diviser à l'occasion. La nature complexe des éléments réputés simples, déjà probable pour plusieurs, tels que l'oxygène et le carbone, peut, avec vraisemblance être présumée pour tous, car l'insécabilité de leurs atomes se trouve démentie par les données de la spectroscopie ainsi que par celles de la mécanique des gaz. Nombre de corps simples, portés à de hautes températures par de fortes décharges électriques paraissent en effet subir une décomposition momentanée. D'autre part, toute quantité de matière qui exécute des mouvements vibratoires doit se composer de parties susceptibles d'osciller, sans se disjoindre, autour d'une position d'équilibre. Or, comme des mouvements de ce genre se produisent jusque dans les particules ultimes de la matière pondérable, on est induit à supposer, en place d'atomes indivisibles, des agrégats déterminés d'une substance diffuse partagée en surface nodale (atomes de vibration) ou animés par petits groupes d'un mouvement tourbillonnaire (atomes tourbillons).

William Thomson, appliquant à la constitution des éléments de la matière la théorie des anneaux giratoires d'Helmholtz, conjecture que les atomes pourraient être de petits tourbillons annulaires (*vortex*), auxquels un mouvement continu dans la tension uniforme du milieu assurerait une stabilité relative, et qui, par leurs modes d'agencement, donneraient naissance aux corps simples de la chimie[1].

Les spéculations de la science contemporaine sur les rapports des corps simples, leurs analogies de nature et leurs groupements par séries périodiques, conduisent à les regarder comme des produits dérivés d'une même matière primordiale, seule d'une irréductible simplicité. « On est, dit Cournot, invinciblement amené (pour peu que l'on ait de penchant à dépasser par l'induction philosophique les strictes limites de l'expérience actuelle), à regarder les hétérogénéités des radicaux chimiques comme un fait dérivé compatible avec l'homogénéité primitive et essentielle des éléments de la matière pondérable[2]. » — « Pour nous, dit de même le P. Secchi, les corps regardés comme simples sont réellement des agrégats très complexes d'autres éléments complexes, mais finalement réductibles à une seule matière[3]. » Crookes tient également que cette hypothèse « est dans l'air de la science. »[4] Citons enfin Haeckel : « Les progrès de la chimie ont rendu très vraisemblable que les éléments ou substances fondamentales, jusqu'ici indécomposables, ne sont que les diverses formes complexes constituées par des nombres variables d'atomes d'une seule substance primitive »[5].

Que pourrait être cette substance initiale, caractérisée par l'unique attribut de pesanteur? La loi de Proust,

1. *On vortex motion*, (*Transactions of the royal Society of Edinburgh*, 1867).
2. *Traité de l'enchaînement des idées fondamentales*, 1860, t. I, p. 212.
3. Secchi, *l'Unité des forces physiques*.
4. Crookes, *Genèse des élémens*, p. 2, 3.
5. Haeckel, *le Monisme*, p. 17.

d'après laquelle le poids des atomes de la plupart des corps simples seraient des multiples du poids de l'atome d'hydrogène, porte à présumer qu'ils proviennent, par condensation graduelle, soit de cet élément, soit, selon Dumas, d'une fraction d'hydrogène réduite à la moitié ou au quart du poids de ses atomes. D'autres ont préféré l'hypothèse d'un élément général, qualifié de *protyle* ou de *protogène*, dont l'hydrogène lui-même serait un dérivé. Mais, à quelque solution qu'on s'arrête, tout autorise à croire que nos atomes actuels sont des agrégats d'éléments, des systèmes de forces coordonnées, de petits mondes d'énergie pleins de virtualités expectantes. « S'il nous était permis d'apercevoir les molécules des différents corps, elles représenteraient à nos regards des espèces de constellations, et, en passant de l'infiniment grand à l'infiniment petit, nous retrouverions dans les dernières particules de la matière, comme dans l'immensité des cieux, des centres d'action placés en présence les uns des autres [1]. »

4. — Enfin, la matière pondérable, quelle que soit son essence, paraît devoir son attribut de pesanteur et sa propriété d'attraction à une matière impondérable au sein de laquelle ses éléments sont plongés et qu'anime au contraire une force d'expansion ou de répulsion. Ce qu'on appelle matière ne serait en définitive qu'un mode spécial de groupement des particules d'une substance ultime, partout éparse, et qu'on désigne sous le nom d'éther. « L'étude de la lumière et de la chaleur conduit à regarder comme infiniment probable que l'éther n'est autre chose que la matière elle-même parvenue au plus haut point de ténuité, à cet état de rareté extrême qu'on

---

1. Cauchy, dans *Comptes-rendus de l'Académie des sciences*, t. IX.

appelle état atomique. Par suite, tous les corps ne seraient en réalité que des agrégats, des atomes de ce fluide[1]. » Peut-être pourrait-on admettre, entre l'éther et la matière pondérable, des degrés de composition ou d'atténuation. La substance, si étrangement subtile, qui forme la queue des comètes et ne paraît pas obéir aux lois de la gravité, semble en effet différer à la fois de l'éther, puisqu'elle est visible, et de la matière pondérable puisque, à travers une épaisseur qui parfois excède 50,000 lieues, elle laisse transparaître les plus petites étoiles, tandis qu'un brouillard de quelques mètres occulte les plus brillantes. Pour C. Vogt, les atomes de masse ou atomes primitifs de la matière pesante sont « les centres individualisés de concentration de la substance continue qui remplit l'univers entier ». En dernière analyse, les spéculations de Leibniz, de Boscowich, de Tyndall, de Joule et de Clausius tendent à résoudre la matière, identifiée avec la force, en un assemblage de centres infimes d'action qui n'arrivent à de grands effets qu'en s'associant.

5. — Quand on réfléchit à la diversité des organes dont est fait le corps humain, à celle des tissus qui servent à construire les organes, au nombre prodigieux de plastides agrégés dans les tissus, à celui des molécules dans chaque plastide, enfin à celui des atomes dérivés ou primitifs dans chaque molécule organique, on se trouve en présence d'une quantité de parties, de parcelles et de particules qui dépasse tout ce que l'imagination peut concevoir et qui va se perdre dans l'infini. Les groupements successifs de ces éléments se coordonnent par séries hiérarchiques et aboutissent à l'unité de l'orga-

1. Secchi, *l'Unité des forces physiques*, pp. 519, 529.

nisme. Sans cesse en cours de déplacement, de mutation et de renouvellement, ces matériaux s'agrègent, se combinent et se désagrègent suivant des lois d'équilibre et de pondération mystérieuses. Sans que nous en ayons aucunement conscience, en nous s'opère un travail permanent d'harmonisation et de synthèse qui a pour effet de lier, dans le phénomène individuel de la vie, une immense multitude d'éléments par des actions à la fois mécaniques, physiques, chimiques, plastiques et fonctionnelles. La puissance accumulée dont chaque groupe est dépositaire et les résultantes de plus en plus complexes que leur union détermine, donnent le vertige à l'esprit qui plane un instant sur ces abîmes. Mais ce que le nombre des éléments reliés dans un organisme, ramenés à son ordre et confondus dans son unité a de troublant pour la pensée, se change en admiration quand on considère leur accord. Toutes ces particules que la vie entraîne dans son tourbillon, rangées par elle à ses fins, suivent des directions convergentes, obéissent à une commune loi. L'adaptation de tant de matériaux qui, sans aliéner leur individualité distincte, concourent à la formation d'un ensemble, et la simplicité du tout se dégageant de la multiplicité de ses parties, sont un des phénomènes les plus étonnants de la nature.

L'être vivant ne tire point de lui-même les forces qu'il met en action; il les emprunte à son milieu et se borne à leur donner une direction particulière. La vie diffère ainsi des agents physico-chimiques en ce qu'elle dirige leurs effets sans les produire, tandis qu'ils les produisent sans les diriger. L'ordre qu'elle leur impose consiste en une composition de forces, en une concordance d'actions qui discipline des causes aveugles et les conduit à un but. C'est une série de fonctions agencées de manière à constituer un organisme complexe et à le maintenir en état d'activité. Il serait difficile de comprendre la structure du corps humain, ses modes de fonctionnement et ses phases d'évolution sans une influence autoplastique, autodirectrice, qu'atteste un dessein suivi, un plan réalisé, la tendance à coordonner un vaste ensemble de phénomènes en vue d'un résultat général, car la raison refuse d'admettre qu'une tâche pareille, aussi manifestement concertée, puisse résulter d'une suite confuse d'accidents fortuits. « L'organisation d'un corps vivant, de quelque humble degré qu'il soit, est une œuvre complexe et savante au plus haut point, supposant dans la cause qui le produit une pensée profonde qui peut s'ignorer complètement elle-même, mais qui n'est pas pour cela moins réelle [1]. » Cette pensée dirigeante ne se révèle pas seulement dans la construction de l'organisme et le consensus de ses fonctions; elle apparaît avec la même évidence dans les moyens de défense et de protection que la vie oppose aux influences perturbatrices qui l'assaillent du dehors, aux assauts continuels que lui livrent les actions mécaniques, physiques, chimiques ou microbiennes. Une sorte d'intelligence toujours en éveil semble présider à la stratégie la plus ingénieuse pour garantir les organes, les tissus ou les humeurs et prévenir les désordres pathogènes [2].

« S'il fallait définir la vie, conclut Claude Bernard, je dirais : la vie, c'est la création... Ce qui caractérise la machine vivante, ce n'est pas la nature de ses propriétés physico-chimiques, c'est la création de cette machine d'après une idée définie... Ce groupement se fait par

1. Dunan, *la Nature des corps*, dans *Revue de métaphysique et de morale*, mai 1898.
2. Voy. A. Charrin, *les Défenses naturelles de l'organisme*, Paris 1898.

suite des lois qui régissent les propriétés physico-chimiques de la matière; mais ce qui est essentiellement du domaine de la vie, ce qui n'appartient ni à la physique, ni à la chimie, c'est l'idée directrice de cette évolution vitale [1]. » — « Il y a, dit-il encore, comme un dessin vital qui trace le plan de chaque être, de chaque organe, en sorte que si, considéré isolément, chaque phénomène de l'organisme est tributaire des forces générales de la nature, pris dans leur succession et dans leur ensemble, ils paraissent révéler un lien spécial, ils semblent dirigés par quelque condition invisible, dans la route qu'ils suivent, dans l'ordre qui les enchaîne [2]. » Enfin, en termes plus exprès : « La vie, c'est une idée, c'est l'idée du résultat commun par lequel sont associés et disciplinés tous les éléments anatomiques, l'idée de l'harmonie qui résulte de leur concert, de l'ordre qui règne dans leur action. »

Retenons cette formule du grand physiologiste; nous aurons plus loin l'occasion de l'appliquer à d'autres ensembles, également coordonnés, et nous verrons alors comment, sans revenir à l'ancienne et décevante théorie des causes finales, si justement discréditée, il serait possible d'admettre une finalité, non plus externe et préconçue, mais interne et spontanée, une intention qui se réalise à mesure qu'elle trouve jour à se produire, parce qu'elle résulte, dans les êtres, d'un accord de tendances virtuelles, du concours de tous les éléments de l'organisme conspirant à le créer et à entretenir son activité.

1. *Introduction à l'étude de la médecine expérimentale*, p. 162.
2. *La Science expérimentale, Définition de la vie*.

CHAPITRE II

ANALYSE DU PSYCHISME INDIVIDUEL

§ I. — Fonctions psychiques du système nerveux.

1. — Après avoir étudié l'être humain comme système organique, examinons-le à titre d'agent psychique. Il n'est, en effet, un être, dans le sens le plus élevé du mot, que parce qu'il peut sentir, penser et vouloir. Il prend, par le sens intime, conscience de lui-même, et se perçoit comme une personnalité simple que désigne l'expression de *moi*. Toutefois, cette personnalité, quand on la scrute avec attention, paraît aussi très complexe, et l'analyse arrive à y constater des éléments non moins nombreux et divers que ceux dont l'organisme est composé. La métaphysique, trop encline à l'abstraction transcendante, a longtemps tenu l'âme ou l'esprit pour une réalité substantielle, indécomposable, faisant avec le corps, toujours divisible, un absolu contraste, et douée d'attributs sans rapport avec les propriétés de la matière. C'était là personnifier un pur concept. La science de nos jours, écartant cette opinion préconçue et s'appliquant à déterminer dans le moi des ordres spéciaux de fonctions, le fait considérer comme une synthèse d'états psychiques dont la mémoire établit la continuité, et la conscience l'unité. Notre personnalité n'est que la somme de toute notre activité passée, accrue par notre activité présente, et dont la progression se prolonge tant que dure la vie. « L'individualité consciente, dit M. A. Fouillée, enveloppe l'infini : elle est le point de vue sous lequel s'apparaît à lui-même tout un monde de vie plus compliqué que la nébuleuse d'Orion [1] ». Essayons de nous rendre compte de la multiplicité des facteurs dont le psychisme personnel exprime la résultante.

2. Quelque idée qu'on se fasse du principe d'animation, une grande vérité domine désormais les spéculations de la psychologie positive : toutes les manifestations de l'activité consciente sont liées à des phénomènes organiques et surtout aux fonctions du système nerveux. C'est là qu'il devient possible à l'observation externe de les saisir, de les analyser et d'en entrevoir l'explication. L'appareil d'innervation possède la propriété spéciale de transmettre des causes variées d'excitation à un centre où, perçues et modifiées, elles se convertissent en cause d'incitation et déterminent un mouvement. Cette aptitude du système nerveux résulte de la nature de sa substance, plus muable qu'aucune autre, et de sa disposition en forme de réseau télégraphique avec fils de communication et bureaux de réception ou d'expédition. Un appareil de ce genre était excellemment propre à ressentir, propager et répercuter les divers modes de l'action nerveuse.

Mais il importe de distinguer dans cet ensemble bien des parties qui s'acquittent de fonctions séparées, les unes nettement conscientes, d'autres qui le sont moins, d'autres encore inconscientes ou pour mieux dire *subcon-*

---

1. *Les Facteurs des caractères nationaux*, (*Revue philosophique*, janvier 1898).

scientes, qui vont d'une pénombre indécise à une obscurité presque complète. L'âme, réputée simple, des métaphysiciens, se décompose alors en séries d'âmes partielles qui ont, quoique connexes, leur indépendance relative, et dont la synthèse constitue le moi total. Cette conception de la multiplicité de ses éléments ne date que de nos jours. En 1867, un précurseur, M. Durand de Gros, posait la thèse du polyzoïsme ou de la pluralité des centres de l'action psychique : « Il n'y a pas, disait-il, qu'un seul individu psychologique, qu'un seul moi dans l'homme; il y en a une légion; et les faits de conscience avérés comme tels, qui restent néanmoins étrangers à notre conscience, se passent dans d'autres consciences associées à celle-ci dans l'organisme humain en une hiérarchie représentée par la série des centres nerveux céphalo-rachidiens et celle des centres nerveux du système ganglionnaire [1]. » L'appareil nerveux apparaît ainsi comme un composé d'organes psychiques dont chacun a son centre distinct d'activité, ses conducteurs afférents et efférents, son outillage en vue d'un travail particulier, et le polyzoïsme a pour aboutissant le polypsychisme [2].

Le cerveau, dont la masse excède à elle seule tout le reste du système, est, à raison de la complication de sa structure et de l'importance de ses fonctions, le centre principal de l'activité psychique. Cependant, son rôle n'a été clairement reconnu qu'à une époque toute récente. Hippocrate regardait l'encéphale comme une glande chargée de répandre l'humeur pituiteuse dans le corps, et Aristote, pour qui le cœur est le *sensorium commune* où sont perçues, comparées et réunies toutes les impressions sensibles, écarte systématiquement toute idée que le cer-

---

1. Durand de Gros, *Essais de physiologie philosophique*, 1867.
2. Id., *l'Idée et le fait en biologie*, 1896, p. 63.

veau contribue en quoi que ce soit à la vie intellectuelle ; c'est simplement un organe de réfrigération, en contraste avec le cœur, organe de calorification [1]. Galien avait sur le cerveau des idées justes, mais encore mal établies. Buffon considère encore ce qu'il appelle dédaigneusement « la cervelle » comme une substance muqueuse de peu d'intérêt, et Haller, exposant en neuf volumes les éléments de la physiologie, ne consacre au système nerveux qu'un petit nombre de pages dont rien ne subsiste aujourd'hui [2]. L'étude des fonctions du cerveau, dont Gall a été l'initiateur aventureux, est une des gloires scientifiques du XIXᵉ siècle. Aucune acquisition n'a aussi profondément modifié les théories traditionnelles sur le principe d'animation et donné à la psychologie positive un plus solide fondement.

L'organe cérébral est le centre prédominant de l'activité psychique. Tout y aboutit et y retentit. Là se forme la conscience lucide par laquelle le moi se perçoit, se sent vivre et prend connaissance du monde extérieur. Là se produisent au grand jour du sens intime les impressions variées des organes de sensation, les émotions affectives, les rêves de l'imagination, les idées de l'intelligence, les réminiscences de la mémoire et les ordres de la volonté. C'est dans ce centre éminent, et par lui seul, que l'être humain jouit de l'exercice de la raison. Toutes les clartés qui illuminent la conscience lui viennent de ce brillant foyer. Mais, loin d'être, comme le croyait encore Flourens, au milieu de ce siècle-ci, un organe homogène et simple, le cerveau est un assemblage, effroyablement complexe de centres nerveux, harmonisés et consonants, dont l'anatomie, la physiologie et la psychologie travail-

---

1. *De partibus animalium*, t. I, chap. VII, et *De Animd*.
2. *Elementa physiologiae*, t. IV, pp. 269 à 357 et 400.

lent de concert à débrouiller la confusion. Des aires spéciales, sont investies, les unes de fonctions sensitives, les autres de fonctions idéogènes, les dernières de fonctions exécutives.

Quatre amas de substance grise, dits « tubercules quadrijumeaux » semblent être le pivot de l'encéphale. Ils perçoivent les impressions transmises de toutes les parties de l'organisme par les fibres sensitives. Ces centres récepteurs sont : le noyau antérieur, siège des impressions olfactives ; le noyau moyen, centre des impressions visuelles ; le noyau médian, centre des impressions tactiles ; et le noyau postérieur, centre des impressions auditives. Les fibres se rattachent à ces quatre centres, s'irradient en tout sens autour d'eux et vont se répandre dans les circonvolutions corticales, centre répétiteur et multiplicateur, où s'opère la coordination des idées corrélatives aux sensations perçues. Dans ces strates superficielles, des centres distincts, sortes d'îlots sensitifs, unis par des connexions multipliées, correspondent, échangent leurs impressions et préparent par association la convergence de la réaction finale sous forme de décharge de la volonté. Des centres supérieurs président à l'expression des idées par le langage, à leur traduction en signes par l'écriture, et même à l'interprétation de ces signes par la lecture... Des fibres qui partent de la couche corticale convergent vers le corps strié, et d'autres fibres motrices relient cet organe au cervelet, coordinateur des mouvements d'ensemble qui déterminent l'équilibration et les attitudes. Mais une analyse aussi sommaire est fort loin de donner une juste idée de la complication du mécanisme cérébral, dont l'étude si nouvelle est encore très incomplète. Dans ce prodigieux organe, les anatomistes décrivent une foule de particularités de structure, des éminences, des dépressions, des sinuosités, des commissures, des piliers, des arcs, des ponts, des cornes, des arborescences, etc., toutes figurations dont le sens échappe, mais qui doivent correspondre à des modes supérieurs de l'action psychique et posent à la science des séries de problèmes. Les rapports du cerveau avec la moelle allongée et la moelle épinière ne sont pas moins mystérieux. Il y a là un monde peu connu qui attend ses explorateurs.

3. — Quoique l'encéphale soit le seul centre intellectuel et conscient, une part notable de son activité échappe au sens intime et s'accomplit obscurément. Il est à noter d'abord que la perception claire du moi n'apparaît pas brusquement dans l'être humain, mais se forme par degrés durant la gestation et les premiers temps qui suivent la naissance. Chez l'adulte même, bien des manifestations, souvent élevées, de l'activité psychique, se produisent comme par l'effet d'un mécanisme aveugle, ainsi qu'en témoignent la genèse et l'enchaînement des idées, le rêve, la rêverie, même les plus hautes inspirations de l'esprit, car ces illuminations soudaines résultent d'un travail de cérébration obscure qui amène tout à coup à la lumière de la conscience des concepts élaborés dans les profondeurs ténébreuses des centres nerveux. En outre, l'activité consciente du cerveau n'est telle que dans ses acquisitions initiales qui exigent de l'attention. Elle devient ensuite inconsciente et machinale à mesure que, de réfléchie et volontaire qu'elle était d'abord, l'exercice habituel la rend plus automatique. Cette demi-inconscience du centre seul clairvoyant nous conduit à examiner la même série de phénomènes dans les centres inférieurs où la conscience lucide n'a pas d'accès.

Au-dessous du centre cérébral, qui a le privilège de

l'idéation, se classent les centres subconscients de la moelle épinière, où se produisent des actions réflexes composées, capables de régir, sans conception d'idées représentatives et sans intervention expresse de la volonté, des mouvements préordonnés en vertu des impulsions de l'instinct. Par ce mot d'instinct, on désigne une disposition à l'action, antérieure à toute expérience personnelle, et par conséquent sans connaissance du rapport des moyens avec la fin, dans des circonstances où elle s'applique de la même manière pour chaque représentant de l'espèce. Le cordon spinal, qu'on a pris longtemps pour un simple filet nerveux restreint à un rôle de transmission, est un centre organisé d'action psychique, qui consiste, non plus comme le cerveau, en une agglomération de centres étroitement associés et fortement unifiés, mais en une fédération de centres disposés en forme de chaîne continue. Bien qu'aucune trace de suture n'y soit apparente, les anatomistes admettent dans la moelle autant de centres distincts qu'il y a de paires de nerfs, émergeant au nombre de trente et une, le long de la colonne vertébrale, pour se répartir dans diverses parties du corps. Fusionnés en faisceau, ces centres représentent une sorte de cerveau moindre, de structure plus simple, mais qui a aussi sa conscience particulière, son éducation, sa mémoire et sa volonté. En lui réside une intelligence formelle, quoique bornée, coordonnatrice de mouvements appropriés à un but, et que l'être exécute par tradition héréditaire, sans avoir la notion de ce but. Certaines fonctions sont localisées dans des points spéciaux. Ainsi le *nœud vital* préside aux mouvements respiratoires; le centre *cilio-spinal* règle la circulation de la tête, et le centre *génito-spinal* tient sous sa dépendance les fonctions génératrices. La moelle reçoit et transmet des excitations venues de différentes parts de l'organisme et envoie des incitations corrélatives. Enfin, la moelle allongée, par laquelle une communication s'établit entre le cerveau et la moelle épinière, reçoit, outre les impressions transmises par la seconde, celles qui viennent des viscères et des organes des sens. C'est un carrefour où tout passe et qui sert d'intermédiaire commun.

A un étage plus bas de l'activité psychique, bien au-dessous du cerveau, siège du sens intime, et du cordon spinal, centre d'actions instinctives, se place le grand sympathique, préposé à la vie organique de la nutrition. Il consiste en un réseau de ganglions, non plus agglomérés, comme dans l'organe cérébral, ni fédérés en cordon, comme dans la moelle, mais simplement reliés par des filaments nerveux. Cet appareil a pour fonction spéciale de coordonner l'activité des viscères et d'harmoniser un groupe de phénomènes trophiques qui ont besoin de s'exécuter de concert ou successivement. Le système cérébro-spinal et le grand sympathique sont unis par des nerfs vaso-moteurs et peuvent réagir l'un sur l'autre, en vue d'assurer l'unité de fonctionnement de l'ensemble.

Enfin, des centres plus simples encore, isolés et pourvus d'une autonomie relative, sont disséminés dans les organes et en déterminent le fonctionnement par un jeu d'actions réflexes. Les recherches des physiologistes signalent un nombre croissant de ces centres locaux d'innervation. Il y en a autant que d'organes investis d'une attribution distincte. Chacun d'eux est régi par un ganglion particulier, qui a son activité propre, sa sensibilité, sa mémoire, son principe d'énergie. Ainsi le ganglion du cœur a pour unique emploi de produire le resserrement et le relâchement alternatifs d'un muscle, sous l'influence de l'afflux du sang; il remplit cette fonction sans relâche, tant que dure la vie, avec une indépendance telle que le cœur d'une tortue ou d'une grenouille, arraché et préservé de la putréfaction, continue de battre plusieurs semaines sans servir à rien. De même, les artères se contractent, l'estomac digère, les intestins effectuent des mouvements péristaltiques, le foie fabrique du sucre, les glandes sécrètent, les reins excrètent, l'air est tour à tour aspiré et expiré par les poumons, les paupières s'abaissent et se relèvent par intervalles... d'une manière automatique, sans que la volonté intervienne, ni même que, d'ordinaire, le sens intime en soit informé, sauf en cas de trouble par de la gêne ou de la douleur. Bien que réduits à des stimulations directes, en réponse à des impressions très simples, ces centres organiques, si bas placés au point de vue du psychisme conscient, ne remplissent pas moins des fonctions d'une extrême utilité. Tout le détail de l'activité physiologique leur incombe. Le mécanisme autonome de la réflexivité les fait s'acquitter avec précision d'une foule de services que l'esprit, occupé à gouverner de haut l'ensemble de l'organisme, n'aurait pas pu prendre à sa charge sans péril pour eux et sans asservissement pour lui. Ici même la cécité de l'agent le sert dans son humble tâche, en lui évitant les oublis, les distractions et les méprises de l'activité réfléchie, plus capable de compromettre que d'assurer un ordre où il était surtout besoin d'exactitude et de régularité.

Considérés dans leur ensemble, le cerveau, la moelle épinière, le grand sympathique et les ganglions des organes, forment une sorte de hiérarchie dont les membres réagissent les uns sur les autres et fonctionnent de concert. Mais une part seulement, et la moindre, se manifeste au grand jour de la conscience. Le surplus, instincts innés et actions réflexes, simples ou composées, se dérobe à la prise du sens intime et n'est révélé que par les mouvements consécutifs. Depuis Leibniz, qui, le premier, a introduit en psychologie l'idée d'inconscience, cette notion a pris dans l'interprétation des faits une importance croissante, par suite du nombre, de l'étendue et de la continuité des phénomènes qui s'y rattachent. Toutefois, les centres nerveux dont l'activité reste cachée à la conscience lucide ne doivent pas être dits inconscients dans le sens absolu du mot. Puisqu'ils répondent à des stimulations subies par des stimulations transmises, on ne peut pas leur refuser une conscience restreinte qui, sans aller jusqu'à l'idée, convertit une sensation en mouvement. Ce qu'on appelle inconscient représente donc simplement le côté nocturne de la vie psychique, où se laissent entrevoir de vagues lueurs, côté non moins réel, quoique plus obscur, que le côté mis en lumière par le plein jour du sens intime. On suppose parfois à tort que l'acte réflexe s'accomplit mécaniquement, par le seul effet de l'excitation, comme part un ressort dont on presse la détente. Mais, si l'on réfléchit que la cause de l'action nerveuse est toujours une impression perçue, et qu'une impression doit être sentie sous peine de n'exister pas; que, d'autre part, le résultat final est un mouvement provoqué, c'est-à-dire un ordre intimé, il faut reconnaître que le centre où l'excitation se transforme en incitation doit avoir plus ou moins conscience de ce qui se passe en lui. Seulement, cette conscience n'est claire que pour lui-même, et rien ou presque rien n'en est transmis à la conscience totale du moi. Comparées à la vive lumière de l'idéation, ces perceptions paraissent tout à fait téné-

breuses; elles le sont pourtant beaucoup moins que ne
l'est le travail de la nutrition interstitielle ou de la croissance, qui s'accomplit obscurément dans la profondeur
des tissus. Chacun de ces centres inférieurs constitue
donc une sorte de cerveau réduit qui, dans les limites de
sa fonction, a son sens intime à lui, ses aptitudes psychiques, sa petite âme, qu'ignore la grande. Et celle-ci,
seule personnifiée par le langage, exagérée par les
abstractions de la métaphysique, n'est que la synthèse,
l'expression collective d'une multitude d'âmes partielles,
propres aux divers centres nerveux et ramenée à l'unité
par leur convergence dans un centre prédominant. En
somme, notre conscience est plutôt un *nous* qu'un *moi*.

4. — Tous les centres d'innervation dont nous venons
de parler ont, quoique inégaux, une structure complexe
et se composent d'un plus ou moins grand nombre de
cellules nerveuses associées, concourant à une action
commune. Or, chacun de ces éléments, muni de fibres
afférentes et déférentes, reproduit l'image d'un ganglion
sous de minimes proportions. Comme les centres volumineux, il est capable de convertir une excitation en
incitation. La caractéristique de l'action nerveuse étant
de percevoir une impression, et de commander un mouvement par une sorte de décharge, un phénomène de ce
genre, aussi atténué que ce soit, doit se produire dans les
moindres parcelles de la substance nerveuse. Par sa
composition, sa structure et ses fonctions, la cellule nerveuse ou *neurone* offre une complication bien supérieure
à celle de tous les autres genres de plastides. Des recherches toutes récentes, inaugurées par l'italien Golgi et
l'espagnol Ramon y Cayal, s'appliquent à débrouiller la
confusion de ses parties et de leurs attributions encore
mal connues. Des neurones partent des ramifications en

forme de dendrites, qui étendent leur sphère d'action, et des prolongements cylindriques qui les mettent en communication avec d'autres cellules. Ces éléments sont reliés par des sortes de chaînes articulées en forme de grains de chapelet, et leurs relations s'établissent, non par une continuité fixe, comme on le croyait naguère, mais par une contiguïté intermittente. La nature contractile du protoplasme leur permet d'opérer, sous des influences mal déterminées, des resserrements facultatifs, d'où résulteraient, tantôt une libre transmission de l'influx nerveux de l'un à l'autre, tantôt une interruption de courant. Cette théorie éclaire d'un jour imprévu les phénomènes, si mystérieux jusqu'ici, du sommeil et du réveil, du rêve, de la rêverie, de l'attention, de l'anesthésie, de l'ivresse, de la folie...

L'ensemble de l'activité psychique se trouve ainsi conditionné par le mode de fonctionnement de la cellule nerveuse, qui se lie aux mutations physico-chimiques dont elle est le siège. Ces influences infimes, auxquelles les autres tissus seraient presque insensibles, de légères pressions, une onde sonore, la diffusion de particules sapides ou odorantes, quelques degrés de chaleur en plus ou en moins, un rayon ou une nuance de lumière, un courant d'électricité..., ébranlent cette substance d'une délicatesse exquise, et déterminent en elle des changements qui se traduisent, d'abord en phénomènes de sensibilité, puis en faits de mouvement. Le clavier si varié de nos impressions, les émotions qu'elles suscitent, les conceptions de l'esprit et les actes de la volonté, se rattachent à des modifications de la substance nerveuse dans les cellules, et l'usure qu'entraîne leur activité fonctionnelle est en proportion du travail effectué. Pour suffire à l'énorme dépense de force qui se fait dans le cerveau, cet organe reçoit une quantité de sang évaluée au cinquième de la circulation totale, et l'afflux sanguin est plus considérable dans les strates idéogènes de la substance grise, dont le travail est intense, que dans les amas de substance blanche, bornés à un rôle de transmission. Malgré la libéralité avec laquelle le fluide nourricier lui est départi, le tissu nerveux du centre encéphalique s'appauvrit plus vite qu'il ne se reconstitue, et, bientôt fatigué, menacé d'épuisement, il a chaque jour besoin d'un intervalle de repos, afin de rétablir pendant le sommeil son équilibre dynamique dérangé pendant la veille. Pour peu même que par un arrêt du cœur, la circulation du sang soit un moment suspendue, ou que l'oxygène nécessaire cesse d'activer son fonctionnement, la conscience est exposée à défaillir dans une syncope et à se perdre dans la mort.

Le système nerveux n'est donc qu'un vaste assemblage de neurones, et toute son activité dérive de la leur. Nous avons vu que, dans les seules couches corticales du cerveau, les cellules se comptent par centaines de millions et peut-être par milliards. La grandeur de ces chiffres est en rapport avec la multiplicité des relations qu'ont entre eux ces éléments et avec l'infinie diversité des manifestations psychiques. Dans ce prodigieux ensemble, chaque cellule a son organisation particulière, sa fonction spéciale, sa mémoire, puisqu'elle conserve une trace de ses impressions passées et les reproduit au besoin. On ne peut donc pas lui dénier une existence distincte, une personnalité réelle, un diminutif d'âme. Liées les unes aux autres par un entrecroisement d'actions et de réactions, elles cordonnent leur action, arrivent à l'unité de fonctionnement, et la résultante totale se résout en un gigantesque unisson. Le moi, qui se croit simple, est l'expression collective de ces milliards d'éléments.

§ II. Fonctions psychiques des plastides de l'organisme.

1. — Comme le système nerveux est la démonstration de l'activité psychique, il semble en être la condition nécessaire, en avoir exclusivement le privilège, et l'on hésite de premier abord à croire des faits de conscience possibles là où tout indice d'innervation disparaît. Cependant, si l'appareil nerveux est le principal agent des manifestations psychiques, on se tromperait à présumer que, hors de lui, règne une inconscience absolue. La production de phénomènes psychiques au sein de la substance nerveuse serait alors un fait miraculeux, sans précédents et sans cause. Leur explication rationnelle doit être cherchée dans les propriétés analogues des éléments organiques. Le système nerveux n'est pas, en effet, un créateur, mais seulement un collaborateur, un transformateur et un redistributeur d'énergie. Il ne tire point de lui-même les forces qu'il dégage et met en action. Elles lui viennent d'ailleurs, et, pour en trouver l'origine, il faut descendre un nouveau degré.

Loin d'appartenir en propre à la substance nerveuse, la sensibilité est l'attribut de toute substance vivante. Les neurones la signalent, il est vrai, avec le plus de clarté, de délicatesse et de puissance; mais leur impressionnabilité supérieure n'est qu'un cas particulier dans un ordre très général. Quelles que soient sa nature, sa composition, sa forme et sa fonction, chaque cellule de l'organisme, par cela même qu'elle vit, doit posséder un mode de sensibilité. Toutes sont douées de l'irritabilité nutritive qui leur permet de croître en volume et de renouveler leur substance. Plusieurs sortes de cellules sont animées de mouvements amœboïdes, et des éléments

libres, tels que les leucocytes, les phagocites et les spermatozoïdes, ont même le mouvement spontané, indice
de désir et de volonté. La faculté de ressentir des causes
d'excitation et de réagir en conséquence, manifeste dans
cette classe de cellules, doit être admise également pour
les autres, même immobiles et fixées, puisqu'elles se
nourrissent, fonctionnent et se régénèrent, ce qui implique
des mouvements intérieurs. Chaque cellule a même une
sorte de mémoire qui garde le dépôt de nos impressions
passées. Il suffirait d'ailleurs, pour leur attribuer à toutes
un principe d'activité psychique, de réfléchir à la dérivation qui les fait uniformément provenir de l'ovule
fécondé. Celui-ci, dépositaire d'une double virtualité
d'organisation et d'animation que lui ont transmis ses
procréateurs, le transmet à son tour aux innombrables
plastides qui procèdent de lui, et dont les neurones ne
sont qu'un rameau spécialisé par évolution. Puisque les
cellules nerveuses sont sensibles, toutes les autres cellules, ascendantes ou collatérales, doivent l'être aussi.
On en trouverait au besoin la preuve de fait dans les
sensations diffuses de l'organisme, qui, comme les états
de bien-être ou de malaise, la faim, la soif, la fatigue,
etc., signalent une condition de la généralité des cellules,
une impression ressentie par elles, une manière d'être
normale ou pathologique, dont le système nerveux est
simplement l'interprète.

Chaque élément cellulaire a donc sa sensibilité propre
qui l'avertit de ses besoins et règle, en vue de les satisfaire, son activité en rapport avec les ressources et les
excitations du milieu. Le pouvoir psychique des plastides
associés ne diffère qu'en degré de celui des micro-orga-
nismes unicellulaires libres que la science étudie avec
un si vif intérêt. On constate en eux des signes irrécusa-

bles, non seulement d'irritabilité, mais aussi de sensibilité et de motricité autonome, inséparables d'une ébauche d'action psychique. On les voit, en effet, diversement affectés par des contacts ou des influences physico-chimiques, chercher ou fuir la chaleur, la lumière, et même certains rayons de lumière, discerner la composition des corps voisins, reconnaître, comme font les bactéries, un trillionième de milligramme d'oxygène pour l'aller saisir. Animés de tendances électives au mouvement qui supposent des sensations déterminantes de peine ou de plaisir, ces petits êtres se déplacent, se rapprochent ou s'éloignent des choses suivant qu'elles peuvent leur servir ou leur nuire, poursuivent des proies, s'unissent même par imprégnation, comme le spermatozoïde et l'ovule, tous effets qui impliquent les perceptions rudimentaires, une conscience obscure, des appétitions confuses, de vagues désirs, germe initial de volonté future. En un mot, ce sont des êtres animés, si faibles que soit leur principe d'animation, et Haeckel a pu esquisser à leur sujet un *Essai de psychologie cellulaire*. Tout naturaliste, dit-il, qui a comme moi observé pendant de longues années des protistes unicellulaires, est positivement convaincu qu'eux aussi possèdent une âme. Cette âme cellulaire est, elle aussi, constituée par une somme de sensations, d'idées et d'actes de volonté; les sentiments, la pensée et la volonté de notre âme humaine sont seulement des développements graduels de ceux là »[1].

Ainsi réduites à des sensations sourdes, à des besoins extrêmement simples et à des satisfactions très bornées, ces petites âmes des plastides peuvent paraître d'une insignifiance telle que, comparées à l'âme du moi, elles sem-

[1]. *Le Monisme*, p. 23.

blent s'annihiler et s'évanouir. Néanmoins si, comme intensité de vie, elles sont séparément imperceptibles, réunies elles acquièrent de la grandeur par leur multitude. Associés et unifiés, ces infiniment petits de conscience deviennent capables de produire de puissants effets. Le système nerveux, jeté comme un filet sur l'organisme, en pénètre les moindres parties, draine ses énergies latentes et les accumule dans un centre où, harmonisées et perçues toutes ensemble, elles se résolvent en phénomènes de conscience lucide. La puissance d'animation qui se manifeste alors avec éclat est l'expression collective de toutes les petites âmes éparses dans les trillions de cellules auxquelles le moi sert de dénominateur commun. L'esprit se dégage de l'organisme entier dont chaque parcelle est sensible et comme imprégnée de spiritualité. Il n'est donc pas moins illusoire de prétendre localiser l'âme dans le cerveau que de vouloir localiser la vie dans tel ou tel organe essentiel. L'une et l'autre sont partout dans les êtres vivants et animés. « Ce n'est pas le cerveau, conclut Lewis, c'est l'homme qui pense [1] ».

Ainsi l'unité du moi n'a que la valeur d'une somme où se totalisent les activités coordonées d'innombrables éléments psychiques. Notre conscience accumule et condense une infinité de consciences minimes qui s'ignorent l'une l'autre et ne se perçoivent nettement que fusionnées dans un ensemble. C'est de ce fonds obscur qu'émerge la claire connaissance du moi. D'après la loi de continuité formulée par Leibniz, il n'y a pas d'interruption ni de saut dans la suite des phénomènes de la nature. Tout se développe graduellement. L'origine du conscient

1. *La Base physique de l'esprit.*

doit donc être cherchée dans l'inconscient, et nos perceptions les plus nettes proviennent de celles qui, trop faibles pour être appréciables chacune à part, se renforcent en s'unissant. Leibniz les compare à ces bruits de vagues dont aucun ne serait entendu s'il était seul, mais qui, s'ajoutant l'un à l'autre et perçus tous à la fois, deviennent la voix retentissante de l'Océan[1].

Cette transformation progressive de l'inconscience des éléments cellulaires en conscience lucide du moi ne devrait pas plus étonner que le fait vulgaire par lequel des molécules, invisibles isolément, produisent en s'agglomérant un corps visible. Pour nos esprits comme pour nos yeux, il y a un point avant lequel tout échappe, à partir duquel tout est saisi. Puisque la conscience du moi n'apparaît point dans l'être humain, dès le moment de sa conception, mais se dégage peu à peu en lui au cours de son évolution intra-utérine, sans qu'on puisse dire à quel moment, il faut que l'inconscient préexiste et que le conscient en sorte. Là se produit un phénomène comparable à celui de la chaleur obscure, qui, graduellement accrue, devient lumineuse et dont l'éclat augmente à mesure qu'elle gagne en intensité. La clairvoyance psychique suit de même une progression régulière, et l'être humain, inconscient au début, arrive à la pleine conscience de lui-même comme, à chaque aurore, la nature passe de la nuit au jour, par une accumulation continue de clartés.

Mais, lorsqu'on décompose l'âme totale du moi en âmes parcellaires de ses éléments, il faut éviter de leur attribuer des facultés de même ordre et seulement inégales en grandeur ou en puissance. Les manifestations

<hr>

1. *Nouveaux essais sur l'entendement humain.*

de l'activité psychique doivent varier suivant la nature et la complexité de l'agrégat, et chaque degré de conscience comporte des effets spéciaux. La perception nette du moi, le plein exercice de la raison ne se réalisent que dans le cerveau normal de l'adulte. L'âme inférieure de la moelle épinière serait analogue à celle du nouveau-né ou des animaux que régit le pur instinct. Plus ténébreuses encore, les âmes des centres organiques pourraient être assimilées à celle des mollusques acéphales réduits à des sensations trophiques. Enfin, l'âme des plastides aurait pour équivalent celle des protistes unicellulaires, et, pour type générateur commun, celle même de l'ovule qui contient en puissance tous les développements ultérieurs de l'âme et de la raison. A chacun de ces états d'organisation, caractérisés par des disparités de structure et de fonction, correspondent des inégalités d'aptitudes psychiques; seule, la nature essentielle des phénomènes reste la même, et le psychisme le plus élevé les comprend tous dans son unité de série.

2. — Quand on admet que chaque plastide de l'organisme a sa part de conscience, son pouvoir d'activité, sa petite âme, on est conduit à se demander d'où leur vient à tous ce principe d'animation. Il faut nécessairement le faire dériver du protoplasme qui les constitue, et qui, même non organisé, encore indivis et amorphe, est une substance vivante, puisque en lui s'effectue un mouvement continuel de décomposition et de recomposition qui assure à la fois la rénovation de ses éléments et la permanence de sa condition chimique. « Cet état d'équilibre perpétuellement instable est, dit Claude Bernard, le caractère immanent de la substance organisée et vivante, la manifestation la plus simple et la plus générale de la vie dans les plantes comme dans les animaux. L'irrita-

bilité nutritive est la première propriété qui apparaisse et la dernière qui disparaisse; c'est cette propriété qui, tant qu'elle subsiste dans un élément, oblige à dire que cet élément est vivant, et qui, lorsqu'elle est éteinte, oblige à dire qu'il est mort. Elle est donc la condition indispensable de la manifestation de toutes les autres propriétés, sensibilité, contractilité, motilité, qu'elle domine par sa généralité et son importance. Pour tout dire en un mot, elle est le caractère absolu de la vitalité [1] ».

On conçoit qu'un mode rudimentaire de sensibilité puisse se produire dans le protoplasme par l'effet du renouvellement de sa substance qui a pour résultat d'engager et de dégager tour à tour des forces de combinaison. C'est comme un foyer où viennent incessamment se brûler des combustibles, source de chaleur et principe d'activité. Cette force disponible qui, dans le protoplasme amorphe, se borne à des phénomènes de nutrition et d'accroissement, détermine dans les plastides, avec une ébauche d'organisation, des manifestations psychiques mieux accusées. Mais, même restreint à l'irritabilité nutritive, le protoplasme n'est pas dépourvu d'un mode élémentaire de sensibilité qui lui fait éliminer ses particules usées et s'incorporer par sélection les substances propres à le reconstituer. Des expériences récentes fournissent même la preuve que le protoplasme possède une sensibilité psychique. Si, dans le plasma d'un rhizopode ou d'un infusoire, on détache un fragment de pseudopode, la partie qui conserve le noyau intracellulaire continue de vivre et régénère sa substance perdue; mais la partie séparée ne peut subsister seule longtemps.

---

1. *Cours de physiologie générale*, v *Revue scientifique*, 11 octobre 1873.

Néanmoins, tant qu'il lui reste un peu de vitalité, elle tend avec constance à se rapprocher de son organisme antérieur, sans témoigner la même appétition pour les autres, et, dès qu'elle réussit à le rejoindre, se confond de nouveau avec lui. Une sorte d'attraction affective porte l'un vers l'autre l'individu-mère et le fragment détaché. Cela montre, jusque dans la moindre parcelle de plasma vivant, une motilité intentionnelle, un principe d'autonomie. Il y a là plus que de la chimiotaxie; c'est de la sensibilité vitale, une action psychique réelle [1].

« La sensibilité, dit Claude Bernard, est en quelque sorte le point de départ de la vie; elle est le grand phénomène initial d'où dérivent tous les autres, aussi bien dans l'ordre physiologique que dans l'ordre intellectuel et moral [2]. » La sensation est une première lueur d'idée, car, percevoir du plaisir ou de la peine, c'est esquisser un jugement sur la valeur des choses, sans les connaître autrement que par l'impression ressentie. La sensibilité renferme donc un principe d'intelligence discriminative, et même un principe d'activité volontaire, sous forme de désir, car la volonté résulte d'un accord entre l'intelligence qui choisit et l'appétition qui tend à se satisfaire. Partout où apparaît, comme dans le protoplasme, un rudiment même très vague de sensibilité, il faut admettre un germe d'animation et de spiritualité.

§ III. Fonctions psychiques des éléments physico-chimiques de l'organisme.

1. — Il ne semble guère possible de poursuivre au delà du protoplasme l'analyse et l'origine de l'activité

---

1. *Revue scientifique*, 1er juillet 1899, pp. 21, 25, *l'Anatomie des pseudopodes*.
2. *La Sensibilité dans le règne animal et dans le règne végétal*.

psychique, parce que, au point où nous sommes parvenus, la continuité de ses manifestations paraît se rompre, et tout vestige de sensibilité consciente faire défaut aux éléments bruts de l'organisme. Néanmoins, la pensée refuse d'arrêter ses spéculations à cette frontière, et se trouve logiquement amenée à chercher dans les éléments du protoplasme un principe de mentalité diffuse, plus simple encore que le sien. Sans doute, lorsqu'on sort du monde si évidemment animé de l'organisation et de la vie pour pénétrer dans le monde sourd, aveugle et muet des anorganismes, où règnent en apparence l'inertie et une passivité mornes, on croit toucher l'infranchissable barrière où cesse tout développement du psychisme. Cependant, ici encore, nous devons nous garder de jugements absolus et ne pas prendre indûment la courte limite de nos connaissances pour la borne effective de la réalité. La porte reste donc ouverte à l'induction et nous allons suivre sa voie.

Lorsqu'on réfléchit à la nature du protoplasme et à ses aptitudes vitales, on est obligé de reconnaître qu'il ne peut y avoir en acte dans ce composé que ce qui était en puissance dans ses éléments, car leur assemblage ne crée pas de la force; il détermine seulement des résultantes nouvelles. La sensibilité qui se manifeste dans la substance protéique n'y surgit point par miracle, *ex nihilo*; elle ne fait qu'exprimer, sous un mode plus complexe d'action, l'énergie propre à ses matériaux, mais modifiée par leur union, parce que, suivant qu'ils sont isolés et dispersés, ou associés et solidaires, leur condition d'activité doit forcément différer. Cette considération nous conduit à chercher dans la nature brute le principe initial de l'animation que révèle la nature vivante.

Pour pouvoir expliquer par divers modes de groupement de molécules ou d'atomes la formation des corps et les changements qui se produisent en eux, il faut admettre que ces particules de matière représentent, non de petites masses inertes et comme mortes, mais des éléments actifs, doués d'une sorte de vie inférieure et animés de forces vives d'attraction ou de répulsion, auxquelles se rattachent, par une analogie manifeste, nos sentiments de plaisir ou de peine, d'amour ou d'aversion. Ce qu'on appelle la conscience hédonique, la simple distinction des deux états de bien-être et de mal-être, ne se produit pas seulement dans le monde de l'organisation, dont elle règle le fonctionnement; on la retrouve, sous une forme plus simple, atténuée et rudimentaire, dans le monde des corps bruts où elle se traduit en modes spéciaux de sensibilité mécanique, physique ou chimique. Tous, en effet, répondent à la stimulation des forces qui s'exercent autour d'eux. On les voit céder ou résister à des pressions, exécuter des mouvements qui tantôt maintiennent ou rétablissent leur équilibre, tantôt le rendent plus ou moins instable. Une variation de température les dispose tour à tour à s'agréger en solides sous l'empire de la cohésion, à s'en affranchir en partie en passant à l'état liquide, ou entièrement à l'état de gaz. La lumière et l'électricité les influencent diversement. Enfin, ils sont aptes soit à se combiner entre eux, soit à constituer des tout-clos conformes à des types définis de structure. Ce sont là des indices irrécusables de l'universelle sensibilité de la matière, point de départ de la sensibilité mieux spécialisée des êtres vivants, qui provient, par concentration et coordination d'effets, de cette sensibilité diffuse des éléments bruts, accrue et modifiée dans les agrégats plus complexes que produit l'organisation.

L'analogie est surtout frappante quand on considère

les phénomènes chimiques, les plus rapprochés des phénomènes biologiques, puisque la vie se ramène à un fait de combinaisons, et que le protoplasme vivant n'est qu'un assemblage d'éléments bruts. Dans chaque cas de composition ou de décomposition s'opère une sélection de substances, déterminée par une attraction réciproque lorsqu'elles s'unissent, ou par une répulsion mutuelle lorsqu'elles se séparent, appétitions et tendances qui, à défaut d'une sensibilité consciente, au sens où nous l'entendons pour nous, obligent de supposer une sensibilité obtuse qui en serait le prodrome. Les éléments chimiques, en effet, ne sont ni indifférents ni passifs dans les phénomènes d'affinités. A l'époque où se fondait la chimie, Boerhaave attribuait les faits de combinaison à un libre choix entre les substances, à une alliance concentrée et voulue, où se mêlait même une part de sentiment, car il dit que les corps rapprochés par la sympathie, contractent un mariage d'inclination, et il fait célébrer de justes noces aux éléments conjoints[1]. Sous ce langage symbolique, d'une exagération manifeste, se cache une vérité profonde : l'affinité est un mode spécial de la sensibilité de la matière qui la prédispose à se combiner diversement d'après des lois de convenance et d'harmonie. Un certain état d'ordre et d'équilibre intérieur serait pour le composé un équivalent du plaisir, comme un état de contrainte et d'instabilité celui de la peine, et la série entière des phénomènes chimiques s'explique par la recherche constante du premier. Il faudrait ici pouvoir user de termes particuliers pour désigner les degrés ou les nuances de la sensibilité dans les corps vivants et dans les corps bruts, car le sens usuel du mot nous abuse

---

1. *Elementa chimica*, 1733.

et nous porte à nier là il où conviendrait seulement de distinguer. Les modes et les effets peuvent différer, mais c'est toujours de la sensibilité qui, sommaire et restreinte dans les éléments, se montre ensuite, exaltée et active, dans leurs agrégats. « Il est naturel d'admettre que telle ou telle combinaison d'atomes est douée d'une conscience comme résultante des consciences élémentaires des atomes constitutifs, plutôt que de considérer la conscience d'un corps complexe comme résultant de sa construction même, au moyen d'éléments dépourvus de conscience [1]. »

C'est pourquoi nombre de personnes ont cru que les molécules et les atomes devaient avoir un rudiment de conscience. Chaque particule de matière aurait, selon sa nature, une réduction d'âme, en rapport avec son état de composition, et caractérisée par des propriétés actives, des virtualités expectantes, des appétitions et des tendances. L'hypothèse d'un principe d'animation, partout répandu à divers degrés, s'impose à la réflexion pour les éléments bruts des êtres organisés, parce que, si on l'écarte, le psychisme devrait, à un moment donné, surgir en eux par miracle du néant antérieur. Mais, si l'on accorde un principe de spiritualité aux éléments organisables, il faut l'attribuer également à tous les autres, car leur nature est commune, et les mêmes genres d'atomes figurent alternativement dans les organismes et dans les corps bruts. « Quelques matérialistes plus profonds que les autres, Diderot et Cabanis, par exemple, voyant clairement l'impossibilité de faire sortir ce qui pense de ce qui ne pense pas, et de faire de la pensée un accident, une résultante de combinaisons de l'étendue,

1. F. Le Dantec, *le Déterminisme biologique et la personnalité humaine.*

ont soutenu que la pensée, sous forme de sensibilité, est une propriété essentielle à la matière et coéternelle avec elle, comme la pesanteur, le mouvement et l'impénétrabilité[1]. » Empédocle croyait que la matière est animée, quand il faisait de l'amour et de la haine le principe universel de l'activité des choses. Pour Gassendi, les atomes possèdent un germe de spiritualité qui les rend aptes, en s'agrégeant, à produire le sentiment et la pensée. Leibniz doue ses monades d'un « fonds idéal » qui se développe ultérieurement en perception et conscience. « Dieu est partout, dit Giordano Bruno dans un passage célèbre, parce que l'esprit se retrouve en toute choses, et il n'est pas de corpuscule le plus minime qui n'en contienne une partie en soi, ce qui le rend animé. »

Ces théories de hardis métaphysiciens ont été reprises de nos jours par des savants. Suivant Haeckel, « la vie est universelle; on ne pourrait en concevoir l'existence dans certains agrégats matériels si elle n'appartenait pas à leurs éléments constitutifs. En ce sens, les atomes eux-mêmes sont vivants, et, à ce titre, ils jouissent de toutes les propriétés fondamentales de la vie : ils sont sensibles au plaisir et à la douleur, ils éprouvent des attractions et des répulsions, ils ont une volonté. L'affinité chimique ne peut se concevoir que comme l'effet de la volonté des atomes qui se réunissent suivant leurs impulsions motivées par des sensations; mais, en raison de leur simplicité, les atomes ont une volonté finie, leurs sensations et leurs impulsions ont une constance invariable dans des conditions déterminées[2]. » M. Fouillée s'est fait à plusieurs reprises l'interprète d'idées analogues : « Les éléments de la vie psychique doivent exister dans les

1. Paul Janet, *Principes de métaphysique*, t. I, p. 349.
2. Delage, *de l'Hérédité*, exposé de la théorie de Haeckel.

éléments de la matière en apparence inerte ; aux rudiments les plus humbles de la vie physiologique doivent correspondre les éléments les plus humbles de la vie mentale... La même loi de continuité étant applicable au monde psychique et au monde physique, nous devons jusqu'au bout appliquer la théorie de la causalité à l'un comme à l'autre, de manière à faire précéder le psychique plus développé d'un psychique plus rudimentaire. Cette méthode d'analyse, selon nous, aboutit à reconnaître comme élément universel le processus appétitif : sentiment-appétition... où une excitation sentie aboutit à une réaction plus ou moins consciente[1]. » « Il y a, dit-il encore, une même réalité universellement répandue qui renferme partout en soi, sous une forme plus ou moins implicite, sensibilité et volonté ; les idées sont la condensation en centres lumineux et en foyers conscients de ce qui existe partout à l'état nébuleux : sensation et désir[2]. » Et ailleurs : « On peut croire tout à la fois au mécanisme universel et à la sensibilité universelle. Par cela même, on place au fond de tout des états de conscience à des degrés divers : là un concert puissant et rythmé, ici un son plus faible qui se perd dans l'ensemble, nulle part l'absolu silence[3]. »

Ces rudiments de mentalité latente dans les éléments des choses sont la seule explication rationnelle de la genèse d'esprits conscients dans les types supérieurs, car on ne saurait comprendre qu'un agrégat complexe voie se manifester en lui une propriété dont ces éléments seraient dépourvus à l'état virtuel. Puisqu'il y a de la conscience en nous, il faut qu'il y ait des rudiments de

<hr>

1. A. Fouillée, *Le Mouvement positiviste et la conception idéaliste du monde*, pp. 202, 203.
2. Id., *Le Mouvement idéaliste*, p. 95.
3. Id., *La Vie consciente et la vie inconsciente*, dans *Revue des Deux Mondes*, 15 novembre 1883.

conscience jusque dans les moindres parcelles qui servent
à constituer notre moi et qui doivent posséder en puissance toutes les facultés qui se développent ensuite dans
les organismes complexes. Ces facultés s'accroissent,
s'exaltent et se modifient par l'effet de groupements successifs, de sorte que « les consciences atomiques s'ajoutent
dans une molécule, les consciences moléculaires dans un
amas continu de substances plastiques, et les consciences
plastidaires dans l'ensemble du système nerveux d'un
être supérieur[1]. » L'activité de notre esprit est la résultante, par action graduelle et modification progressive,
de ces activités infinies, accumulées et coordonnées. Quand
on voit la raison la plus haute provenir peu à peu d'un
ovule en apparence inconscient, on ne trouve plus de
difficultés à croire que cet ovule, ainsi pourvu d'un principe de spiriritualité transcendante, le tient lui-même des
éléments dont il est formé.

S'il est déjà malaisé de reconnaître dans le moi les
derniers vestiges de conscience perceptible, il l'est bien
plus encore d'indiquer, dans la série des êtres, le point
précis où un infiniment petit de conscience se réduit à
rien et marque le zéro absolu. Notre esprit, qui, pour
rendre la vérité plus sensible par un effet de contraste et
mieux distinguer les choses, s'applique à noter entre
elles des différences tranchées, les oppose plus volontiers
qu'il ne les compare. Cela le conduit à prendre pour des
attributs contraire des inégalités en plus ou en moins, et
à transformer en dissemblances de nature de simples
différences de quantité. Nous opposons de la sorte le froid
et le chaud, les ténèbres et la lumière, là où il n'y aurait
place que pour une série de degrés. C'est une grave cause

1. Le Dantec, *Le Déterminisme et la personnalité consciente*, p. 155.

d'erreurs que la loi de continuité nous apprend à corriger. De même, l'inconscient ne constitue pas, comme une terminologie trompeuse induit à le supposer, la négation formelle, l'absence complète du conscient, mais seulement un moindre degré de conscience, comme est le froid par rapport à la chaleur ou l'obscurité par rapport à la lumière. En réalité, il n'y a sans doute pas plus d'inconscience absolue que de froid absolu ou de ténèbres absolues. Là où nous présumons à tort une disparité totale, la science constate des graduations sans terme. Chaque système matériel doit avoir, selon la nature des éléments et la disposition de leur assemblage, son principe d'animation plus ou moins développé, son obscurité, sa pénombre, sa lueur ou sa lumière. De même que tout ce qui vit se sent vivre, tout ce qui est doit se sentir être, sous peine de n'exister pas. En quoi consiste ce sentiment initial de l'existence, cette conscience d'être inséparable de l'être, c'est ce qu'il est malaisé de concevoir, à cause de l'extrême simplicité du fait. « Nous ne savons pas si le fond de la vie est volonté, s'il est idée, s'il est sensation, quoique avec la sensation nous approchions sans doute davantage du point central; il nous semble seulement que la conscience, qui est le tout pour nous, doit être encore quelque chose dans le dernier des êtres, et qu'il n'y a pas dans l'univers d'être pour ainsi dire abstrait de soi[1]. »

Toutefois, il convient d'éviter ici les assimilations trompeuses avec non moins de soin que les disparités imaginaires, et de ne pas être déçus par le sens habituel des mots, cadres inflexibles de nos idées, tandis que les choses signifiées comportent une variabilité infinie.

---

1. Guyau, *L'Irréligion de l'avenir* (Paris, F. Alcan).

Quand nous parlons d'âmes ou de consciences cellulaires, moléculaires ou atomiques, on ne doit rien entendre de pareil à ce que l'âme et la conscience sont en nous, car ce serait faire de l'anthropomorphisme régressif. « Ce qui est à l'état de développement et d'incessant devenir ne peut être assimilé que de loin à ce qui est développé et fixé[1]. » Entre des agrégats aussi différents, il ne faut pas chercher de similitudes, mais seulement des analogies. La sensibilité des corps bruts n'est assurément pas identique à celle des corps vivants, néanmoins elle est de même nature, quoique de moindre degré. Elle représente le mode élémentaire de la sensibilité consciente, qui la prépare, la conditionne, l'explique; et la seconde résulte de la première, accrue, modifiée, transformée. Au début, la sensibilité n'est qu'irritabilité mécanique, physique ou chimique, l'intelligence qu'une lueur incertaine, la volonté qu'une tendance irrésistible à l'action. Réduit à ces fonctions d'une extrême simplicité, l'agent n'a pas besoin de clairvoyance pour s'en acquitter; une prédisposition naturelle suffit. N'ayant pas à se diriger parmi des occurences diverses, il n'a pas non plus besoin de volitions motivées; engagé dans une voie rectiligne, il cède à l'impulsion qui l'entraîne sans avoir à subir les hésitations et les erreurs de nos déterminations hasardeuses aux prises avec des contingences. Il agit donc avec une sûreté, une promptitude et une régularité qui nous paraissent fatales et nous dissimulent ce qui peut s'y mêler de conscience. Une telle condition psychique nous échappe parce que sa simplicité même la dérobe à nos analyses et ne comporte pas de comparaison méthodique avec notre activité complexe et intense.

1. Ribot, *L'Évolution des idées générales*, p. 39 (Paris, F. Alcan).

On pourrait ainsi concevoir l'évolution du psychisme comme le passage, aux stades successifs de groupement, d'un mode inférieur et sommaire d'activité à un mode supérieur et complexe, par suite de l'accumulation et de la résultante des forces engagées dans l'agrégat, de sorte que, au plus bas de l'échelle, la fonction psychique se confondrait avec le mouvement, et, au plus élevé, se transformerait en raison. Les éléments de la matière auraient un rudiment de psychisme, sous forme de sensibilité motrice, qui les dispose à réaliser certains modes de groupement, par un accord de leurs activités respectives où se rencontrent des conditions d'équilibre, d'ordre et de stabilité. Dans le protoplasme et dans la série de ses dérivés, l'irritabilité nutritrive révèle une sensibilité déjà plus complexe, qui ne se borne pas à la recherche d'un état fixe, mais tend à maintenir, par le renouvellement continu de ses matériaux, un état de composition à la fois stable et instable, sans cesse rompu et sans cesse rétabli. Avec ce principe de vie, développé par l'organisation, la sensibilité, devenant discriminative pour suffire à des exigences accrues, distingue plus clairement les états de plaisir et de peine, de besoin et de satisfaction, en rapport avec les nécessités vitales. Elle ne peut plus alors être séparée de la conscience lucide, car une distinction nette et précise des qualités diverses des choses implique de l'intelligence et conduit à mettre en action la volonté, parce que la notion d'attributs différents oblige le sujet à faire un choix motivé et à se déterminer dans tel ou tel sens. L'esprit, en effet, n'est que « l'œil du désir », et la volonté qu'une impulsion éclairée. Après l'instinct, qui a le pressentiment de son but, sans en avoir la connaissance, et l'intelligence, susceptible de l'acquérir, mais seulement dans l'ordre des faits particuliers (intelli-

gence, de : *inter legere*), la raison parvient dans l'homme
à la conception de l'ordre général des choses et à régler
sa libre activité sous leurs lois. Cette évolution du psychisme, dont on peut constater les phases dans le développement des êtres individuels, dans celui de l'humanité,
et même dans l'ensemble de la création organique, réunit
ainsi de multiples conditions de vraisemblance.

2. — Il importerait donc, pour conclure, d'identifier
la matière, non seulement avec la force, comme on le fait
quelquefois, mais aussi avec l'esprit, auquel on l'oppose
d'ordinaire, d'unir intimement en nous le somatisme et
le psychisme, puisque la nature en donne l'exemple, enfin
de ramener à l'unité absolue de cause toutes les manifestations de l'activité universelle. Ses divers modes, que
nos analyses distinguent avec raison, mais qu'on croit à
tort séparés, le mouvement, l'action physique, l'affinité,
l'organisation, la vie, la pensée, ne sont pas des forces
essentiellement dissemblables, irréductibles l'une à l'autre.
La théorie moniste les tient plus justement pour les
modalités variables d'un même principe d'activité susceptible d'applications inégalement complexes, suivant les
conditions où il s'exerce. Les modes supérieurs d'activité
procéderaient alors des inférieurs et se différencieraient par
degrés. Dans le mouvement le plus simple, il faut reconnaître une force active, une tendance suivie, un besoin
senti, un germe d'intelligence et de volonté[1]. Il n'a pas
sans doute pour cause une volition formelle, mais il
représente le rudiment initial de ce qui sera plus tard la

[1] « Le sentiment, dit Cabanis, est-il totalement distinct du mouvement? Est-il possible de concevoir l'un sans l'autre?... Nous ne devons
pas nous dissimuler que cette distinction pourrait bien disparaître
dans une analyse plus parfaite, et qu'ainsi la sensibilité se rattache
peut-être par quelques points essentiels aux causes et aux lois du mouvement, source générale et féconde de tous les phénomènes de l'univers » (*Rapports du physique et du moral de l'homme*, t. I, p. 83).

volonté réfléchie. Ces forces motrices, que nous croyons être aveugles, sont le principe générateur du psychisme conscient, car c'est le mouvement qui, sous une forme ou sous une autre, détermine tous les changements dont l'univers est le théâtre, et l'activité psychique elle-même n'est qu'un mode très complexe de mouvement. Les pythagoriciens, par une formule d'une profondeur singulière, définissaient l'âme : « Un nombre qui se meut. »

« Ne serait-il pas étrange, demande M. Fouillée, de supposer qu'il existe vraiment un abîme entre les êtres inorganisés et les êtres organisés qui en procèdent, et que les phénomènes de conscience viennent tout d'un coup s'ajouter, tombant du ciel, à des mouvements de matière absolument insensible? Il est beaucoup plus rationnel d'admettre le parallélisme universel du physique et du mental, et que le pur mental d'apparence est encore physique par son côté extérieur[1]. » Gassendi et Leibniz, opposant au mécanisme exclusif de Descartes la conception d'un psychisme universel, tenaient avec Aristote qu'il y a en toutes choses une puissance appétitive qui tend à se réaliser en acte, une mentalité cachée qui impose aux éléments de la matière les directions coordonnées qu'ils suivent, et en font sortir, sous des formes de plus en plus complexes, la vie et l'intelligence. Les causes efficientes se concilieraient ainsi avec les causes finales, car la finalité n'est pas moins nécessaire pour expliquer le monde que la causalité pour le comprendre. « Il est plus que probable, dit Gassendi, qu'il existe une certaine force séminale et active qui s'insinue dans cette masse et l'ordonne, non pas à l'aveugle et en ignorant

____

1. *Le mouvement positiviste et la conception idéaliste du monde*, p. 297.

son ouvrage, mais en se comportant comme un esprit peut le faire[1]. »

Lorsque Claude Bernard définit la vie l'expression d'une idée, cela signifie que l'ordre et l'enchaînement des phénomènes vitaux impliquent l'intervention d'une cause analogue à ce qu'est en nous l'intellectualité. Là se manifestent en effet des tendances vers un but déterminé, des concerts d'action pour réaliser un plan, qui ne peuvent provenir que d'un pouvoir psychique recteur, car le hasard ou une aveugle nécessité ne rendrait pas compte d'effets aussi concordants et aussi suivis. Ce pouvoir coordonnateur d'un ensemble de phénomènes, cette idée qui se transforme en faits, doivent se trouver quelque part. Or, il n'est plus possible de les personnifier dans un démiurge extérieur sans retomber dans l'attribution fallacieuse des anciennes causes finales, si facile à prendre en défaut et à réfuter par ses contradictions. Mais la science, qui en interdit la recherche, ne peut pourtant pas exclure l'idée de causalité psychique, sous peine de laisser sans explication l'ordre du monde et les lois qui le régissent. Elle ne sera complète et ne satisfera la raison que lorsque, à la connaissance du comment, elle joindra celle du pourquoi.

Toute notre activité rationnelle est motivée par la recherche de fins. Nous tendons à des buts déterminés par nos affections, nos désirs, nos rêves, nos idées, nos volontés, nos actions, nos rapports, et la vie humaine, si l'on en retranchait la notion de but et de direction, n'aurait aucun sens. De même, la finalité est le flambeau qui éclaire la biologie dans son étude de la conformation des organes, de leurs fonctions et du consensus général d'où

____

1. *Syntagma philosophicum*, t. II, p. 114.

la vie résulte. La question de fin se poserait aussi pour les autres sciences, partout où elles constatent un système complexe de faits qui concourent à maintenir un certain ordre. Tout, dans l'univers, a son but et y tend d'un effort spontané. Si le détail ne l'atteint pas toujours, cela prouve seulement que l'intelligence rectrice est bornée dans ses moyens, sans doute aussi dans sa puissance, et c'est pourquoi il est illogique de l'attribuer à une cause omnisciente et omnipotente. Il faudrait admettre, non plus une finalité extrinsèque et préordonnée, qui agit surnaturellement du dehors, mais une finalité intrinsèque, concomitante aux effets qu'elle régit et qui s'exerce dans chaque être par la puissance organisatrice de ses propres éléments. A raison du concours que chacun d'eux apporte à la construction du système, la finalité n'est plus extérieure et antérieure à l'œuvre, mais interne et simultanée. Chaque partie conspire à la formation du tout. Sous le moi centralisé de la conscience, qui gouverne de haut l'ensemble, des séries de petites consciences dirigent les organes, les plastides, les molécules, les atomes et règlent par adaptation réciproque leur activité commune. L'être vivant se crée sans fabricateur étranger, par l'effet du travail interne d'intelligences qui, successivement, se déterminent, se superposent, suivent dans leurs tendances une logique secrète et, comme guidées par un instinct très sûr, réalisent ce qui, après coup, est pour la raison l'équivalent d'une idée. Il en résulte un mécanisme autonome qui se confectionne, s'entretient et se répare de lui-même, monte ses ressorts, harmonise ses fonctions et se plie le mieux qu'il peut aux influences du milieu. L'organisme se construit ainsi sans architecte et sans maçon, comme un édifice dont chaque pierre étant animée et mue par une sorte de désir, viendrait se ranger spontanément à la place que lui assigne un plan idéal. La vie ne serait plus alors « l'hôte qui vient dans la maison quand elle est déjà toute faite, mais l'architecte qui bâtit la maison[1] ». Elle se caractérise par l'effort constant d'une intelligence cachée et d'un mystérieux vouloir qui guident les éléments de l'être dans le sens de son développement. Cette idée directrice n'est pas un dessein arrêté d'avance et exécuté *a posteriori*, mais l'application continue d'un esprit intérieur, d'abord confus et obscur, puis de plus en plus net et précis, qui ordonne les faits à mesure qu'ils se produisent. Un poète philosophe l'a dit en beaux vers :

> La matière est divine ; elle est force et génie ;
> Elle est à l'idéal de telle sorte unie
>   Qu'on y sent travailler l'esprit,
> Non comme un modeleur dont court le pouce agile,
> Mais comme le modèle éveillé dans l'argile
>   Et qui lui-même la pétrit.

Au rebours de Platon et de Descartes qui, après avoir engagé la philosophie dans une fausse voie, l'ont si longtemps égarée, il faudrait, non plus opposer la matière et l'esprit comme des essences absolues et contraires, mais les tenir pour consubstantiels et inséparables. Le mécanisme et le psychisme ne doivent pas être disjoints puisqu'ils sont condition l'un de l'autre, et que la vie qui en exprime la synthèse, implique à la fois un organisme en cours de fonctionnement et un esprit en exercice d'activité. Leur corrélation nécessaire, la simultanéité de leur origine et le parallélisme de leur développement, démontrent, en place du chimérique dualisme de l'âme et du corps, la parfaite unité du moi. On aurait de l'homme et de l'ensemble des choses une idée plus exacte si, au

---

1. Francisque Bouillier, *le Principe vital et l'âme pensante*, p. 65.

lieu de les croire composés de deux natures disparates, l'une inconsciente et passive, l'autre intelligente et active, on les faisait dériver d'un fonds unique de réalité qu'imprègnent les mêmes forces, qu'animent à divers degrés le sentiment, la pensée et la volonté, dans lequel enfin l'esprit et la matière, le mécanisme et le psychisme, unis par un indissoluble accord, se confondent et s'identifient.

LIVRE II

SYNTHÈSES DE LA VIE COLLECTIVE.

———

Après avoir scruté l'être humain comme un ensemble composé de parties, examinons-le comme faisant partie de divers ensembles. Son existence, en effet, ne se comprendrait pas isolée. L'individu n'est pas une *entéléchie*, dans le sens où l'entendait Aristote, c'est-à-dire un être qui existe en soi, par soi et pour soi, qui ait en lui-même son principe, sa raison d'être et sa fin ; ou du moins, s'il semble en être ainsi quand on le considère à part, dans le rapport de ses parties entr'elles et avec le tout, cela n'est plus exact quand on veut rendre compte de l'origine de ce tout et de ses relations avec la multitude des autres êtres qui composent son milieu. La personnalité humaine n'apparaît plus alors que comme englobée dans des séries de groupes qui se circonscrivent l'un l'autre en formes de cercles concentriques et dont le plus grand contient l'universalité des choses. Chaque être particulier est compris dans des collectivités hiérarchiques qui le dominent par leurs conditions générales d'existence, car il tient d'elles le principe de vie qui l'anime, son type d'organisation, ses matériaux de structure, les forces qu'il met en action. Et, comme il naît, vit et se développe dans ce milieu, il est une résultante de son ordre, il en suit les lois, il y remplit une fonction. Son sort est donc lié à celui de tous les autres êtres, il forme avec eux un ensemble, il a sa place et son rôle dans un organisme universel. « Rien n'est un, dit Gœthe, tout est plusieurs. » De même Hippocrate : « Pour connaître la nature de l'homme, il faut connaître la nature de toutes choses. »

Il importe donc d'étudier la série de ces groupes dont notre existence dépend puisqu'elle s'y trouve incluse. Quelle que soit leur grandeur, ces êtres collectifs reproduisent toujours les traits essentiels de l'individualité. De même que celle-ci se compose d'un assemblage de parties dont chacune a sa vie propre, mais qui, associées se coordonnent en un tout organisé et vivant, les agrégats dont l'individualité fait partie, coordonnés suivant des lois de symbiose, réalisent une incontestable unité de vie. Lorsque des multitudes d'êtres se groupent pour constituer une société définie, il n'y a pas un simple fait de juxtaposition et de corrélation physique; il y a production d'un organisme nouveau dont les membres, solidaires les uns des autres, concourent au fonctionnement d'une vie commune, et forment par leur union un être réel, qui a sa personnalité distincte, à la fois physiologique et psychique.

Ici, toutefois, une difficulté surgit : le côté physique, extérieur, de ces êtres collectifs, est assez facile à saisir et accessible à nos investigations; mais le côté psychique, l'aspect mental, nous échappent et ne peuvent être présumés que par conjecture, d'après les inductions qu'autorise l'analogie. Nous n'avons conscience que de nous-même, et cela semble nous condamner à ignorer les modes d'action psychique qui peuvent se produire hors de nous. Néanmoins, comme nous interprétons avec vraisemblance des phénomènes de même nature chez nos semblables et chez les animaux; comme, dans notre moi lui-même, nous sommes obligés d'admettre des faits psychiques subconscients ou tout à fait inconscients, nous sommes fondés à conjecturer que, dans les groupes supérieurs, une activité psychique ne laisse pas de s'exercer, bien qu'insaisissable pour nous, car le consensus des fonctions vitales et l'ordre d'une évolution suivie sont l'indice manifeste d'une intelligence rectrice. Puisqu'il y a de l'esprit en nous, il doit y en avoir aussi dans les groupes que nous servons à constituer et de qui même nous tenons, par dérivation, le principe qui nous anime. Les esprits ont en effet leur liaison comme les corps, et, puisque notre conscience est l'expression condensée d'une infinité de consciences moindres, on doit tenir pour une induction légitime que, dans les ensembles qui nous dominent, une conscience collective se forme par l'union des consciences parcellaires, agrégées et harmonisées. Tout fait d'association et de groupement unitaire implique, pour assurer le concours de ses fonctions, un pouvoir recteur analogue à ce qu'on appelle âme ou esprit, en attachant à ces mots, non le sens ontologique d'essence absolue et de réalité concrète que les métaphysiciens leur ont donné, mais simplement celui de résultante psychique. De même que l'âme individuelle est la résultante de l'interaction des éléments de l'organisme, les âmes collectives sont la résultante de l'interaction des êtres ou de leurs séries, qui influent les uns sur les autres, simultanément par des relations et des solidarités, successivement par des séquences et des réversibilités. Sans doute, ces esprits, autrement constitués que le nôtre et s'exerçant dans des conditions différentes, ne doivent pas lui ressembler et sont seulement analogues; mais ils l'emportent vraisemblablement sur lui en puissance autant que le tout l'emporte en grandeur sur la partie. Déçu par l'illusion anthropocentrique, l'homme croit volontiers qu'il représente, dans le monde, la plus haute manifestation de l'activité psychique. Il en marque simplement un degré sur une échelle indéfinie, non moins étendue au-dessus de lui qu'au-dessous. Ces esprits supérieurs, qui expriment la synthèse d'une foule d'esprits associés et unis pourraient être qualifiés d'*hyperesprits*.

Ces réserves posées, entrons dans l'étude des divers groupes dont l'homme partage la vie et qui expliquent la la sienne.

CHAPITRE PREMIER

SYMBIOSE DES ÊTRES HUMAINS

La société la plus étroite dont l'être humain fasse partie
est celle qu'il forme avec ses semblables. Comme ils ont
tous la même nature et dépendent les uns des autres par
un enchaînement de rapports, ils sont liés par une communauté de vie, de besoins et de satisfactions. Suivant la
définition d'Aristote, l'homme est un animal essentiellement sociable [1]. Son existence est tellement mêlée à celle
des autres qu'on ne l'en peut séparer. Il tient à ses prédécesseurs par son origine, à ses contemporains par ses
relations, à ses successeurs par les conséquences de son
activité propre. Quand on considère l'étendue et la suite
de ces effets dont le résultat est d'unir une multitude
d'existences et d'en faire une seule vie, l'illusion du moi
se dissipe, et ce qu'il y a en lui de collectif apparaît clairement. La société est un groupe d'individus congénères
vivant et évoluant à l'état de symbiose. La sociologie se
rattache ainsi à la biologie et la continue, puisque la vie
des groupes sociaux se ramène, comme celle des organismes individuels, à un fait d'agrégat de parties concourant à un fonctionnement commun. L'être humain doit à

1. Ζῷον πολιτικὸν (*Politique*, I, 2).

cette faculté d'association les développements de son existence et cette existence même. Esquissons à grands traits les plus importants des groupes constitués par ces relations interhumaines.

§ I. — Groupe initial ou naturel, la famille.

1. — La famille est, pour l'être humain, la société la plus étroite et la plus nécessaire, puisqu'il ne peut naître à la vie qu'évoqué par un couple de générateurs. Ce groupe initial se forme par l'union intime de deux êtres de sexe différent, qui, rapprochés par le plus puissant des instincts après celui de la conservation personnelle, l'instinct de la conservation de l'espèce, constituent la société conjugale. Le coupe bisexuel et bicéphale, l'homme-femme, représente la véritable unité spécifique, dont chaque moitié complète l'autre et trouve dans cette alliance un large développement de vie physiologique et psychique, tandis que, séparé, chaque sexe ne correspond plus, suivant la piquante comparaison de Franklin, qu'à une branche de ciseaux dépareillée.

Cette union, à laquelle la nature invite les deux sexes par l'irrésistible attrait qui les porte l'un vers l'autre, a pour fin la procréation des enfants, c'est-à-dire la formation d'une suite de générations par laquelle, malgré la brièveté des existences individuelles, la vie dure et se perpétue. Le père, la mère et l'enfant composent une sorte de trinité d'où toute la sociologie procède et à l'image de laquelle des religions se sont fait une conception du divin. Comme ce groupe élémentaire se reforme à chaque génération, la famille peut être définie : « Un ensemble permanent qui, avec des éléments éphémères, mais soudés bout à bout et se renouvelant sans cesse, constitue une chaîne éternelle et défie l'atteinte du temps [1]. »

Pris dans son acceptation la plus large, le terme de famille s'appliquerait à la série entière des générations successives, dans les deux lignes paternelle et maternelle, en remontant jusqu'à l'origine de l'espèce, car, en vertu des lois de l'hérédité, chaque procréateur a transmis à sa descendance quelque chose de sa personnalité. Mais, à mesure qu'on recule dans le passé, le nombre des ancêtres augmente rapidement. On en compte 14 pour la troisième génération, 126 pour la sixième, 8190 pour la douzième, et pour la vingt-quatrième, c'est-à-dire pour un laps d'environ huit siècles, on arrive au chiffre invraisemblable de 33 554 430. Il faut donc renoncer à tenir compte d'un passé si lointain et si vague, où la part de chaque facteur, dans la production d'un individu vivant, se réduirait à une fraction infinitésimale. L'influence de la dérivation directe, quand elle est aussi prolongée, se confond avec celle du développement ethnique, que nous aurons à considérer plus loin.

Par famille, nous devons conséquemment entendre, avec le langage usuel, le groupe restreint d'êtres unis par des rapports immédiats, dont les existences se sont en parties confondues, sans que ce groupe puisse, d'ordinaire, comprendre plus de quatre ou cinq générations. C'est dans cet agrégat limité que la famille se concentre, fait sentir le plus puissamment son influence et réalise le mieux son unité. Fondée par un couple d'époux escortés de leurs parents et grands-parents, elle s'accroît par la naissance d'enfants, suivis plus tard de petits-enfants et d'arrière-petits-enfants. Il faut y rattacher des collaté-

---

1. Cheysson, *l'Homme social et la colonisation.*

raux de divers degrés, qui participent à la vie commune, et même des membres adjoints (nourrices, serviteurs, précepteurs...) qui, sans faire partie de la famille, collaborent à ses fonctions.

Ces liens entrecroisés, plus ou moins forts et persistants, déterminent la formation d'une petite société domestique, intime et privée, où les existences organisent à leur gré une vie commune, en dehors de toute ingérence extérieure. Ainsi constituée, la famille, lorsqu'elle sait rester unie, procure à ses membres des avantages d'affection et d'assistance mutuelle. Là, l'être humain est conçu, nourri, élevé pendant sa débile enfance, soutenu dans les épreuves de la vie, entouré de soins quand arrive la vieillesse. Il se rattache à ce groupe par les sentiments les plus vifs et les plus durables, l'amour conjugal, l'affection dévouée des parents pour les enfants qui, nés d'eux, sont le prolongement de leur personnalité, la gratitude filiale, l'affection entre proches qui, ayant partagé leurs joies et leurs peines, sont liés par une communauté de tendresse, d'intérêts et de souvenirs. Lorsque ces sentiments, si forts et si doux, s'épanouissent normalement, sans être altérés ou troublés par des considérations étrangères, ils suffisent à établir un groupe harmonieux et fécond, où, de la naissance à la mort, se renferme le meilleur de notre vie. Si grands sont les avantages que procure la famille qu'il faut regarder comme une des pires infortunes celle de l'orphelin qui en a été privé, et que parfois c'est assez de la perte d'un de ses membres, passionnément aimé, pour rendre impossible le bonheur des survivants.

2. — Dans ces conditions restreintes d'étendue et de durée, la famille forme un tout organique et vivant, qui a son existence propre, sa personnalité réelle. Ce n'est

pas une simple expression verbale, mais un être véritable, qui se réalise dans l'enfant à l'état concret. C'est l'enfant qui fait l'unité de la famille, il en est le centre et le but, l'espoir et la vie. Par sa génération, par ses aptitudes croisées, par son éducation et son développement, il est l'expression résumée, la résultante de tous ceux qui ont concouru à le faire ce qu'il est. En lui, plusieurs s'individualisent et deviennent un.

Comme la fonction de la famille consiste à perpétuer la vie de l'espèce à travers des générations périssables, les effets de l'hérédité se transmettent directement par son intermédiaire. En vertu de la loi qui règle la reproduction des êtres vivants, ils tendent à se répéter dans leur descendance. Chaque procréateur exprime la somme des vies de ses ascendants, et lègue ensuite ce dépôt, accru et modifié par son activité personnelle, à ceux qui naissent de lui. Procédant ainsi les uns des autres, les êtres humains forment une série et se continuent. L'ovule fécondé, produit d'un couple de générateurs, est une formule organique où se trouvent contenues les influences accumulées d'une suite d'ascendants et les conditions de développement d'un être futur. C'est une somme de caractères transmis, l'addition de tout le passé d'une race, et, si la valeur en était exactement connue, on pourrait établir en partie, d'après les antécédents de famille, la diagnose de l'individualité. De là proviennent les ressemblances fréquentes entre parents et enfants, et non seulement ces similitudes d'aspect ou de physionomie qu'on appelle « air de famille », mais aussi celles qui se réfèrent à un état congénital de force ou de faiblesse, de tempérament, de santé ou de prédisposition morbide. Le même sang coule dans les veines de la lignée et ses membres se partagent un principe commun de vitalité. Toutefois, à cette action conservatrice de la descendance vient se joindre, pour en atténuer les effets, l'action modificatrice du croisement, qui, à chaque génération, introduit une cause de variation, ce qui fait de la famille un groupe instable, transitoire, sans cesse modifié par l'apport d'éléments nouveaux.

3. — La famille n'est pas seulement un tout organique chargé de régénérer la vie; elle est aussi un être animé qui devient créateur d'âmes. En même temps que, par l'adaptation de ses membres à une fonction commune, elle réalise une sorte d'unité physiologique, elle réalise aussi une sorte d'unité psychique, résultant de la continuité d'action qu'ils exercent les uns sur les autres. L'accord des sentiments, l'entente des esprits, l'échange des idées, l'influence prolongée des caractères, l'obligation de se faire de mutuelles concessions, déterminent dans chaque groupe familial un état particulier de mentalité, un esprit *sui generis*, dû à la fusion des esprits associés dans un type moyen sur lequel ils tendent à se modeler. Une sorte d'âme commune, que le langage semble pressentir sous le nom d' « esprit de famille », paraît alors les tous animer. Quoique ce terme ne soit employé d'ordinaire que pour désigner une qualité personnelle, il pourrait aussi prendre une valeur collective, et s'appliquer au groupe entier de la famille, lorsque le même esprit appartient à tous et forme lien. Son unité se réalise d'ailleurs dans l'âme de l'enfant, où les esprits du père, de la mère, de leurs ascendants, se mêlent et se confondent. Il y a, en effet une génération pour les âmes comme pour les corps, et l'une et l'autre s'accomplissent simultanément, par les mêmes moyens, dans les mêmes conditions, fait capital dont les métaphysiciens ont trop longtemps négligé de considérer l'importance, et qui

suffirait à prouver l'identité des deux essences présumées par eux contraires. « Toutes les formes de l'activité mentale sont transmissibles : instincts, facultés perceptives, imagination, aptitude aux beaux-arts, raison, aptitude aux sciences et aux études abstraites, sentiments, passions, énergie du caractère, et les formes morbides aussi bien que les autres, folie, hallucination, idiotie [1] ».

A ce fond d'aptitudes natives et de penchants héréditaires, il faut ajouter l'action, non moins puissante sur le développement affectif, intellectuel et moral de l'enfant, qu'exercent sur lui d'abord l'éducation première, dont l'influence est souvent décisive pour l'évolution ultérieure, puis cette éducation continue qui, durant tout le cours de la vie, s'opère par l'autorité des affections, des conseils et des exemples. L'enfant est le représentant psychique de tous les siens. Son âme est l'âme même de la famille.

4. — Le groupe familial constitue donc un organisme vivant, une petite société d'êtres individuels investis de fonctions distinctes, pour un but nettement défini, et dont les membres sont unis, dans l'intimité domestique, par les liens les plus forts qui puissent se nouer entre des êtres humains. Chaque famille est un tout-clos, un être véritable qui a son principe de vie et d'activité, ses traditions somatiques et psychiques, son évolution suivie, où dominent les lois de l'hérédité. La génération sert ainsi de trait d'union pour rattacher la sociologie à la physiologie. Par elle l'individualité se propage et passe à l'état sériaire. Son unité devient dualité dans le couple bisexuel, puis multiplicité dans sa descendance. Tous les développements ultérieurs de la sociogénie dérivent de ce groupe initial, sans lequel aucun d'eux ne serait possible.

1. Ribot, *De l'hérédité.*

§ II. Groupe occasionnel, la foule.

1. — Après les relations strictes et permanentes de la famille, jetons un coup d'œil sur les relations fortuites et transitoires qui peuvent se produire au sein de groupes accidentels comme les foules, car l'étendue de cette classe de phénomènes n'est pas sans importance en sociologie.

La foule commune, simple attroupement d'inconnus qui se coudoient par circonstance sans se lier, comme font les passants dans une rue, les voyageurs dans une gare, les affairés dans une foire ou les curieux dans une fête publique, ne constitue pas un agrégat véritable et reste à l'état d'agglomération confuse, de cohue inorganique et amorphe, sans homogénéité ni vie propre. Mais parfois du rapprochement momentané d'êtres humains dans un de ces groupes, résultent des effets particuliers de symbiose, des manifestations collectives qui, bien que produites par des activités personnelles, diffèrent d'elles et les dépassent. La foule semble alors s'organiser spontanément, prendre un corps fait de tous les corps juxtaposés, et s'animer d'un esprit fait de tous les esprits harmonisés et consonants. Malgré ce que le groupement a de fortuit et sa durée de passager, il n'est pas seulement une somme d'individus réunis; il réalise une individualité spéciale, aussi distincte de celle des êtres qui le constituent qu'un composé chimique diffère de ses éléments. L'âme de cet être polycéphale n'exprime pas le total ou la moyenne des âmes incluses dans son unité, car leurs défauts et leurs qualités se neutraliseraient alors pour ne laisser subsister qu'une résultante également loin des extrêmes, c'est-à-dire médiocre en tout. Les âmes composantes réagissent les unes sur les autres, se modifient et se renforcent en se fusionnant, ce qui est le caractère propre de la production des esprits. Il suffit qu'un même sentiment anime tous les membres d'une foule, qu'un même enthousiasme les soulève, qu'une même idée les frappe, qu'un même vouloir les meuve, pour qu'ils vibrent ensemble dans un large et puissant unisson. Une sorte d'électricité se dégage d'eux par influence et tend à déterminer une décharge, sous forme d'orage psychique avec la soudaineté et la violence des orages de l'atmosphère. L'étude, récemment abordée, de la psychologie des foules, constate les changements profonds que subit en ce cas la psychologie individuelle par suggestion réciproque, exaltation mutuelle et entraînement simultané. « Quels que soient les individus dont se compose une foule, par le seul fait qu'ils sont réunis, ils possèdent une sorte d'âme collective qui les fait sentir, penser et agir d'une façon différente dont sentirait, penserait et agirait chacun d'eux isolément. Il y a des idées, des sentiments qui ne surgissent ou ne se transforment en acte que chez les individus d'une foule[1] ». L'homogénéité prévaut dans l'ensemble sur l'hétérogénéité de ses éléments, et leur fait accomplir de concert ce dont ils seraient incapables séparément et de sang-froid. Dans tout groupe animé de la même passion ou du même esprit, que ce soit un public au théâtre, un rassemblement en temps de trouble, une réunion populaire en cas de grève, un parlement en séance orageuse, une armée en campagne, une assemblée de fidèles dans un *revival*... les êtres individuels sont comme soulevés, entraînés par l'élan commun, et il suffit alors qu'un meneur fasse un geste ou pousse un cri, pour les porter, selon l'occurence,

1. Gustave Lebon, *Revue scientifique*, 6 avril 1895.

à des actes héroïques ou à d'atroces forfaits, dont ils seront les premiers à s'étonner le lendemain.

Il faut donc attribuer à la foule ainsi inspirée une personnalité qui sans doute ne ressemble guère à la nôtre, puisqu'elle se forme instantanément, par circonstance, et se défait presque aussitôt, sans survivre à la dispersion. Néanmoins, pendant sa courte durée, elle a une vie propre, une âme réelle, sa passion qui la domine, son idéal, sa volonté, son énergie d'action. Ce phénomène psychique, qui surgit et passe comme un météore, offre à la science un grand intérêt. Il aide à comprendre la genèse d'un esprit commun dans les groupes supérieurs, et montre pour ainsi dire la psychologie collective à l'état naissant.

§ III. Groupes facultatifs, les corporations.

1. — La famille, groupe domestique et restreint, centre des relations les plus intimes, mais aussi les plus circonscrites, se prête mal à ce qu'ont de variable les rapports plus étendus et plus libres que nous devons entretenir avec nos semblables, car, sauf en ce qui concerne l'union conjugale, on ne choisit pas ses parents ou ses enfants; la nature les impose. Aussi, à mesure que la vie individuelle se développe, tend-elle à déborder le cadre trop étroit de la famille et à se répandre au dehors. D'autre part la foule, même lorsqu'un vif élan lui donne conscience de son unité, n'est qu'un groupement limité dont l'étendue ne dépasse guère la portée de la voix ou du regard, et dont la durée se mesure à celle d'un rapprochement momentané. Le besoin devait donc être senti d'agrégats plus amples que la famille, moins éphémères que la foule, et qui, formés par adhésions volontaires,

représentent une sorte de parenté d'élection, des foules non plus fortuites et transitoires, mais organisées et durables. C'est à ces exigences que répond le monde des relations privées, dont on peut à son gré étendre ou restreindre les rapports, nouer les liens ou les rompre. Les petites sociétés, que nous confondons sous le terme commun de corporations, unissent leurs membres par une certaine identité de sentiments, d'idées, de croyances, d'intérêts ou d'occupations. Leur diversité reproduit celle des rapports que peuvent avoir entre eux les êtres humains. Il y aurait à spécifier : les groupes liés par une affection personnelle, qui sont comme un agrandissement de la famille, car l'amitié est une fraternité choisie; ensuite différentes sortes de publics (sectes, partis, écoles, confréries...), dont l'unique lien, extensible à distance, est la foi en un idéal commun; puis la corporation proprement dite, qui associe les individualités éparses par une similitude de goûts, d'éducation ou de profession; la classe et la caste, qui se forment par sélection et exclusion; enfin la section territoriale qui, par un effet de proximité, relie les habitants d'une région dont les intérêts sont solidaires. Mais, comme nous avons une longue carrière à parcourir, nous devons, quel que soit l'intérêt des groupes corporatifs, nous borner ici à des considérations sommaires.

2. — Par suite de la division du travail qui s'effectue dans toute société en cours d'évolution, les tâches se répartissent, à mesure qu'elles se spécialisent, entre des groupes qui se différencient avec le temps. C'est naturellement parmi les êtres adonnés à des occupations communes que s'établissent les rapports les plus fréquents et les plus étroits. A raison du genre de vie adopté ou subi et des relations qu'il entraîne, chacun fait d'ordinaire

sa société habituelle d'un de ces groupes spéciaux, qui semble former un corps, comme le langage, avec un instinct si juste et si sûr, l'exprime par le terme même de corporation. Ces petites sociétés ont en effet une sorte d'individualité. Ce sont des êtres collectifs dont chacun a son organisation, son particularisme, parfois même son exclusivisme, et se distingue des autres par sa manière de comprendre la vie, par ses intérêts particuliers, ses traditions, ses conventions, ses préjugés, ses règles de savoir-vivre, sa morale, son point d'honneur, ses défauts et ses qualités. L'influence continue de rapports quotidiens, d'informations, de suggestions et d'excitations réciproques, son cérémonial, parfois même son costume ou son uniforme a pour effet d'exalter un ensemble de sentiments, d'idées et de tendances qui constitue ce qu'on appelle si bien « l'esprit de corps », qui donne à chaque groupe son unité psychique, l'équivalent d'une âme. Par l'action qu'elle exerce sur ses membres, la corporation les domine, les adapte à ses fins et les modèle à sa ressemblance. Le penchant à l'imitation, l'autorité des exemples et l'empire de l'habitude composent une éducation qui souvent se prolonge jusqu'au terme de la vie. Ce milieu restreint, où se développe la principale part de notre libre activité, nous crée une atmosphère affective, intellectuelle et morale, que nous respirons sans cesse et qui produit en nous, sans que nous en ayons conscience, des modifications très étendues, car nous devons nous conformer aux exigences, même tyranniques, du groupe auquel nous appartenons, sous peine de nous en exclure. De là proviennent nos opinions moutonnières, notre soumission aveugle à l'usage, le respect humain, l'obligation de suivre la mode, de faire comme les autres, mobile ordinaire de nos actions, souvent même ce que notre morale personnelle, reflet de la morale sociale, a de rigide ou de relâché, en un mot l'ensemble de sentiments, d'idées et de mœurs qui particularise quiconque fait partie d'un groupe fermé. Comparez, par exemple, le monde des paysans adonnés aux travaux de l'agriculture, celui des ouvriers d'industrie ou même de telle ou telle industrie, le monde de la bourgeoisie, séparé en étages distincts, petite, moyenne et haute bourgeoisie, d'après le degré d'aisance et la date de son acquisition, le monde de la noblesse, partagé aussi en sous-groupes, suivant la dignité ou l'ancienneté des titres, le monde du commerce et de la finance, le monde administratif ou judiciaire, le monde de l'armée ou de la marine, le monde des hommes d'église, celui des littérateurs ou des artistes, enfin celui des hommes de loisir et de plaisir, qui s'intitule si présomptueusement *le monde*, comme s'il était l'unique et le vrai... Ce sont là autant de types différents où l'esprit de corps est à ce point prédominant, que les membres d'un même groupe, marqués à son empreinte uniforme, semblent lui appartenir plus qu'ils ne s'appartiennent à eux-mêmes.

Les modes de groupement dus à la cohabitation résultent, comme la foule, d'un effet de proximité; mais, comme ils tiennent à la stabilité des choses et à la sédentarité des personnes, ils participent de leur permanence. La cité, la commune, le canton, la province sont des moules d'agrégats à la fois régionaux et sociaux dont on dépend par sa naissance, par ses traditions de famille, son éducation, ses souvenirs, tous les rapports qu'entraîne une résidence prolongée. Chacun de ces groupes territoriaux a ses conditions de vie, ses coutumes locales. Lorsque la vie entière s'écoule dans le même milieu, on en subit passivement toute l'influence; mais, quels que puissent être, par suite de déplacements et de transplantations, les frottements ultérieurs, on est toujours plus ou moins de sa province, de sa ville ou de son village; on en garde l'accent, le tour d'esprit et le caractère.

Comme l'activité humaine est essentiellement complexe et variable, elle peut, en se partageant, prendre à la fois ou successivement place dans plusieurs de ces groupes. On appartient ainsi à une caste ou à un lieu par son origine, à une classe par sa position sociale, à un corps d'état par sa profession, à une secte par sa croyance, à un parti politique par son opinion, à un monde par ses relations... ce qui complique étrangement la résultante, à raison de la diversité des composantes. Une adhésion facultative nous permet de choisir, entre les différentes corporations, le milieu où nos aptitudes et nos ambitions de vie trouvent le mieux à se déployer. Ces liens entre-croisés qui nous unissent à plusieurs groupes dont chacun a ses avantages, font pressentir l'importance bien supérieure de l'agrégat national qui les comprend tous et les absorbe dans sa puissante unité.

§ IV. Groupe national ou politique, l'État.

1. — Beaucoup plus vaste que les groupes limités dont nous venons de parler, la société politique, constituée sous les noms d'État, de peuple ou de nation, et plus fortement organisée, assure à ses membres, par un appareil de gouvernement, des garanties d'ordre, de justice et de sécurité, où la faiblesse des êtres individuels s'abrite sous la protection d'une puissante collectivité. Par suite de ce que l'agrégat ethnique a de grandeur et de durée, il exerce sur la totalité de ses membres, quoique dispersés sur un territoire et successifs dans le temps,

une influence extrêmement étendue. Chacun de nous
doit à sa nation un ensemble de traits caractéristiques,
un type d'organisation, des aptitudes spéciales, une
manière de sentir et de penser, de concevoir et d'exprimer
la beauté, une langue maternelle, trésor inappréciable
d'acquisitions mentales, un fond traditionnel de mœurs,
de croyances, de lois et d'institutions, tout ce qui règle
notre activité politique ou sociale et lui sert de cadre.
Notre personnalité se compose surtout de ces éléments.
C'est un tissu de sentiments, d'idées et de mobiles fournis
par le groupe ethnique. L'être individuel doit être considéré, en grande partie, comme une création de la
société qui le façonne, l'instruit et le guide pendant tout
le cours de sa vie.

Ici se pose, plus expressément que pour la famille, la
foule ou la corporation, la question de savoir si le groupe
politique, pris dans son unité, constitue un être réel,
organisé, vivant et animé, au même titre que l'être
humain, ou n'est qu'une expression verbale, une métaphore du langage servant à désigner, par abstraction,
une somme d'existences individuelles qui seules possé-
deraient une réalité concrète. Cette question, déjà débattue
au moyen âge entre les *nominalistes* et les *réalistes*, a été
reprise de nos jours et divise deux écoles de sociologues.
Mais la théorie qui reconnaît à la société nationale une
individualité formelle, au double point de vue organique
et psychique, réunit un nombre croissant d'adhérents et
semble destinée à prévaloir. Formulée avec précision en
1860, par M. Paul de Lilienfeld, puis développée par
une foule de penseurs, quoique combattue par d'autres,
elle seule peut expliquer l'ordre, la suite et l'unité des
phénomènes sociaux, en les rattachant à une loi d'évolution analogue à celle qui, en biologie, relie les phéno-

mènes de la vie individuelle. Sans ce lien nécessaire, les faits, indépendants les uns des autres, ne formeraient pas un ensemble coordonné, et la sociologie ne spéculerait plus que sur des abstractions[1].

2. — « Les faits sociaux, dit Marion, sont vraiment *sui generis*. Ce n'est pas seulement en grandeur, mais en nature qu'ils diffèrent des faits individuels. Une société n'est pas simplement une somme d'individus juxtaposés; c'est un être nouveau, un vrai tout, individuel à son tour et à sa manière... De même qu'un animal offre des phénomènes que n'offrent pas séparément les cellules qui le composent, de même une société se comporte, en tant que corps, autrement que ses membres isolés... Elle présente des phénomènes moraux qui ont une physionomie à part, leur marche et leurs lois propres[2]. »

Bien que l'agrégat social diffère beaucoup de l'agrégat individuel, il est comme lui un assemblage de parties, amenées à l'unité de vie par un système de rapports et un consensus de fonctions, ce qui constitue un fait manifeste d'organisation et autorise le rapprochement. Si, avec M. René Worms, on définit l'organisme : « Un tout vivant composé de parties vivantes elles-mêmes », et la société : « Un groupement durable d'êtres vivants exerçant leur activité en commun[3] », l'analogie des deux sortes d'agrégats devient évidente, et, dans les deux cas, la fédération des parties, l'accord de leurs fonctions et l'unité qu'elles réalisent doivent forcément produire des résultantes de même nature, sinon de même degré. « Un organisme se compose de cellules unies d'une certaine manière. Une société à son tour comprend des organismes

1. Voy. Novicow, *la Théorie organique des sociétés*, dans les *Annales de l'Institut universel de sociologie*, t. V, 1898.
2. *De la solidarité sociale*, 3e édit., Introduction, p. 51.
3. René Worms, *Organisme et société*.

agencés suivant des lois définies. Or, d'une part, les organismes dont se compose la société sont analogues aux cellules qui les forment eux-mêmes, puisqu'ils sont comme elles des corps vivants... D'autre part, les lois qui régissent les membres du corps social sont, au moins pour partie, celles qui régissent les cellules de l'organisme. Donc tout, dans la société, éléments et lois, est analogue — nous ne disons pas identique — à ce qu'on trouve dans le corps individuel. Par suite, la société elle-même est analogue à l'organisme. Elle n'est pas simplement un organisme : étant plus complexe, elle peut être nommée un *supraorganisme*. On en donnerait une idée incomplète en disant qu'elle est un organisme, mais on en donnerait une idée fausse en niant qu'elle en soit un. Pour la définir exactement, il faut reconnaître qu'elle constitue un organisme avec quelque chose d'essentiel en plus[1] ». M. Izoulet a proposé d'appeler cet organisme *hyperzoaire*, par opposition aux *métazoaires* tels que l'homme et aux *protozoaires* ou plastides dont il est fait[2].

L'organisme social peut être comparé à l'organisme individuel au point de vue de ses éléments de structure, de ses organes et de ses fonctions. Herbert Spencer, après avoir exposé leurs analogies, les ramène à quatre traits principaux de ressemblance : accroissement, complication graduelle, interdépendance des parties, longévité du tout survivant à leur disparition successive. Mais il admet aussi quatre différences principales : absence de forme déterminée, de masse continue par adhérence, mobilité des éléments individuels, absence de tissu nerveux social[3]. « Toutefois, remarque M. Ribot, entre les deux

1. *Id., ibid.*, p. 8.
2. *La Cité moderne*, pp. 32 et 56 (Paris, F. Alcan).
3. *Principes de sociologie*, t. II, chap. I à XII (trad. fr., Paris, F. Alcan).

organismes, les ressemblances sont fondamentales, essentielles, et les différences tout extérieures et, à la rigueur, contestables [1] ».

Examinons en effet les différences alléguées, nous les verrons s'atténuer par degrés et se changer en analogies. Les éléments de l'organisme social sont, il est vrai, dispersés dans l'étendue et dépourvus de forme spécifique ; mais l'union des esprits supplée à l'écartement des corps, comme la suite des générations à leur séparation dans le temps, et le tout forme un ensemble qui se tient et dure sans interruption. L'unité de territoire relie d'ailleurs les membres du corps social par des relations fixes de proximité, et le limite dans tous les sens par des frontières qui déterminent, pour ainsi dire, le moule du groupe ethnique. L'influence, signalée par tant de penseurs, qu'exerce la région sur le peuple qui l'occupe, est un des facteurs les plus importants de son activité agricole, industrielle, commerciale, esthétique, morale, politique... et contribue à caractériser son individualité.

On objecte encore que les cellules de l'organisme, adhérentes et pressées, forment un tout-clos continu et concret, tandis que les individus, cellules du corps social, s'agrègent en un tout discontinu et discret. Mais, si l'on suppose, avec M. Novicow, l'homme grossi un million de fois, son corps, qui mesurerait alors 1685 kilomètres de long sur 380 de large, couvrirait une superficie d'environ 680,000 kilomètres carrés, à peu près égale à celle de l'Autriche-Hongrie, et ses éléments paraîtraient plus dispersés que ne le sont les habitants des villes à population très dense [2]. L'agrégat social, constitué par l'adhésion d'êtres autonomes, est sans doute plus mobile que

1. *Psychologie anglaise contemporaine* (Paris, F. Alcan).
2. Novicow, *Conscience et volonté sociales.*

l'agrégat individuel dont les éléments sont fixes; néanmoins, c'est toujours un organisme puisque les corps
s'associent en même temps que les esprits. Qu'après cela
des individus puissent se détacher librement du corps
social et entrer dans une société différente ou rester atta-
chés, quoique distants, à celle qu'ils ont quittée, c'est là
un détail accessoire dont on trouverait l'analogue dans
l'organisme, en ce qui concerne les globules du sang,
les phagocytes, la présence dans le corps humain de
microbes étrangers, les faits de transfusion, de génération, de greffe animale...

Les concitoyens d'un État ne tiennent pas seulement
les uns aux autres par un effet de juxtaposition et de
solidarité; ils sont aussi unis par la consanguinité.
Comme les cellules de nos corps, ils ont une dérivation
commune. Si, pendant la durée de la vie d'un peuple, on
pouvait suivre leur filiation directe ou collatérale, il se
trouverait que presque tous sont apparentés à divers
degrés. D'après un calcul de M. Cheysson, en comptant
trois générations par siècle et abstraction faite des unions
consanguines, chacun de nous aurait pour ancêtres vingt
millions de contemporains de l'an mille, et plus de dix-
huit quintillions si l'on remonte au commencement de
notre ère. Le calcul des probabilités aboutit donc à ce
résultat que, en immense majorité, les citoyens d'un État
un peu ancien sont plus ou moins parents et qu'un peuple
n'est qu'une grande famille. Cette communauté d'origine,
par suite de croisements multipliés, est la seule explication possible de la similitude, à la fois physiologique et
psychique, qu'offrent en général les habitants d'un même
pays.

Herbert Spencer objecte enfin que chaque membre du
corps social étant doué de conscience, tandis que les cel-

lules de notre corps ne le sont pas, les parties de l'organisme individuel ne vivent que pour le tout, au lieu que, dans l'organisme social, le tout ne vit que pour les parties. Mais c'est là une double erreur, puisque, d'une part, on ne peut dénier une conscience infime aux cellules, et que, de l'autre la définition même de la vie implique une réciprocité de services entre le tout et ses éléments. « Ce qui trouble en grande partie l'idée que nous nous faisons de l'être social, c'est l'importance déjà très grande de l'individu. Nous ne distinguons pas suffisamment dans l'activité qui se déroule sous nos yeux la part de l'homme individuel de la part de la collectivité. L'homme individuel peut déjà suffire à ses besoins animaux; il peut se nourrir et se reproduire, il peut aimer, il peut penser; il semble donc indépendant de la société. C'est une illusion, car ni le sentiment ni la raison ne se seraient développés en lui sans le concours et la collaboration de la collectivité[1]. » Il faut donc spécifier ici deux réalités vivantes dont la plus générale domine la plus particulière et lui impose ses conditions de vie, ses exigences souvent contraires à l'intérêt personnel. Au nom de l'intérêt public, qui est son intérêt à elle, la société oblige les individus à sacrifier une part de leurs biens (impôts) de leur liberté (contraintes légales) et jusqu'à leur vie (service militaire). Des multitudes d'êtres, des générations entières sont parfois immolées au but supérieur de la défense ou de la grandeur nationale.

3. — On a signalé entre l'organisme social et l'organisme individuel de nombreuses analogies en ce qui concerne les fonctions essentielles de la vie, la nutrition, la croissance, l'évolution, la reproduction, les maladies et

1. Coste, *Nouvel exposé d'économie politique et de physiologie sociale.*

la mort[1]. La comparaison des deux sortes d'organismes, eu égard à leurs caractères réellement comparables, autorise en effet des séries d'assimilations. Peut-être même a-t-on parfois étendu trop loin le parallélisme de ces similitudes qu'Auguste Comte conseillait déjà de « restreindre sagement, pour ne pas susciter de rapprochements vicieux ».

Étant admis que, dans l'organisme social, les individus correspondent aux cellules du corps humain, leurs modes de groupement équivaudraient aux tissus, organes et appareils. L'aire géographique donnant au corps social sa forme et son unité, les provinces en seraient les membres et la capitale la tête, comme l'indique l'étymologie du mot. La répartition de la population en villages, bourgs et villes, constitue des centres organiques d'importance croissante. Le principe corporatif serait l'analogue du tissu conjonctif. La classe des travailleurs manuels correspondrait au système musculaire, la classe riche au tissu adipeux, réserve accumulée d'énergie, la classe des intellectuels, artistes, savants, prêtres, gouvernants, au système nerveux... Les sociétés humaines ont un appareil nutritif dans la production agricole et industrielle, le commerce et la consommation des choses nécessaires à l'entretien de la vie. La circulation des éléments de richesse rappelle celle du sang nourricier; les routes, chemins de fer, fleuves et canaux, remplissant le rôle des vaisseaux sanguins. Aux familles incombe la fonction génératrice. Le gouvernement, centre recteur, préside aux intérêts généraux de la collectivité, agissant tour à tour, comme le système nerveux, par stimulation et par inhibition. Il y a, dans l'État, des organes d'épuration

1. H. Spencer, *Principes de sociologie*, t. II. chap. i à xii; R. Worms *Organisme et société*.

et d'élimination (police, justice répressive, prison...), des organes de défense et d'agression (armée, ports, marine de guerre...), des appareils de relation analogues aux organes des sens et aux filets nerveux (presse, poste, télégraphes, téléphones...). Enfin, les nations s'unissent entre elles par des connexions, fondent au loin des colonies, germes de nations nouvelles...

Dans le monde et dans l'histoire, les sociétés offrent à l'étude des spécimens de tous les degrés et de tous les types d'organisation, depuis les groupements presque amorphes des tribus sauvages, jusqu'à ces peuples héros, glorieux protagonistes de la civilisation, dont la personnalité puissante réalise le plus de concentration et d'unité. Dans les agrégats rudimentaires du début, les membres du corps social remplissent, comme les cellules du tissu primaire, des fonctions très simples, pareilles pour tous. Mais, à mesure que l'organisme se développe, la spécialité des organes et la division du travail nécessitent des corrélations de fonction. En même temps que leur complication augmente, le besoin d'ordre fait s'établir une subordination d'organes, un consensus d'activités qui adapte toutes les parties à la vie de l'ensemble. Ce prodigieux travail de physiologie sociale s'effectue spontanément, par la seule force d'une vitalité interne, sans que la plupart des êtres qui y collaborent en aient conscience.

Durant le cours d'une existence qui se mesure par générations comme la nôtre par années, les peuples ont, ainsi que nous, une genèse obscure, une enfance débile, une jeunesse brillante, une virilité féconde, que suivent le déclin de la vieillesse, la décrépitude et la mort. Leur histoire nous montre une croissance régulière, des phases d'évolution, des crises d'âge, des maladies constitutionnelles ou accidentelles. Les anciens avaient déjà une conception très nette de l'identité entre les stades de la vie des peuples et ceux du cycle individuel, plus rapidement parcouru. Cinq siècles avant notre ère, Ocellus de Lucanie, disciple de Pythagore, disait : « Les sociétés naissent, croissent et périssent comme les hommes, pour être remplacées par d'autres générations de sociétés, comme nous serons, nous, remplacés par d'autres générations d'hommes [1]. » L'histoire entière confirme cette grande loi.

Un pareil nombre de traits communs justifie le rapprochement par analogie de l'organisme social et de l'organisme individuel. Dans l'un et dans l'autre, le fait d'organisation résulte de la coordination de parties dans un ensemble harmonieux, de sorte que des éléments dont chacun a sa vie propre réalisent par leur accord une vie totale et supérieure. Le sens trop particulier donné par l'usage au mot « organisme » ne doit pas faire illusion; pris dans une acceptation plus générale, il convient seul pour désigner toute réduction à l'unité d'une multiplicité de parties par adaptation réciproque et corrélation de fonctions. A ce titre, non seulement l'homme, mais un appareil, un organe, un plastide, sont organisés et vivants, et de même une famille, un peuple, un monde... Sans doute, ces organismes diffèrent notablement, et l'on doit éviter de les confondre; néanmoins ils ont un principe commun d'analogie : le fait même d'organisation qui, avec des éléments divers, produit un tout simple.

Il y a donc un organisme social, une physiologie

---

1. Περὶ τοῦ παντός (*De la nature de l'univers*). Polybe le redit : « Est cujuslibet corporis aut civitatis naturale aliquod crescendi tempus, dein florem statumque suum obtinendi, ac demum vertendi ad interitum » (*Frag.*, éd. Schweighæser, VI, 51). V. encore Cicéron, *Republ.*, II, 1; Florus, *Hist. rom.*, avant-propos, etc.

sociale. Le groupe ethnique a son existence propre, distincte de celle des individus qui le composent, quoiqu'on ne l'en puisse disjoindre. Les sociologues qui, comme M. Tarde, soutiennent que toute idée d'organisme social est illusoire et stérile [1], sont cependant obligés de convenir qu' « il reste encore place pour un certain vitalisme social ou plutôt pour un certain réalisme national, et que la réalité de la vie sociale n'est point douteuse [2]. » Mais il est assez difficile de concevoir la possibilité d'une vie réelle, élimination faite de tout support organique. Quant à ceux qui, prenant à leur compte le vieil argument des nominalistes, nient jusqu'à la réalité d'un être social, il serait aisé de leur démontrer, par le même mode de raisonnement, que, en se plaçant au point de vue des plastides du corps humain, l'organisme qui résulte de leur assemblage manque de réalité objective et n'a qu'une existence verbale, ce qui est une réfutation par l'absurde. La solution du problème consiste à reconnaître des séries d'agrégats hiérarchiques, dont chacun a son organisation spéciale, son principe de vie, ses fonctions plus ou moins complexes. L'homme est une de ces réalités collectives; le groupe social en est une autre.

4. — Par la notion d'organisme social, la sociologie se rattache à la biologie et la continue. Peut-on admettre une assimilation analogue en ce qui concerne l'activité psychique, et voir dans la psychologie ethnique le prolongement, l'extension de la psychologie individuelle? Une difficulté plus grande arrête ici les recherches parce que, si la physiologie sociale se laisse observer du dehors, dans ses fonctions traduites en faits positifs, la

____

1. G. Tarde, *Études de psychologie sociale*, 1898, pp. 8 et suiv., 120 et suiv.
2. *Id., ibid.*, p. 9.

psychologie sociale échappe à l'introspection du sens intime, et nous n'en pouvons juger que par des interprétations hypothétiques. Une société a-t-elle une activité psychique personnelle, une conscience, une âme ou l'équivalent d'une âme? Il y a sans doute quelque témérité à trancher de telles questions sans pouvoir fournir la preuve des réponses qu'on y fait, puisque, d'une part, une société n'a pas de cerveau apparent, et que, de l'autre, notre conscience, bornée à la perception du moi, est incapable de nous rien révéler directement de ce qui le dépasse. Néanmoins, dès qu'on admet que le corps social est un organisme vivant, on ne peut guère se refuser à le croire aussi animé, parce que des résultantes psychiques doivent se produire en lui en même temps que des résultantes physiologiques, inexplicables sans un principe de coordination et de direction. De même qu'en interprétant les actes de nos semblables ou même des animaux nous leur attribuons une âme pareille ou analogue à la nôtre, nous pouvons en présumer une dans les agrégats sociaux, d'après des indices révélateurs.

Nombreux sont les penseurs de nos jours qui ne mettent pas en doute l'âme des nations. Hartmann croit à un « esprit inconscient », providence immanente qui régit les peuples du dedans. Pour M. René Worms, « la conscience, le moi, la personnalité sont des propriétés de la société aussi bien que de l'individu [1]. » La même thèse a été soutenue en Allemagne par Lazarus, qui admet l'existence du moi social, sinon comme substance, du moins comme centre d'action psychique. « La patrie, dit Renan, est un composé de corps et d'âme. L'âme, ce sont les souvenirs, les usages, les légendes, les malheurs,

1. *Organisme et société.*

les espérances, les regrets communs ! », et il montre ailleurs que la vraie cause de l'unité d'un peuple, la plus solide garantie de sa durée, est une conscience nationale où se confondent les aspirations, les idées et les volontés du plus grand nombre. Là où cette conscience collective fait défaut, comme dans les empires improvisés par des conquérants barbares, les États ne sont pas assurés de vivre, quelle que puisse être un moment leur supériorité de puissance, tandis que de faibles nationalités, douées d'une forte unité morale (Juifs, Guèbres), résistent à tous les accidents de l'histoire et survivent même à la dispersion.

Nous ne pouvons, il est vrai, nous faire aucune idée de ce qu'est en soi l'âme d'un peuple et des modes de son activité, car nous ne connaissons que la nôtre, dont elle doit différer. On est seulement en droit d'affirmer qu'elle ne représente pas davantage une réalité substantielle, une entité absolue, dans le sens métaphysique du mot âme, mais bien comme pour l'homme même, une somme de phénomènes psychiques unifiés. De même qu'en nous le moi conscient est la résultante et la synthèse de toutes les consciences cellulaires, l'âme nationale est la résultante et la synthèse de toutes les consciences individuelles. C'est un psychisme collectif qui rend l'être humain capable de concourir à son insu à une fonction plus haute. « De cette élaboration spéciale à laquelle sont soumises les consciences particulières par le fait de leur association, se dégage une nouvelle forme d'existence, une nature *sui generis* [1] ». « Je considère, dit également M. Tarde, l'évolution des sociétés comme une lente et difficile fusion des psychologies individuelles en une

1. *Les Apôtres*, p. 273.
2. Durkheim, *les Règles de la méthode sociologique*.

même psychologie sociale... Il s'agit de superposer... des sensations raffinées et spiritualisées qui, devenues les notes dominantes des sensibilités en contact, en communication sympathique, fassent d'elles un même cerveau résonnant à l'unisson[1]. »

Sans doute, une société n'a pas de cerveau défini où l'action psychique se concentre; elle a pour cerveau effectif la totalité des cerveaux individuels, qui sont pour elle l'équivalent des cellules nerveuses de l'encéphale. Leurs activités convergentes, simultanées ou successives, se résument dans une activité totale par ce qu'on a appelé un « organisme d'esprits ». Ainsi se forme un *sensorium commune* qui correspond au sens intime et fait se résoudre en unité de conscience nationale le confus ensemble des consciences particulières. Les uns supposent que cette conscience se forme dans une élite d'optimates, aristocratie dirigeante qui pense et veut pour la foule, l'inspire, la guide et la mène[2]; d'autres, plus généralisateurs, tiennent que la conscience nationale concentre et synthétise toutes les consciences innividuelles, sans en excepter les plus humbles, comme dans le moi du sens intime viennent se confondre toutes les consciences élémentaires de l'organisme. Mais rien n'empêche d'admettre les deux explications à la fois, car la différence qui les sépare n'est qu'une question de hiérarchie et de degré.

Si l'on objecte que les cellules du cerveau individuel sont agglomérées et liées, tandis que les cellules du cerveau social sont éparses et indépendantes, ce n'est pas là un obstacle à ce qu'elles fonctionnent de concert, si elles sont en relation constante et capables de s'influencer

1. G. Tarde, *Études pénales et sociales*, 1892, pp. 425, 426.
2. Novicow, *Conscience et volonté sociales.*

à distance. Or, elles sont mises en communication permanente par des échanges de manifestations psychiques. Une résultante unitaire se produit dans le groupe social par l'interdépendance de ces effets et leur renouvellement continu avec transmission des effets antérieurs. Il y a « dans l'ensemble des cerveaux et des consciences un système d'idées réflétant le milieu social... C'est un déterminisme collectif dont une partie est en nous et les autres parties dans les autres membres de la communauté. Ce système d'idées mutuellement dépendantes constitue la conscience de la nation, qui ne réside pas dans un cerveau collectif, mais dans la totalité des cerveaux individuels, et qui cependant n'est pas une simple somme d'intelligences individuelles[1]. » Il conviendrait donc de lui attribuer une réalité distincte, car le psychisme intercérébral doit différer du psychisme intracérébral. On pourrait le qualifier d'*hyperpsychisme*. Il représente un phénomène nouveau, la réduction à l'unité d'une multitude de consciences particulières, déjà très éveillées, dans une conscience totale qui les domine, les coordonne et généralise leur activité.

Il est du moins manifeste que chaque peuple a son génie propre, son esprit national, ses aptitudes, ses passions maîtresses, son goût esthétique, son tour d'idées, son caractère, son tempérament moral, ses défauts et ses qualités, tous indices par lesquels une personnalité se détermine et dont l'étude fait l'objet de la psychologie ethnique. L'action continuelle qu'exercent les uns sur les autres les esprits d'un même groupe entraîne forcément une manière commune de sentir, de penser et de vouloir. L'âme d'un peuple se révèle par ses sentiments

1. A. Fouillée, *Psychologie du peuple français*, p. 12 (Paris, F. Alcan).

intimes, ses mœurs, sa langue, ses idées, sa littérature, ses arts, ses croyances, ses institutions et ses lois, dont le développement s'opère avec ordre et avec suite durant tout le cours de son histoire. Une tendance instinctive pousse les nations à réaliser leur unité, à vivre le plus possible, et leur évolution se poursuit avec une régularité que ne saurait expliquer l'incohérence des initiatives privées. M. Tarde parle de « ce sourd et universel besoin de coordination interne, de cette logique cachée qui meut au fond les sociétés humaines et qui, combinée avec les accidents du génie... fait tout l'intérêt de l'histoire[1] ». « Il n'y a pas, dit de même un historien, de plus beau spectacle dans l'histoire que celui de ces millions d'habitants de la même terre s'imposant, pendant des siècles, une même discipline pour créer une force supérieure faite du concours et des sacrifices de toutes les volontés[2]. » L'histoire des peuples, qui n'a été si longtemps qu'une narration confuse d'accidents fortuits, mieux étudiée à la lumière de la biologie sociale, apparaît comme un système harmonieux de développements dont les directions constantes prévalent sur les influences perturbatrices, où les faits correspondent à des idées, se lient et forment un tout rationnel. Il faut donc reconnaître aux sociétés organisées une vie spéciale, une personnalité réelle, à la fois physiologique et psychique. Ce sont des êtres véritables, dans l'acception la plus concrète du mot.

§ V. Groupe international, la race.

1. — Dès leur apparition sur la scène de l'histoire, les peuples sont en possession d'un ensemble de traits, de

---

1. G. Tarde, *les Transformations du pouvoir*, avant-propos, p. 7 (Paris, F. Alcan).

2. Hanotaux, *Histoire du cardinal de Richelieu.*

caractères et de moyens d'existence qu'ils n'ont pu se donner à eux-mêmes, et qu'ils tiennent par transmission héréditaire, de groupes antérieurs. Des séries de nations, apparentées par filiation directe ou collatérale, se trouvent ainsi avoir en commun un type d'organisation, des aptitudes particulières, un système linguistique, un fonds d'idées, de traditions, de mœurs et de croyances. Pour trouver la cause de ces similitudes natives, il nous faut maintenant étudier la race, qui est une famille de peuples, comme chaque peuple est un assemblage de familles.

Toutes les nations, si nombreuses et si diverses, qui ont occupé ou se partagent actuellement le vaste théâtre du monde, appartiennent à un petit nombre de races dont les dissemblances attestent la pluralité, tandis que la ressemblance des représentants de chaque race témoigne de son unité. Alors que le groupe ethnique, localisé sur un territoire restreint, adapte sa vie aux ressources qu'il offre, comme aux obstacles qu'il oppose à son développement, la race, moins subordonnée à des influences régionales étroitement circonscrites, se caractérise par des traits plus généraux où dominent des influences continentales ou climatériques.

On spécifie les races par des particularités de conformation, de tempérament et de dispositions héréditaires. Mais il est fort malaisé d'assigner à chacune d'elles des traits assez généraux pour convenir à tous les peuples congénères, et assez spéciaux pour ne convenir qu'à eux. Les anthropologues, qui cherchent simplement à différencier les races par des traits à la fois très tranchés et très apparents, attachent une importance manifestement exagérée à des signes superficiels, tels que la couleur de la peau ou la section des cheveux. Les indices céphaliques auraient beaucoup plus de valeur s'ils étaient plus fixes, parce que la forme du cerveau est en rapport avec les aptitudes psychiques, les facultés intellectuelles paraissant se lier au développement frontal et les facultés affectives au développement occipital. C'est surtout par leurs aptitudes natives que les races diffèrent et devraient être classées. Mais, comme on ne s'accorde pas encore sur ce classement rationnel, nous nous bornerons à considérer les groupes le plus communément admis, savoir : la race noire (nègres, négroïdes, mélanésiens...), la race rouge ou américaine, la race jaune (Chinois, Indo-Chinois, mongoloïdes...) et la race blanche (Sémites, Aryens, allophyles...).

Chacune de ces races principales se distingue des autres, non seulement par un ensemble de traits physiques spéciaux, qui modifient l'aspect du type au point qu'on n'est guère exposé à les confondre, même à première vue, mais surtout par un fonds de sentiments, d'idées, de goûts, de tendances morales, d'organisation politique ou sociale, patrimoine longuement accumulé pendant les cycles de durée où se sont succédé des générations de peuples. La langue, interprète exact et témoignage persistant de leur condition de culture, est excellemment propre à marquer le niveau du développement intellectuel des groupes humains. Son vocabulaire est en effet le répertoire des idées de ceux qui l'ont parlée ; sa grammaire et sa syntaxe donnent la mesure de leurs facultés analytiques, et sa littérature est l'expression de leur idéal. Chaque race s'est fait et conserve avec une persistance singulière un système linguistique approprié à son génie et qui, malgré des changements séculaires d'idiomes et de dialectes, impose à des peuples divers un fond de mentalité commune. Guidés par l'interprétation de ces données, les philologues ont pu établir l'étroite parenté de peuples que l'oubli de leur origine faisait se croire étrangers. La même lumière pourra le mieux éclairer le passé perdu des races humaines.

Ainsi la race constitue un groupe éminent de peuples et les lie dans son unité, plus durable que la leur, puisque son existence se déroule pendant de longs cycles historiques. La théorie du polygénisme fait même remonter jusqu'à la naissance du genre humain l'apparition des principaux types qui représenteraient les variétés fixes, ou les sous-espèces, d'un type premier disparu. Chaque race a donc son individualité, ses conditions de vie, son développement à part. Elle poursuit le cours de son évolution à travers des phases d'expansion, de grandeur et de déclin analogues à celles où se déroule plus brièvement l'existence des nations et des êtres individuels. Les races subissent aussi la loi générale de mortalité. Déjà plusieurs ont été anéanties; nous en voyons d'autres menacées d'une extinction prochaine. Mais, aussi longtemps que vit une race, elle reste semblable à son type, fidèle à son génie, et marque d'une ineffaçable empreinte les peuples issus d'elle et dont les destinées relèvent de son influence. Toutefois, quelque intérêt que présente ce sujet d'étude, nous devons nous borner à ces indications sommaires, et considérer de préférence l'espèce, dans l'unité de laquelle toutes les races viennent s'absorber et se confondre.

§ VI. Groupe spécifique, l'humanité.

1. — Prise dans son ensemble, l'humanité, constituée par la réunion de toutes les races, nations, familles et individualités humaines, forme à titre d'espèce un groupe

simple, un grand être bien déterminé, qui a une personnalité distincte et dont il importe de se faire une juste idée.

L'attribution à l'espèce humaine d'une réalité ontologique n'est pas, il est vrai, universellement admise, et, depuis longtemps, on discute à ce sujet. Beaucoup tiennent encore, avec les nominalistes d'autrefois, que les êtres individuels doivent seuls être dits vivants, et que les termes généraux d'homme ou d'humanité ne sont que des expressions verbales, traduisant de pures idéalités, des concepts abstraits auxquels ne correspond aucune réalité objective. Mais des êtres isolés, et ces mêmes êtres groupés en un tout organisé, peuvent avoir également une existence réelle, quoique distincts et non séparables. Puisque un agrégat de cellules dont chacune a sa vie particulière, est susceptible de produire dans le moi un tout animé d'une vie collective dont aucune d'elles n'a conscience, n'est-il pas contraire aux lois de l'analogie de nier *a priori* que les individus humains puissent former, en s'unissant, une individualité nouvelle, aussi supérieure à chaque être isolé que celui-ci l'est aux plastides qui le composent? Si l'on accorde que le principe d'individuation consiste à faire, avec des éléments groupés et coordonnés, un tout organique et vivant, l'humanité est une personne au même titre que chaque être humain.

Il y aurait seulement une distinction à faire : l'objection du nominalisme, fondée pour le concept d'homme, ne l'est pas pour celui d'humanité. L'homme en général, l'homme en soi, n'a évidemment qu'une existence fictive; en fait il ne peut pas exister, parce que, chargé de représenter à lui seul la totalité des êtres humains, il devrait unir, dans un inconciliable accord, leurs caractères les plus disparates, associer en lui les deux sexes, les

traits et les couleurs de diverses races, avoir à la fois
tous les âges, les attributs les plus opposés, en un mot
offrir dans un type irréalisable un amas de contradictions.
Il n'y a donc là qu'une conception sommaire, l'expression
résumée d'un ensemble, une abstraction personnifiée.

Mais, tandis que l'homme, être de raison, est un pur
abstrait, l'humanité, qui représente effectivement la totalité des êtres humains, exprime leur somme adéquate et
a la même réalité qu'eux. C'est un être collectif, composé
d'une immense multitude d'individus associés qui, tous
ensemble, ne font qu'un. L'espèce humaine, vaste agrégat
d'êtres de même nature qui mènent une vie commune et
évoluent de concert, réalise une individualité dont l'unité
n'est pas contestable, au double point de vue du somatisme et du psychisme. C'est un organisme animé.

2. — Le grand corps de l'humanité a pour éléments de
structure tous les êtres humains, comme ceux-ci ont
pour éléments des cellules. Lorsque les radicaux organiques sont aussi différents, les agrégats ne peuvent pas
se ressembler beaucoup; néanmoins, comme systèmes
organiques, ils ont toujours de l'analogie. En appliquant,
il est vrai, aux uns et aux autres, le même mot d'organisme, on fait un rapprochement qui, de prime abord,
peut paraître arbitraire et forcé, car autant la forme du
corps humain est nettement circonscrite et facile à percevoir, autant celle du corps de l'humanité a des contours
mal définis et semble indéterminée, confuse, mal aisée à
concevoir. La fédération des éléments, manifeste dans le
premier cas, manque de lien dans le second, où ils sont
libres et dispersés dans l'étendue, successifs dans la
durée. Il faut pourtant considérer que la réunion de
parties en un tout comporte bien des modes d'assemblage,
et que leur indépendance relative, leur mobilité même et

leur dispersion ne sont pas un obstacle à leur unité de vie, si par l'effet de communications constantes, de solidarités et de réversibilités, ils sont, malgré les distances qui les séparent, maintenus en rapport et mis en contact. Quoique les êtres humains soient généralement étrangers les uns aux autres, ils ne cessent pas d'être reliés par leur origine et par les relations sans nombre que la civilisation établit entre eux. L'unité somatique de l'espèce humaine, au point de vue de la cohérence matérielle, s'impose même à la réflexion, car il suffit d'évoquer l'idée du cordon ombilical qui attache l'enfant à sa mère pour faire concevoir, par une frappante image, comment tous ces êtres, unis par un lien de chair, procèdent les uns des autres et forment un seul corps dont les éléments s'enchaînent non moins strictement que les cellules du nôtre.

L'unité de l'espèce apparaît encore avec évidence quand on considère les traits communs qui font que tous les êtres humains peuvent être dits « semblables » : l'identité du type de structure, la station droite, la similitude d'organes et de fonctions. Si le genre humain s'est répandu avec le temps sur toute la surface du globe, cet habitat cosmique est pour lui une cause d'unification, comme le sont un continent pour la race ou une région pour un peuple. Sa continuité de vie résulte de la suite ininterrompue des générations qui se transmettent l'une à l'autre, avec le principe de vitalité qui les anime, des aptitudes développées par l'exercice et les gains de leur activité. De même que tous les plastides de nos corps, quelle que soit leur diversité dans l'adulte, proviennent, par duplications successives, de deux cellules génératrices fusionnées dans l'ovule, tous les êtres humains dérivent d'un groupe ou même d'un couple initial, que ne dément pas la théorie du polygénisme ; car si elle conteste que les différentes races d'hommes descendent les unes des autres, elle les suppose toujours issues d'une même souche, antérieure et disparue. La fécondité du croisement entre toutes ces races suffit d'ailleurs à prouver leur unité spécifique. La fraternité humaine n'est donc pas une métaphore ; tous les hommes sont, sinon frères, du moins parents à quelque degré.

De même aussi que la durée de l'organisme est assurée par le renouvellement des cellules dont la fonction se prolonge dans le même sens, la durée de l'espèce l'est par la série des générations qui se succèdent en travaillant à une même œuvre. Créatures d'un jour, abusées par l'illusion de notre présent éphémère, nous sommes enclins à croire qu'en nous réside toute la vie de l'espèce tandis que nous n'en mesurons qu'un moment. Les générations précédentes en ont, chacune à son tour, joui comme nous, et, dans cette longue suite d'existences, les morts sont en bien plus grand nombre que les vivants. Comme, à un instant donné, les cellules de nos corps ne sont qu'une faible part de toutes celles qui, durant le cours d'une vie normale, sont successivement l'expression de l'identité du moi, les êtres individuels naissent, vivent et se remplacent dans le cours de l'humanité sans troubler son évolution. Enfin, comme les plastides de l'organisme, tous dérivés d'un ovule primordial, se spécialisent par degrés, assument des fonctions distinctes et se subordonnent les uns aux autres, les êtres humains se sont différenciés peu à peu, par adaption à des conditions diverses et à des modes d'activité de plus en plus variés. Sous les lois de la concurrence vitale, les peuples et les races ont opéré une sélection qui assurait la prépotence aux mieux doués.

3. — Puisqu'elle a un corps, fait de tous les corps, l'humanité doit avoir aussi une âme, faite de toutes les âmes se développant de concert et amenées à l'unité par une résultante générale. Les êtres humains ne tiennent pas seulement les uns aux autres par un lien de chair et de sang, par la solidarité de besoins communs et de satisfactions partagées; leurs esprits sont, plus étroitement encore, unis par la communauté des aptitudes, la correspondance des sentiments, l'échange des idées, l'accord des volontés, la multiplicité des rapports. L'humanité a un cerveau idéal, composé de tous les cerveaux individuels, harmonisés et consonants. Le langage, l'enseignement et les traditions servant de lien aux esprits les font s'influencer réciproquement, sans que chacun cesse de suivre une orientation particulière. Tous cèdent à l'impérieux besoin de se rapprocher, de s'entendre, de combiner leurs efforts et de mettre en commun les acquisitions de leur expérience personnelle. La vie du genre humain consiste donc en œuvres collectives qu'une immense société d'esprits était seule capable d'accomplir, car l'homme isolé, sans éducation traditionnelle, sans exemples et sans secours, ne pourrait être qu'un animal misérable et stupide. Nous devons à nos prédécesseurs et à nos contemporains toutes les facilités de vie dont nous jouissons. Notre raison même n'est pas un don de nature, mais une conquête laborieuse de l'espèce entière. L'homme, en effet, n'est pas raisonnable de naissance; il le devient en s'assimilant les gains accumulés de l'activité générale des esprits, dont l'association fait un seul esprit, « l'esprit humain », comme dit si expressément le langage. C'est surtout la raison qui, par son aptitude à saisir l'universel et par sa tendance à se mettre partout d'accord avec elle-même, est le grand agent d'unification

parmi les hommes. Elle constitue vraiment l'âme de l'humanité, son génie propre, sa caractéristique essentielle dans le monde animal. Par elle, l'espèce, animée d'une même vie, est entraînée avec une vitesse croissante au progrès.

Chaque être humain a sans doute sa petite part de raison, mais combien restreinte et faillible! La raison n'est entière que dans l'espèce, et résulte de l'action, simultanée et successive, de tous sur chacun, de chacun sur tous. Perdus dans leur isolement et leur impuissance, les êtres individuels, ne pourraient avoir que des industries instinctives, des idées vagues et inexprimées. Par une participation toujours plus large à la vie de l'humanité, ils se développent, s'approprient un fonds commun et gagnent en raison. Un pouvoir d'harmonisation et de synthèse fait sortir du chaos des initiatives particulières un monde de résultantes psychiques plein de grandeur et d'unité.

Pas plus que l'esprit de famille, l'âme des foules, le génie des peuples ou des races, — la raison, âme de l'humanité, ne doit être prise pour une réalité concrète, dans le sens métaphysique du mot. Pour l'espèce comme pour l'individu, le terme d'âme désigne simplement un ensemble de fonctions psychiques coordonnées. L'esprit humain n'existe pas en dehors des esprits individuels qui servent à le constituer; mais en plus de chacun d'eux, il représente leur synthèse modifiée par la complexité même des résultantes. Comme une somme unifiée d'intelligences ne peut manquer d'être intelligente, tout porte à présumer, par analogie, qu'à l'exemple de notre moi l'humanité prend conscience d'elle-même, a son idéal, son vouloir-vivre, sans que nous en puissions rien savoir que par l'interprétation des faits généraux. Il n'est pas possible de méconnaître que, dans la vie de l'espèce, se manifeste un pouvoir régulateur et recteur, une logique supérieure, une suite de développements conforme à cette *idée* dont Claude Bernard fait le principe de l'évolution organique. Le genre humain ne vit pas sous l'influence du hasard, livré par la confusion d'initiatives sans loi à l'accident et à l'aventure; durant tout le cours de son histoire, il évolue avec ordre, réalise un plan. Sa marche, lentement mais sûrement progressive, obéit à une impulsion persistante, suit une voie rationnelle tracée par une mentalité secrète. Il suffit pour s'en convaincre, de jeter un coup d'œil sur ses phases successives.

A un état animal ou de nature que rappelle l'imbécilité de la première enfance, ont succédé d'abord un état de sauvagerie chasseresse, puis un état de barbarie pastorale, enfin un état de civilisation, qui, agricole au début, est ensuite devenu industriel et commercial. Ces vastes tâches que, durant les longues périodes de la préhistoire, des peuples inconnus avaient accomplies ou inaugurées, ont, dans la période historique, été complétées par le co..cours des nations que célèbrent nos annales. L'Égypte, la Chaldée et la Chine donnèrent le premier exemple d'empires florissants fondés sur l'agriculture. Les Phéniciens ont ouvert la voie du commerce international, vulgarisé l'écriture alphabétique; aux Grecs appartient l'impérissable gloire d'avoir institué le culte du beau et du vrai, créé la poésie, l'art, la philosophie et les sciences; Rome a fourni le modèle d'une forte organisation politique, promulgué le droit. Le moyen âge a tenté de renouveler l'idéal de la civilisation par un spiritualisme exalté contre lequel a réagi la renaissance. Enfin les peuples modernes, après avoir répandu dans le monde entier ces germes féconds de progrès, cherchent à concilier, dans un difficile accord, les exigences de l'ordre public, la liberté personnelle et la justice sociale.

Ainsi, depuis les anthropoïdes de la période tertiaire, *mutum ac turpe pecus*, à peine distincts des autres familles de grands singes et n'ayant qu'un germe confus de raison, une évolution continue s'est opérée d'âge en âge, à la fois technique par l'accumulation des découvertes utiles, affective par la diversité, la délicatesse ou l'intensité des sentiments, esthétique par la floraison des littératures et des arts, intellectuelle par l'extension des connaissances, morale par la discipline de la volonté se faisant à elle-même des règles de devoir, politique par des institutions et des lois graduellement améliorées. Tous les êtres humains, la plupart sans le savoir ni même le soupçonner, ont collaboré à cette œuvre immense. Un progrès aussi régulier, accompli par une masse d'inconscients, implique une puissance directrice qui domine et coordonne des efforts incohérents. Quoique chaque individualité, foncièrement égoïste, ne poursuive que son intérêt particulier, elle est altruiste à son insu, travaille et gagne pour tous. Sous la confusion apparente des activités personnelles, uniquement occupées de leur avantage, l'humanité mène sa grande vie, harmonise les fonctions, bénéficie de tous les concours et tend à ses fins sans que rien la détourne de son but. A travers les sottises, les folies, les crimes même que commettent à l'envi les individus et les peuples, en dépit de nos guerres et de nos révolutions, la monde humain va de lui-même, d'un pas assuré, au progrès. « De quelque façon qu'on envisage les sociétés, soit dans leur groupement actuel à la surface du globe, soit dans leur enchaînement le long du passé, on y reconnaît un mouvement intérieur et spontané qui les porte d'un état inférieur à un état supérieur. Cela est vrai pour l'ensemble, quels que soient les accidents qui surviennent à des peuples particuliers et quelques perturbations que subisse la trajectoire de la civilisation[1]. »

Ces tendances vers le mieux qui se font jour malgré tant d'obstacles, cet essor persistant de la raison, sont nécessairement dus à une intelligence plus clairvoyante que la nôtre, puisqu'elle en rectifie les écarts, en dirige la cécité, et poursuit des fins dont la notion nous échappe ou ne se révèle à la réflexion que par ces effets une fois produits. L'humanité a ses inspirations, son éducation, sa mémoire, dont témoignent la transmission des aptitudes acquises et celle des progrès réalisés. Les générations passent « comme tombent les feuilles des arbres », suivant l'image homérique; mais l'arbre demeure, paré de frondaisons successives et prêt à des renouvellements sans fin. Les peuples, à leur tour, paraissent et disparaissent sur la scène changeante de l'histoire, mais la civilisation se perpétue et progresse sans arrêt. Saint Augustin[2] et Pascal[3] ont comparé la suite entière des hommes à un seul homme qui apprendrait continuellement. On en pourrait dire autant pour tous les genres de progrès, et le terme de civilisation, qui les résume, exprime l'unité de vie de l'espèce.

Nos facultés psychiques, toujours si bornées, même chez les mieux doués, se déploient dans l'humanité avec une puissance et une grandeur incomparables. Les génies le plus justement admirés paraissent bien petits à côté du génie de l'espèce, dont ils ne sont qu'un chétif et pâle reflet. En elle, le principe rationnel s'exerce et se développe comme une force de la nature. Il en a la spontanéité,

<hr>

1. Littré, *la Science au point de vue philosophique.*
2. *Cité de Dieu,* X, 14; *De quæstionibus octoginta tribus,* quæst. 58.
3. *Fragment* d'un *Traité sur le vide.*

la permanence, l'indéfectibilité. « Si les hommes, dit Vinet, sont inconséquents, l'humanité ne l'est pas, et la logique, cette nécessité de l'esprit, suit imperturbablement son chemin. » La coordination d'une aussi vaste série d'effets ne peut pas être attribuée à l'action de foules aveugles, ni même à l'initiative hasardeuse d'une élite de héros, puisque la plupart y collaborent sans le savoir, que la loi de progression qui entraîne l'espèce a été toujours ignorée, et que l'idée, le terme même de civilisation (dû à Turgot), ont une origine récente. L'intelligence mystérieuse qui dirige l'évolution de l'espèce est si distincte de l'intelligence individuelle, qu'elle arrange parfois les choses contre l'intérêt particulier, là où celui-ci cherche avec le plus d'ardeur à prévaloir, comme on le voit au sujet de la reproduction. Schopenhauer s'est plu à montrer par quelles ruses et avec quelle habileté le génie de l'espèce amorce et trompe les êtres par l'illusion de l'amour pour les faire servir, non sans dommage pour eux, à des fins qui les dépassent.

Toutes les grandes œuvres de l'esprit humain, l'art, la science, la morale, les institutions, ont été inspirées et réalisées par une raison profonde, consciente de ses desseins, ferme dans son vouloir, sûre de sa voie et de son but. C'est surtout la création du langage qui, se confondant avec celle de la pensée, a été l'agent le plus actif de cette élaboration et peut le mieux caractériser l'espèce humaine dans la nature animale. Il est en effet le lien des esprits, la condition de tous leurs progrès, le principe de leur union générale. Sans lui, les hommes n'auraient pu, comme les animaux, se transmettre que des instincts. Avec la parole et la facilité d'échanger des idées, ils avaient toute facilité de se communiquer leurs gains personnels et de constituer, au profit de l'espèce, un

patrimoine sans cesse accru de civilisation transmise.
C'est le langage, truchement de la raison, qui a fait
la loi de l'humanité. Or, les langues se développent suivant des lois si impersonnelles que la linguistique,
quoique traitant de faits purement humains, a parfois été
rangée parmi les sciences de la nature[1]. « Les langues,
dit Schleicher, sont des organismes naturels qui, sans
être indépendants de la volonté de l'homme, naissent,
croissent, vieillissent et meurent suivant des lois déterminées. » — « Il y a, dit de même M. Bréal, une volonté
obscure, mais persévérante, qui préside aux changemnts
du langage. Cette volonté, on peut se la représenter sous
la forme de milliers, de millions, de milliards d'essais
entrepris en tâtonnant, le plus souvent malheureux,
quelquefois suivis d'un quart de succès, d'un demi-succès
et qui, ainsi guidés, ainsi corrigés, ainsi perfectionnés,
viennent à se préciser dans une certaine direction[2]. »
L'évolution du langage à travers les phases du monosyl-
labisme original, où la simplicité nue des racines répon-
dait à celle des idées, de l'agglutination qui accolait ces
racines, enfin de la flexion, capable de les modifier en
tous sens, l'a de mieux en mieux adapté à l'analyse et à
l'expression des idées. « Pour le philosophe, pour l'historien, pour tout homme attentif à la marche de l'humanité, il y a plaisir à constater cette montée d'intelligence
qui se fait sentir dans tout le renouvellement des langues[3]. »

---

1. Quand on dit que les langues sont une production de la nature, cela
ne signifie pas sans doute qu'il y a en elles une vitalité propre, une
force indépendante d'évolution. Ce sont incontestablement des créations
de l'esprit humain; mais, pour qu'elles se soient développées de la
sorte, il fallait que la raison impersonnelle ou collective portât en elle
un principe de direction et de régularité logique.
2. *Essai de sémantique.*
3. *Ibid.*

Il faut donc reconnaître dans l'humanité une puissance organisatrice et rectrice, représentée par la raison auto-didacte et autonome, qui règle les activités particulières, les range à des fins qu'elles ignorent, et fait prévaloir des finalités d'ensemble sur les caprices individuels. Si féconde et si riche est cette vie de l'espèce, comparée à la vie toujours si restreinte des êtres humains, qu'il serait exact de dire avec Buffon que « seule l'espèce est vivante ». Nous lui devons la meilleure part de nos conditions d'existence, et ce que chacun y ajoute par son propre effort se réduit à bien peu de chose. Ce grand être qui nous a fait ce que nous sommes mérite donc à tous égards une gratitude profonde et même une sorte de vénération pieuse, non sans doute sous la forme fétichiste que les novateurs de la révolution française et Auguste Comte ont proposé d'établir dans le culte de la Raison et de l'Humanité, mais en révérant comme il convient l'esprit mystérieux qui l'anime, et en réservant une part, plus grande encore, de religieux hommages pour les groupes supérieurs qui dominent l'humanité.

CHAPITRE II

SYMBIOSE DES ÊTRES VIVANTS

§ I. Symbiose des êtres animés, règne animal.

1. — L'humanité, dit Spinoza, n'est pas dans la nature comme un empire dans un autre; elle n'est pas au dehors ni au dessus, mais au dedans[1] ». Longtemps l'homme, se séquestrant par orgueil dans une royauté imaginaire, s'est regardé comme une création à part, distincte de toutes les autres. Il se complaisait à croire avoir été, par privilège, façonné à l'image, animé du souffle d'un Dieu dont il était l'œuvre de prédilection. A ces rêves d'une théologie enfantine, la science substitue des indications plus exactes. Pour elle l'homme se rattache au monde animal par un triple lien de similitude, de dérivation et de dépendance. L'humanité fait partie du règne animal, en représente une espèce, et se classe parmi beaucoup d'autres à son rang, le plus élevé de la série, sans qu'on l'en puisse disjoindre. Elle provient d'une longue suite d'espèces antérieures, graduellement modifiées, seule explication désormais admissible d'une genèse naturelle.

---

1. *Éthique*, III, préambule.

Considéré dans son ensemble, le règne animal doit être conçu comme un tout-clos organisé, un grand être formant une société d'espèces, mais animé d'une vie propre, dont l'unité s'impose à la réflexion, car on y constate à la fois l'unité de substance organique, l'unité d'éléments de structure, l'unité de plan d'organisation; l'unité de modes essentiels de fonctionnement, l'unité de développement phylogénétique et l'unité du principe d'animation.

2. — Un même fonds de substance protoplasmatique sert à construire tous les animaux, et telle est, dans le règne entier, l'identité de composition de la matière organique, que la nutrition la fait passer d'un corps à l'autre par une sorte de transfusion. Chez toutes les espèces qu'il vivifie, des annélides à l'homme, le sang, fluide nourricier, a la même composition, et, chez les invertébrés inférieurs, le « sang lymphatique », qui en tient lieu, remplit le même office, sans avoir la même couleur, parce qu'il est dépourvu de fer. Partout des cellules analogues, agrégées en tissus homologues, servent à construire des organes similaires.

Au point de vue du type de structure, l'étroite parenté qui unit l'homme aux animaux paraît manifeste quand on le compare aux espèces qui lui tiennent de plus près, telles que la famille des singes et surtout le groupe des anthropoïdes. La somme de leurs ressemblances l'emporte de beaucoup sur celle de leurs différences, et si grande est ici la parité des organes et des fonctions que l'anatomie humaine a pu se réduire longtemps à disséquer des magots, sans que l'identification fût trop insuffisante. Les différences sont de plus en plus marquées à mesure qu'on descend dans la série; néanmoins les analogies sont encore aisées à reconnaître dans la classe des

mammifères, et même dans l'embranchement des vertébrés, quant à l'agencement des pièces du squelette et au
mode de développement.

L'unité du plan de structure est moins apparente dans
les embranchements inférieurs, arthropodes, vers, mollusques et rayonnés, que Cuvier, en les instituant,
croyait irréductibles à une dérivation commune. Mais une
étude plus approfondie laisse entrevoir la possibilité de
les tous ramener à une origine commune. La théorie de
M. Perrier sur la formation des organismes composés par
des colonies d'éléments simples, permet en effet d'établir
un lien entre les divers embranchements et d'expliquer
leur dissemblance par des conditions spéciales de développement. Il suffit d'admettre que les organismes composés doivent tous avoir comme premier ancêtre un élément unicellulaire analogue à l'ovule, et s'être constitués,
par proliférations successives, en agrégats polycellulaires,
pour que leur plan de structure ait dû nécessairement
subir des influences variables, à raison du genre de vie
et du mode de groupement des plastides qui en était la
conséquence. Si, par exemple, on suppose que l'organisme naissant flottait au sein des eaux, soumis à des
pressions égales de toutes parts, il se trouvait disposé à
prendre une forme sphérique, qui est celle de beaucoup
d'êtres rudimentaires. Fixée sur des corps solides au fond
des eaux, la colonie de plastides, immobilisée sur place,
fut forcée de croître en hauteur, du côté de la lumière, et
les organes se disposèrent en cercle autour d'un centre,
comme les rayons d'une roue par rapport à l'axe médian.
Enfin, libre, mais non flottante, et entraînée par son poids
au fond des eaux avec faculté de s'y mouvoir en divers
sens, la colonie se développa en longueur, avec symétrie
bilatérale et organes pairs, suivant les exigences de la

progression. De ces formes initiales ont pu provenir, d'une part le type asymétrique des mollusques, astreints à se pelotonner sur eux-mêmes, à l'abri d'une coquille calcaire, de l'autre le type des arthropodes, à symétrie longitudinale simple, et finalement les vertébrés à symétrie double, les plus complexes et les plus parfaits de tous [1].

Là même où le plan de structure et la disposition des organes paraissent le plus différer, les mêmes ordres de fonctions s'accomplissent à l'aide d'appareils diversement adaptés aux conditions d'existence. L'anatomie et la physiologie témoignent ainsi que les types les plus disparates ne cessent pas d'être analogues. Partout se retrouvent, conformément aux nécessités générales de la vie, des organes de nutrition, de reproduction, de sensation et de mouvement. Quelle que soit dans le présent, et plus encore dans le passé, la variété des espèces d'animaux, on doit donc regarder la faune entière comme un être unique, où le même principe d'organisation et de vie se manifeste avec ordre à travers d'incessantes métamorphoses. « Le monde animé, dit M. Gaudry, est une grande unité dont on peut suivre le développement comme on suit celui d'un individu [2]. »

Cette unité du monde animal a trouvé dans l'embryogénie une éclatante confirmation. Pour établir sa classification des animaux, Cuvier n'avait tenu compte que de caractères empruntés à la morphologie d'êtres adultes; mais von Baer a montré qu'il fallait aussi consulter les indices fournis par leur développement embryogénique. Les organismes les plus complexes parcourent en effet, de leur conception à la complète réalisation de leur type

<hr>

1. E. Perrier, *les Colonies animales et la formation des organismes*, 1881.
2. *Essai de paléontologie philosophique.*

spécifique, une suite de phases où se sont arrêtés, à des stades inégaux, les organismes plus simples, ce qui conduit à regarder l'ensemble de la création animée comme issue d'une même souche, obéissant à la même loi d'évolution. Chaque individu pris à part revêt successivement les formes qu'a traversées son espèce pour passer de l'état rudimentaire initial à son état définitif. Si grandes que soient, au terme de leur achèvement, les disparités des types d'espèces, elles se ressemblent toutes au début, puisqu'elles proviennent toujours d'un ovule simple, puis se différencient et se caractérisent à mesure que l'organisme se complique. Les plastides dérivés de l'ovule s'agglomèrent d'abord en forme de mûre (stade de la *morula*) et ont alors l'aspect d'une colonie d'amibes. Ils prennent ensuite une disposition vésiculaire (stade de la *planula*), où se déterminent deux feuillets germinatifs qui s'invaginent en forme de polype (stade de la *gastrula*). Du feuillet interne proviennent les organes de la vie végétative, et, du feuillet externe, ceux de la vie animale. Ces organes, en se formant, se surajoutent par épigénèse, et l'organisme acquiert successivement ses caractères d'embranchement, de classe, d'ordre, de genre et d'espèce. Les animaux supérieurs reproduisent ainsi, passagèrement et en raccourci, les types inférieurs dont ils procèdent. Lorsque, pendant le cours d'une gestation de neuf mois, l'homme traverse ces phases d'évolution, il est comme le résumé et le vivant témoignage du cycle des transformations que la création animée a subies pendant des myriades de siècles pour s'élever jusqu'à lui.

Afin de mettre mieux en lumière ce plan d'ensemble, la taxinomie, tenant compte à la fois des ressemblances et des différences entre les espèces, ainsi que de leur dérivation probable, cherche à les toutes ranger dans une vaste synthèse, sous la forme d'un arbre dont les ramifications, détachées d'un même tronc, se bifurquent successivement pour correspondre à la séparation des séries. Quoiqu'il y ait encore bien des lacunes dans une théorie qui ne pourra s'établir avec certitude que comme conclusion d'une science presque achevée, une indéniable vérité se dégage dès à présent du progrès des études zoologiques : l'unité du règne animal, fondée sur un même principe de vitalité. Aristote en avait déjà le clair pressentiment : « La nature, dit-il, passe d'un genre et d'une espèce à l'autre par des gradations insensibles, et, depuis l'homme jusqu'aux animaux les plus imparfaits, toutes ses productions paraissent se tenir par une liaison continue[1] ». La science moderne s'est chargée de le démontrer : « Nous savons maintenant avec certitude que le monde organique s'est développé sur notre terre d'une manière continue, d'après des lois d'airain éternelles... Nous savons que les innombrables espèces différentes d'animaux qui ont habité notre planète, dans le cours de millions d'années, ne sont que les rameaux d'une souche unique. Nous savons que le genre humain lui-même ne représente qu'un des rameaux les plus jeunes, les plus élevés et les plus parfaits de la souche des vertébrés[2]. »

Dans le développement progressif d'un aussi grand nombre d'espèces, dont la plasticité se prête aux modifications les plus étendues, apparaît, non moins nettement que dans la production d'un organisme individuel, cette idée directrice qui, pour Claude Bernard, peut seule expliquer l'ordre et la suite de pareils effets. « Il y a, dit

1. *Des Animaux*, VIII, 1.
2. Haeckel, *le Monisme*, p. 20.

M. Gaudry, un plan qui domine la nature animale et que la paléontologie nous fait connaître[1]. » Les types, d'abord extrêmement simples, se compliquent peu à peu sous l'influence combinée des milieux ambiants, de la sélection naturelle et de la variation spontanée. Aux créations rudimentaires de la faune primitive, rayonnés, annelés, mollusques et articulés, dont chacune a progressé dans sa direction particulière, ont succédé les types supérieurs des vertébrés. Des poissons occupent d'abord seuls les mers de l'époque silurienne; les batraciens amphibies apparaissent dans le carbonifère et le permien inférieur. Puis viennent les reptiles qui, à l'époque jurassique, dominent à la fois dans les eaux, sur terre et dans l'air. Les oiseaux datent du crétacé. Les mammifères, dont le type se constituait dès la phase jurassique, abondent surtout dans le tertiaire[2]. A travers ces formations successives, on peut suivre ce que Zittel appelle « l'évolution continue de l'imparfait au parfait[3]. » Le progrès de l'organisation se mesure par la différenciation graduelle des organes et des fonctions, qui entraîne la division du travail physiologique sous des lois de spécialisation croissante, de corrélation, de balancement et de compensation des parties, irrécusable témoignage d'une intelligence directrice qui se confond avec le *nisus* de l'activité vitale. L'évolution qui, tout en diversifiant à l'infini les types d'espèces, a pu passer des plus informes ébauches à l'homme, s'expliquerait mal, pour la raison, par un concours d'accidents heureux; elle implique une tendance suivie, une finalité cherchée. L'unité de l'ensemble est la preuve d'une mentalité cachée.

1. *Essai de paléontologie philosophique.*
2. Woodward, *Traité de paléontologie des vertébrés*, 1899.
3. Zittel, *Traité de paléontologie*, t. I, p. 43.

3. — Un principe commun d'animation paraît en effet vivifier le grand corps du monde animal, comme le supposaient déjà les stoïciens : « Une même sorte d'âme, dit Marc-Aurèle, a été distribuée à tous les animaux sans raison, et un esprit intelligent à tous les êtres raisonnables. De même que tous les corps terrestres sont formés d'une même terre, de même tout ce qui vit et ce qui respire ne voit qu'une même lumière, ne respire qu'un même air, il n'y a qu'une âme quoiqu'elle soit distribuée en une infinité de corps organisés, il n'y a qu'une intelligence quoiqu'elle semble se partager [1]. »

L'unité du principe d'animation qui caractérise les animaux dans le monde des êtres vivants et qui sert à les dénommer (*animal*, de *anima*, âme), ressort de l'identité de la substance nerveuse dans la série, des analogies de structure de l'appareil d'innervation, et de l'uniformité de son mode de fonctionnement, qui consiste toujours à convertir des causes d'incitation en causes de mouvement. A mesure que les organismes se compliquaient, des centres nerveux durent se constituer et se coordonner afin de régulariser, d'une part les fonctions des organes, de l'autre les relations des êtres avec le monde extérieur. L'innervation, d'abord réduite à de simples filaments épars dans un glomérule de protoplasme, se développe successivement en forme de cellules nerveuses, puis de ganglions isolés, enfin de ganglions fédérés ou agglomérés. Le centre céphalique, où aboutissent les données des sens, prenant alors la prédominance comme organe psychique recteur, devient un cerveau de mieux en mieux organisé, où brille la conscience lucide.

Pour suffire à des exigences accrues, l'âme animale a,

1. *Pensées*, t. IX, p. 8.

d'âge en âge, développé ses moyens d'information et d'action. Les premières séries d'êtres, tenues en suspension dans les eaux, ou fixées à demeure dans leurs bas-fonds, ou emprisonnées dans des coquilles calcaires, ne pouvaient avoir que des impressions confuses et une motilité très bornée, ce qui les mettait, comme les plantes, sous la dépendance presque absolue du milieu. Les types qui, plus tard, acquirent des organes spéciaux de sensation et de locomotion, s'affranchirent par degrés de cet assujettissement, et purent, guidés par leur sens, aidés par une facilité croissante de mouvement, chercher les ressources nécessaires à leur entretien, éviter les périls et se maintenir dans des conditions propices de vie. Leur libre activité put alors prendre un grand essor, comme le montre l'évolution des vertébrés. Les poissons et les reptiles, dont la respiration est faible, le sang froid, qui n'ont que des sens obtus, avalent gloutonnement leur proie, la digèrent avec torpeur et prennent peu de soin de leurs œufs, ont encore une vie psychique très bornée, comparée à celle des oiseaux et des mammifères, dont les facultés, servies par des sens mieux adaptés, surtout par ceux du toucher, de la vue et de l'ouïe, sens intellec-tuels par excellence, ont rapidement progressé. Alors que la faune primitive, passive et obtuse, était silencieuse, sourde, à peu près aveugle ou réduite à de vagues impressions lumineuses, et à peine capable de discerner la clarté du jour de l'obscurité de la nuit, la faune supérieure, active et animée, perçoit des images de plus en plus nettes des choses, émet des voix expressives, entend et interprète des sons, acquiert enfin une connaissance étendue et précise du monde extérieur. Les êtres lient entre eux des rapports en correspondance avec leurs besoins, se font un langage de gestes et d'appels. Des sentiments variés les émeuvent, l'amour sexuel, l'affection des parents pour leur progéniture, objet d'une sollicitude croissante. Notre raison même admire la prodigieuse ingéniosité des artifices que, surtout parmi les insectes et les oiseaux, l'instinct a su découvrir pour assurer la conservation de l'espèce. La sympathie chez les espèces sociales, la ruse et la combativité chez celles qui vivent de proies, se développent par degrés. On voit ainsi la sensibilité gagner en délicatesse, l'intelligence en sagacité, la volonté en puissance, des lueurs même de moralité apparaître sous forme d'assistance mutuelle et d'abnégation altruiste...

En suivant les phases de cette évolution psychique, on passe de l'éclosion obscure de la sensibilité à la genèse d'un esprit qui, se dégageant peu à peu du mécanisme des actions réflexes, devient instinct dans les groupes inférieurs, intelligence dans les groupes supérieurs, et se transfigure dans l'homme en raison. De même que celui-ci, pendant sa formation embryogénique, reproduit les types de la série philogénétique, il parcourt successivement les phases de mentalité dont nous venons de parler, car, simple ovule inconscient au début, il s'élève à la réflexivité durant la gestation, puis devient, à partir de la naissance, un petit animal d'abord purement instinctif, ensuite intelligent, enfin raisonnable. Dans le règne animal comme dans l'être individuel, l'évolution du psychisme est donc comme « une ascension continue vers la lumière ». « Quel admirable spectacle, s'écrie Claude Bernard, que cette manifestation de l'intelligence, depuis l'apparition de ses premiers vestiges jusqu'à son complet épanouissement!... D'abord, au plus bas degré, les manifestations instinctives, obscures et inconscientes; bientôt l'intelligence consciente apparaissant chez les animaux d'un ordre plus élevé, et enfin, chez l'homme, l'intelligence éclairée par la raison, donnant naissance à l'acte rationnellement libre, acte le plus mystérieux de la nature animée et peut-être de la nature entière[1] ! »

Un effet aussi général, aussi suivi dans ses développements, doit avoir pour cause un principe d'animation commun à tout le règne animal et qui se déploie diversement dans la série des espèces. Ce puissant effort de mentalité qui, de l'éponge à l'homme, travaille à se faire jour, adapte la flexibilité de la vie aux conditions les plus variées. Une intelligence secrète préside à ce magnifique ensemble de progrès psychiques. Inépuisable en ressources, constante dans la poursuite de ses fins, elle dépasse incomparablement le pouvoir des êtres individuels, qui concourent à son œuvre sans la connaître, et celui même des espèces, qui montrent simplement les aspects partiels de son unité.

4. — Les innombrables espèces dont se compose le règne animal ne sont pas seulement unies par des rapports de similitude et de dérivation ; elle le sont aussi par des liens d'interdépendance et de solidarité. Tout se tient dans ce grand ensemble. Plusieurs espèces se prêtent de mutuels secours ; beaucoup vivent aux dépens des autres par prédation ou parasitisme. L'homme les exploite toutes : libres, par la quête, la chasse ou la pêche ; asservies, par l'élevage pastoral et les ressources qu'il tire, comme travail ou comme produits, d'espèces domestiquées. Les animaux sont, à ce titre, les auxiliaires et les collaborateurs de la civilisation, dont le cours aurait été bien vite arrêté si les plus utiles d'entre eux avaient fait défaut sur le globe ou étaient restés rebelles à notre domination.

---

1. *Discours de réception à l'Académie française.*

Par les éliminations et les sélections qu'il opère dans une faune sauvage, par les moyens dont il dispose pour faire pulluler selon ses besoins et pour modifier à son gré les espèces assujetties, l'homme se constitue le directeur du progrès dans le monde animal, qu'il amène à réaliser une condition de symbiose plus étroite et plus féconde. Il élève les espèces subordonnées à une sorte de civilisation transmise, assure leur subsistance, les entoure de soins intéressés, les protège contre leurs ennemis, supprime pour leur faire place les espèces inutiles, et tend ainsi à établir, dans une faune chaotique, un ordre plus rationnel.

Si dure que paraisse l'application de l'inexorable loi de la concurrence vitale, qui fait du droit de vivre le prix d'une lutte atroce entre des êtres sensibles à la douleur, loin de mettre, dans l'ensemble de la confusion et de l'anarchie, elle y introduit un principe de progression qui est sa justification et sa raison d'être. Le terrible *struggle for life* ne montre en effet qu'un aspect des relations qu'ont entre eux les animaux, car, s'il les dominait toutes, ces massacres ne seraient qu'un désordre universel. Puisque, malgré des combats acharnés et sans trêve, la vie se maintient et se développe, c'est que la guerre même lui est utile pour sélectionner les plus dignes de vivre. Il n'y a pas seulement antagonisme et compétition entre des égoïsmes aux prises ; il y a coordination entre les séries. Vus de haut, ces conflits se résolvent en gains pour l'ensemble, et la destruction devient un accroissement de vie. Où un pessimisme attristé ne voit que rivalités cruelles, triomphe inique de la violence, l'esprit généralisateur découvre un ordre grandiose, conforme à la loi de raison qui assure la prédominance légitime des plus aptes et des mieux doués. Le règne entier forme ainsi une société régulière où l'hostilité privée des êtres se change en harmonie souveraine. « On a dit que les êtres des divers âges géologiques ont eu les uns avec les autres des luttes où les plus forts ont vaincu les plus faibles, de sorte que le champ de bataille est resté aux mieux doués : ainsi le progrès serait la résultante des combats et des souffrances du temps passé. Telle n'est pas l'idée qui ressort de l'étude de la paléontologie. L'histoire du monde animé nous montre une évolution où tout est combiné comme dans les successives transformations d'une graine qui devient un arbre magnifique, couvert de fleurs et de fruits, ou d'un œuf qui se change en une créature compliquée et charmante... Il ne faut pas croire que l'ordre est sorti du désordre; le monde géologique n'a pas été un théâtre de carnage, mais un théâtre majestueux et tranquille[1]. »

Il en est du règne animal comme de nous-mêmes. S'il nous était possible d'observer les cellules de nos corps, nous les verrions toutes engagées dans une guerre sourde et sans trêve, se disputant avec âpreté un fonds commun de subsistance, chacune d'elles cherchant à faire prévaloir son intérêt exclusif, les plus fortes spoliant les plus faibles, des microbes ennemis venant les assaillir du dehors, les phagocytes exterminant les intrus, les débiles ou les malades, en un mot la loi du *struggle for life* appliquée avec toute son horreur dans ce monde des infiniment petits. Néanmoins, de cette agitation tumultueuse, de ces désaccords de détail et de ce désordre apparent, se dégage, comme résultat d'ensemble, une vie réglée où se réalise un idéal de concorde, de paix et d'union.

1. A. Gaudry, *Essai de paléontologie philosophique*, p. 30.

§ II. — Symbiose des êtres vivants, empire organique.

1. — Le règne animal, y compris le genre humain inclus dans son unité, fait partie intégrante d'un ensemble plus vaste, l'empire des êtres vivants ou organisés, dont on ne peut pas l'isoler, car, sans lui, sa genèse serait inexplicable et son existence impossible. Ce groupe supérieur, facile à circonscrire avec précision, puisqu'il a pour caractère essentiel une organisation définie, comprend les trois règnes, étroitement associés, des protistes, des plantes et des animaux. Malgré leurs différences, dont il faut tenir compte pour les étudier séparément, ils offrent des similitudes et ont entre eux des rapports qui obligent de les réunir en un tout. Le fait que le protoplasme constitue leur fonds commun de structure suffit à établir qu'ils dérivent également de cette substance primordiale, utilisent diversement ses propriétés spéciales et trouvent en elle leur unité. Considérée dans sa généralité la plus grande, la vie résulte des aptitudes de ce composé à la fois stable et changeant qui, siège de combinaisons complexes, entretient en lui un mouvement continuel et simultané de décomposition et de recomposition, d'où provient un dégagement de force disponible, c'est-à-dire un pouvoir persistant d'activité.

2. — Les protistes ou protozoaires, organismes rudimentaires d'une extrême simplicité, réduits même le plus souvent à une cellule unique, doivent être la plus ancienne des créations de la vie, puisqu'ils sont la moins complexe, et parce que seuls ils pourraient subsister par eux-mêmes, dans un monde dépourvu de plantes et d'animaux, tandis que, sans leur aide, ceux-ci n'auraient pas pu se former et vivre. Ces petits êtres ne représentent guère qu'un glomérule de protoplasme, sans organes dif-

férenciés, mais contractile et vivant, capable d'accomplir des fonctions de nutrition, de reproduction et de motilité. Trompée par l'illusion des grandeurs apparentes, la science a tardivement reconnu l'importance de ces minuscules ébauches, dont la plupart d'ailleurs ne sont perceptibles qu'à la vue amplifiée. Le règne des protistes, si récemment sorti des ténèbres de l'invisible, doit être désormais tenu pour le fondement, la première assise de la création organique. Tout dérive de lui et son activité domine le monde des êtres vivants. Le rôle de ces organismes infimes est immense dans la nature; ce sont les ouvriers les plus actifs de la vie et de la mort. Compensant leur petitesse par leur multitude et doués d'une effroyable puissance de pullulation, ils peuplent la masse entière des eaux, se comptent par myriades dans la moindre parcelle de terre et répandent à profusion leurs germes dans l'atmosphère. Si tous les microbes épars dans les milieux périphériques étaient agglomérés en masses visibles, ils occuperaient certainement sur le globe un volume supérieur à celui des plantes et des animaux. On en peut juger par les accumulations de leurs débris dans des strates géologiques. Les puissants dépôts de chaux et de craie, dont un centimètre cube contient des millions de petites coquilles, ont été l'œuvre de protistes qu'on a pu qualifier de « faiseurs de mondes ». Selon l'expression de Burmeister, toutes les roches de nature calcaire ont été « mangées et digérées par des êtres vivants ». La présence, récemment signalée, de microcoques dans la houille et les lignites fait présumer que ces microbes (*Micrococcus carbo*, *Micrococcus lignitum*), ont dû activement concourir à la transformation des substances végétales en charbon fossile, que jusqu'ici aucune expérience de laboratoire n'a réussi à reproduire.

Dans ce règne confus de protistes, les formes sont extraordinairement variables, ce qui rend leur classement difficile. Un polymorphisme indéfini détermine en eux, sous de minimes influences, des modifications étendues de structure ou de fonction, et la science en profite actuellement pour exalter ou pour atténuer la virulence de ceux qu'elle veut combattre ou utiliser. Il semble que la nature, préludant à son œuvre d'organisation, se soit essayée d'abord à produire, dans ces êtres aux formes changeantes, toutes les combinaisons possibles d'axes et de contours. La genèse de ces innombrables ébauches a dû remplir la phase initiale de l'évolution plastique, celle qui vit s'organiser en particules indépendantes la masse, primitivement amorphe, du protoplasme original, alors que la puissance du développement qui était en lui hésitait encore entre les deux voies divergentes de la végétabilité et de l'animalité. Par l'indécision comme par la simplicité de ses types ambigus, le règne des protistes constitue le tronc commun d'où les deux groupes de formes composées sont issus par bifurcation en se spécialisant toujours davantage. Agrégats complexes d'éléments unicellulaires, les plantes et les animaux tirent d'eux leur origine, et ne cessent pas de débuter par la phase protistique, puisqu'ils proviennent d'une cellule simple représentée par l'ovule. Ils s'accroissent ensuite par duplications successives, et les modifications que subissent dans l'organisme ces séries de plastides dérivés des unes des autres, s'expliquent par leur variabilité qui les dispose à changer de forme et d'attribution suivant la nature du milieu et le mode de groupement. Tandis que la cellule isolée doit remplir d'une façon très sommaire toutes les fonctions qu'implique la vie, les cellules associées se partagent le travail, s'adaptent à des tâches spéciales et créent, en se fédérant, de nouvelles conditions d'existence. La flore et la faune du globe résultent ainsi de la tendance des protistes à s'organiser pour atteindre un niveau supérieur d'activité vitale.

3. — Également constitués par des assemblages de cellules, c'est-à-dire par des colonies de protistes, les règnes végétal et animal ont suivi chacun à part le cours de leur développement, sans cesser d'être liés par une foule de rapports. Ils ne dérivent pas l'un de l'autre, mais se rattachent à une même souche de protorganismes encore indéterminé. Leur point de départ serait à chercher dans un groupe d'êtres qui, situés sur une commune frontière, semblent appartenir à la fois aux deux séries ou passer alternativement de l'une dans l'autre. C'est pourquoi les naturalistes ont parfois hésité sur le classement d'espèces douteuses, qualifiées d' « animaux-plantes » (*zoophytes*) ou de « plantes animées » (*zoospores*). Dans la famille des *Diatomées*, certaines espèces ont été rangées parmi les algues et d'autres parmi les animaux. « S'il est facile de distinguer un arbre d'un vertébré, il y a des difficultés considérables à trouver des caractères distinctifs nets entre les termes inférieurs de ces deux règnes. Aristote avait déjà présenté cette difficulté presque insurmontable, et les méthodes les plus perfectionnées de la botanique et de la zoologie, de l'anatomie et de la physiologie actuelles, n'ont pu arriver à établir des limites tranchées entre le règne végétal et le règne animal[1]. » Mais à partir de cette zone indécise des débuts, les deux groupes ont suivi des voies très distinctes, parallèles plutôt qu'opposées, et leur unité, admise d'instinct par l'intuition universelle, à titre d'êtres

1. Zittel, *Traité de paléontologie*, t. I, p. 39.

vivants, est confirmé par toute les inférences de la biologie.

Le principal trait de différence entre les animaux et les
plantes tient à la nature et à la conformation de leurs éléments de structure. Dès l'origine, une distinction s'établit
entre deux sortes de protistes, dont l'une, doué d'affinités
puissantes et capables de fixer l'azote, donne naissance
aux végétaux, tandis que l'autre, plus complexe et plus
délicate, ne peut subsister qu'aux dépens de la précédente et devient la tige des animaux. En outre, les cellules des végétaux, emprisonnées dans une enveloppe de
cellulose, cloison rigide qui limite leurs relations, conservent une indépendance relative et restent morphologique-
ment isolées, immobiles et peu variables. Au rebours, les
plastides des animaux, recouverts d'une fine pellicule
albuminoïde qui facilite les échanges nutritifs et les
actions intercellulaires, dépendent davantage les uns des
autres, sont plus étroitement associés, comportent des
mutations étendues et se prêtent aux contractions du
plasma intérieur. « On pourrait considérer tout organisme végétal comme une république de cellules, tout
organisme animal comme une monarchie. Les cellules
végétales, en effet, sont en général autonomes, plus
homogènes, plus indépendantes les unes des autres et de
l'organisme considéré comme un tout. Les cellules des
animaux, au contraire, grâce au progrès de la division du
travail, sont plus hétérogènes, dépendent bien plus les
unes des autres, et, en vertu d'une concentration plus
forte, sont subordonnées, dans une plus large mesure à
l'idée d'état[1]. »

C'est avec ces deux sortes d'éléments plastiques,

1. Haeckel, *le Règne des protistes*, p. 20.

dont la dissemblance entraîne une diversité corrélative d'agencement et de fonctions, que se construisent les deux séries de formes végétales et animales. La plante, dans la structure de laquelle n'entrent que les tissus passifs, est un organisme simple, avec un seul axe de conformation, un seul système d'organes et un seul ordre de fonctions, afférentes à la nutrition et à la reproduction. Dominé par l'influence de son milieu, le végétal a une disposition périphérique d'organes, toute en dehors. L'animal, pourvu comme la plante de tissus passifs, mais aussi de tissus actifs (musculaires et nerveux), est un organisme double, qui a deux axes de structure, deux systèmes d'organes et deux ordres de fonctions qui pourvoient, d'une part aux exigences de la vie végétative, de l'autre à celles de la vie de relation. Par suite, les organes de nutrition et de reproduction, extérieurs chez la plante, qui dépend de son milieu, sont intérieurs chez l'animal, qui fait lui-même son milieu, tandis que les organes de sensation et de mouvement, situés à la surface de l'organisme, le mettent en rapport avec les êtres circonvoisins. L'animal est donc, pour ainsi dire, une plante retournée, qui se nourrit et se régénère en dedans, mais ouverte sur le dehors et entretenant avec lui des relations multipliées. De cette complexité supérieure d'organisation résulte une vie beaucoup plus intense. Bichat a pu dire en ce sens que la plante est « l'ébauche et le canevas de l'animal ». Elle se retrouve en effet en lui dans ses fonctions trophiques et reproductrices ; mais il a en plus les fonctions de sensibilité et de motricité dont on ne constate que de vagues indices dans le végétal.

En ce qui concerne le détail comparable de la structure et des fonctions, bien des traits de similitude rapprochent les deux règnes, comme si la même idée directrice avait déterminé le parallélisme de leur développement. Dans l'un et dans l'autre, des organes analogues ont à remplir des tâches pareilles. Ainsi que l'animal, la plante absorbe des substances alibiles, les élabore, les assimile, respire, sécrète et excrète. Parfois même le mode d'alimentation offre de surprenantes analogies. On connaît environ 600 espèces de plantes dites carnivores, chez lesquelles certains organes sont disposés pour capturer des proies et les digérer. D'une manière générale, aux radicelles des végétaux correspondent les vaisseaux chylifères des animaux; aux feuilles des premiers, les trachées, branchies ou lobes pulmonaires des seconds. Le sang et la sève, fluides nourriciers, circulent également dans un système de canaux, avec des mouvements alternatifs où la montée et la descente de l'une, sous l'influence des saisons, rappellent la systole et la diastole de l'autre, sous l'impulsion du cœur. Les appareils et les modes de reproduction présentent surtout, dans les deux séries, de singulières ressemblances. La distinction de l'androcée et du gynécée dans les plantes est identique à celle des sexes mâle et femelle chez les animaux. Ici et là, les organes générateurs sont tantôt rudimentaires, tantôt réunis, tantôt séparés. La fécondation s'opère de même, dans les deux cas, par une émission, sur des ovaires, d'éléments exitateurs où le pollen est l'équivalent de la semence. L'œuf des ovipares et l'ovule des vivipares sont assimilables à la graine. La parthénogenèse correspond au bourgeonnement. Il y a, dans les deux règnes, la même tendance à éviter, par le croisement, le danger d'une autofécondation prolongée... Dans ces créations en apparence étrangères, la nature, s'imitant elle-même, semble donc avoir poursuivi le même dessein, exécuté le même plan, cherché à réaliser le même idéal : la variété dans l'unité.

4. — Comme la sensibilité, manifestation initiale de l'activité psychique, ne peut pas être séparée du fonctionnement de la vie, dont elle est la condition nécessaire, une même nature d'esprit, inégale en degré, doit animer tout l'empire des êtres vivants. L'évidence avec laquelle un psychisme supérieur s'exerce chez les animaux, et l'habitude de les désigner, par exclusion, comme essentiellement *animés*, porte à leur attribuer le privilège d'une âme consciente et active. Cependant, ni les protistes ni les végétaux ne sont dépourvus d'un psychisme rudimentaire. Quoique privés d'organes spéciaux d'innervation, ils ne laissent pas de percevoir des sensations et de réagir. « L'unité du protoplasme, dit Claude Bernard, établit l'unité physiologique des deux règnes organiques, en leur donnant à tous les deux un substratum de sensibilité. Les plantes possèdent comme les animaux, au degré et à la forme près, la sensibilité, cet attribut essentiel de la vie. Réunissant la sensibilité consciente, la sensibilité inconsciente, l'irritabilité, je crois établir que ce sont là trois expressions graduées d'une seule et unique propriété, la sensibilité, la possession de cette faculté commune démontrant l'unité fonctionnelle des êtres vivants, depuis la plante la plus dégradée jusqu'à l'animal le plus riche en organisation[1]. » Comme preuve de cette unité, Claude Bernard a d'ailleurs signalé le fait que les anesthésiques, poison spécial de la sensibilité, en suspendent également les manifestations dans les deux règnes végétal et animal.

Tous les êtres vivants sont doués de l'irritabilité nutri-

---

1. *La Sensibilité dans le règne animal et dans le règne végétal.*

tive, point de départ de la sensibilité consciente, car, s'ils en étaient privés, ils n'auraient pas le moyen de renouveler leur substance et, par conséquent, de vivre. Tous sont avertis de leurs états intérieurs par des sensations de bien-être ou de mal-être, savent discerner ce qui leur est utile ou nuisible et se guident sur cet indice. Une amibe diffluente, glomérule informe de protoplasme, les leucocytes de nos corps, préposés à la défense de l'organisme, poussent des prolongements en forme de pseudopodes pour atteindre un point donné, ont une sorte de flair qui leur indique à distance la présence d'une proie, se dirigent vers elle, l'englobent, la digèrent si elle est alibile, la rejettent dans le cas contraire, tous actes qui impliquent une activité autonome, une sensibilité réelle, de l'appétition et du vouloir-vivre. On voit des microrganismes unicellulaires se poursuivre, s'attaquer, se fuir, les bactéries se déplacer dans le liquide qui les baigne pour chercher ou éviter la lumière et même certains rayons de lumière. Diverses espèces d'infusoires, notamment les *Paramésies* observées par M. Werworn, sont sensibles à l'électricité, et, lorsque le liquide où elles sont est traversé par un courant faible, elles s'orientent puis vont toutes se rassembler au voisinage de la cathode. Sont-ce là, comme on a prétendu, des phénomènes purement chimiques ou physiques (chimiotaxie, galvanotropisme), et ne faut-il pas plutôt les tenir pour des manifestations de sensibilité vitale?

Le végétal aussi est sensible. Il a vaguement conscience de ses besoins et s'adapte, pour les satisfaire, aux conditions du milieu. Vient-il à souffrir d'un manque d'eau ou de lumière, d'une blessure, d'une contrainte, il s'efforce de rétablir l'exercice normal de ses fonctions. Il donne des signes évidents de langueur ou de bien-être, se tourne vers le soleil, organise ses moyens de défense, se replie sous des contacts comme la sensitive, enroule ses tiges volubiles suivant une direction constante. Soumis, comme les animaux, à des intervalles diurnes de repos et d'activité, les végétaux cèdent chaque nuit à une sorte de sommeil. Tour à tour l'ordre des saisons suspend leur vie et la ranime sous l'influence de la chaleur. Plusieurs éléments des plantes (zoospores, anthérozoïdes, amibes végétales, plasmodies...) ont, comme les protistes libres, le mouvement spontané, et même le mouvement intentionnel, approprié à un but. On ne peut donc pas refuser aux végétaux une sensibilité obscure qui dirige le fonctionnement de l'organisme et l'ordre suivi par son activité trophique et génératrice.

Il faut admettre pour l'ensemble des êtres vivants une évolution psychique parallèle à l'évolution organique et en rapport avec elle. La sensibilité des protistes est analogue à celle de nos élémens cellulaires; la sensibilité diffuse des plantes serait comparable à celle de nos tissus passifs, bornée à des impressions internes, à des réactions de cellule à cellule. Seule la sensibilité plus active et mieux centralisée des animaux les informe à la fois d'eux-mêmes et du dehors. Tandis que la plante, repliée sur elle-même, est réduite à la perception de ses états intérieurs, l'animal, qui a des sens ouverts sur le monde extérieur, entretient avec lui des relations continuelles et règle son activité clairvoyante sur ce qu'exigent ses intérêts. On peut comparer la plante à un animal endormi, l'animal à une plante qui s'éveille, sort de sa torpeur et s'élève à une vie supérieure.

5. — D'étroites relations unissent les trois règnes organiques et font dépendre les uns des autres les protistes, les végétaux et les animaux. Tous ensemble forment une

société naturelle, l'empire de la vie, où ils se partagent les fonctions, concertent leur activité, et constituent un grand organisme collectif, qu'anime une vitalité commune.

Malgré leur infimité, qui fait illusion sur leur importance, les microrganismes remplissent, dans la biologie générale un rôle si essentiel que, sans eux, ni un végétal, ni un animal ne pourrait être. Il est à noter d'abord que les organismes composés ne sont que des agrégats de protistes libres. Toutes les transformations que subit la substance organique, soit quand elle se produit, soit quand elle se décompose, sont en effet l'œuvre de microbes qui, d'une part, ont seuls le pouvoir de fixer l'azote et de l'engager dans le cycle des combinaisons vitales, et, de l'autre, celui de défaire ces combinaisons lorsque la vie les a délaissées. Intermédiaires obligés entre les deux mondes minéral et organique, ils empruntent au premier des éléments bruts, et les fournissent au second sous forme de composés dont il vit. Le sol arable doit à des bactéries (dont un savant italien, M. Magiora, n'a pas trouvé moins de 44 millions dans un gramme de terre) la meilleure part de sa fertilité, parce que ces microbes convertissent les sels ammoniacaux en nitrites et nitrates qui rendent l'azote assimilable pour les plantes. Comme agents de fermentation, des microbes spéciaux déterminent dans la plupart des substances organiques des modifications tantôt utiles, dont nos industries s'appliquent à tirer parti, tantôt nuisibles, dont la médecine s'essaie à nous préserver. Des ferments donnent le moyen de fabriquer le vin, la bière, l'alcool, le sucre, le vinaigre, de faire lever le pain, cailler le lait, etc. L'exploitation, si récemment entreprise, du monde des protistes, soit pour les empêcher de nous nuire, soit pour les contraindre à nous servir, pourra un jour être non moins féconde que le fut autrefois celle du monde animal, quand elle purgeait le globe de ses fauves redoutables et asservissait les plus précieuses des espèces domestiques. Du fait même que les animaux supérieurs ont besoin d'être aidés, dans le travail de la digestion, par des microbes chargés, le long des voies digestives, de faciliter la transformation des aliments, il ressort que cette fonction, rapprochée des cas des légumineuses, implique un concours nécessaire pour des organismes jugés autonomes, mais incapables de se suffire. « La vie humaine, a-t-on pu dire, est une symbiose avec des protistes. »

Non moins grands sont les services que nous rendent les microbes *saprogènes* (destructeurs d'immondices) ou *nécrophages* (destructeurs de cadavres). Épurateurs de la nature, ils font disparaître avec une étourdissante activité les résidus et les détritus de la vie, assainissent les eaux polluées et transforment des débris répugnants ou dangereux en éléments neutres et inoffensifs. Sans leur assistance, le monde, vite encombré de cadavres, deviendrait un chemin infect. Chargés d'une mission de salubrité publique, ils libèrent la substance organique de ses combinaisons épuisées, la régénèrent et la restituent purifiée au milieu inorganique, prête à figurer dans de nouvelles créations.

Des rapports non moins intimes d'interdépendance unissent les deux règnes végétal et animal. Sans l'exploitation du premier, l'existence du second serait impossible. Tous les animaux, en effet, soit comme phytophages, soit indirectement par prédation aux dépens des phytophages, ne vivent que d'aliments préparés par les végétaux. Seule capable, avec l'aide des protistes, de tirer sa subsistance du sol, des eaux et de l'atmosphère, la plante s'en approprie les éléments organisables et leur fait subir une élaboration préalable qui les dispose aux transformations plus complexes que leur impose ensuite la vie animale. Le végétal, appareil de réduction, accumule dans ses tissus des forces de tension et compose des réserves de puissance qu'utilise l'animal. Celui-ci, appareil de combustion, brûle, en absorbant de l'oxygène, les composés qui proviennent des végétaux, dégage la force vive qui s'y trouvait contenue et la convertit en chaleur ou en mouvement. En d'autres termes, la plante emmagasine, l'animal dépense. Ils se comportent, dit Tyndall, comme si la première élevait un poids que le second ferait retomber. Prolétaires du monde vivant, les végétaux produisent plus qu'ils ne consomment; les animaux, aristocratie privilégiée, consomment plus qu'ils ne produisent. Ils usent et dénaturent les principes immédiats formés par les plantes et convertissent leur énergie disponible en fonctions physiologiques ou psychiques. Le règne supérieur vit donc en parasite du règne inférieur et ne pourrait pas être sans lui. Mais par une harmonie de la nature, il l'exploite sans que le tributaire ait à souffrir, préservé par son inconscience et sa sensibilité bornée.

Une corrélation aussi étroite fait comprendre pourquoi les phases d'évolution des deux règnes se correspondent exactement. Au début, le règne animal, grâce à sa plasticité plus grande et à sa mobilité facultative, semble avoir évolué plus vite que le règne végétal, car tandis que, dans le silurien inférieur, on ne trouve guère que des algues fossiles, on y rencontre des mollusques, des articulés et même des vertébrés (poissons). Mais, aux stades ultérieurs de leur développement, ce sont les progrès du monde végétal qui ont entraîné ceux du monde animal. Si la flore du globe était restée telle que la montre l'époque houillère, la faune terrestre et aérienne, la plupart des insectes, des oiseaux et des mammifères n'auraient pas pu se produire. Il n'y aurait eu place que pour des poissons et des amphibiens. L'expansion de la faune supérieure date surtout de l'âge tertiaire, où la flore transfigurée offrit à l'avidité des animaux, dans la riche série de phanérogames, des ressources moins bornées que celles du premier âge, où dominaient les types rudes et inféconds des fougères et des prêles. La brillante apparition d'une multitude d'espèces portant des feuilles succulentes, des fleurs mielleuses et des fruits savoureux, fut, bientôt après, suivie de celle des insectes suceurs, rongeurs ou melliphages, de celle des oiseaux granivores ou insectivores, enfin de celle des ruminants herbivores, dont les carnassiers vinrent ensuite exploiter la surabondance. Dans le groupe des insectes, qui compte à lui seul beaucoup plus d'espèces que tout le reste de la faune, la plupart vivent d'une sorte unique de plante. Parfois même de nombreux commensaux s'en disputent la jouissance. Ainsi on ne compte pas moins de 40 parasites pour l'ortie, et de 184 pour le chêne, plus que l'Europe ne compte de mammifères ! [1]

Par réciprocité de bons offices, les animaux prêtent aux plantes d'utiles secours. Leurs engrais sont un des plus précieux agents de la fertilité des terres. Les insectes qui vivent du suc des fleurs contribuent de la manière la plus efficace à leur fécondation croisée, et, par suite, ont développé en elles, par sélection, les qualités

---

1. On connaît actuellement 150,000 espèces de plantes vivantes et plus de 400,000 d'animaux (dont 280,000 d'insectes, et 20,000 d'arachnoïdes, 13,000 oiseaux, 12,000 poissons, 8,300 reptiles (*Revue scientif.*, 10 février 1900).

de forme, de couleur ou d'odeur qui les attiraient. La beauté des fleurs, parure du monde végétal, leur coloris si admirablement nuancé, la suavité de leurs parfums, la douceur de leurs sucs attestent l'intervention d'êtres animés, car, au point de vue de la botanique pure, cette esthétique n'a pas de sens, les plantes n'ayant aucun moyen de percevoir et d'apprécier l'idéal qu'elles réalisent à leur insu. De même, par un effet de leur incessante mobilité, les animaux terrestres, surtout la faune ailée, concourent à disséminer les semences dont ils se nourrissent ou qui s'attachent à eux. Sans l'aide des animaux, la flore aurait progressé avec plus de peine ou dû évoluer différemment.

Enfin, il suffit d'indiquer les innombrables ressources que l'homme tire du monde végétal pour montrer l'importance du lien qui les unit. Privée de cet élément de richesse ou inhabile à s'en servir, la civilisation n'aurait guère pu dépasser le cycle de la sauvagerie chasseresse ou de la barbarie pastorale. La phrase décisive du progrès humain fut inaugurée par la culture méthodique des plantes les plus utiles à nos besoins, et, depuis lors, son avancement se mesure à l'exploitation qu'elle sait faire des inépuisables trésors du monde végétal. — En retour, l'homme, par ses soins intelligents, perfectionne et en quelque sorte civilise la flore choisie qui l'aide à vivre, agrandit son aire, lui procure les conditions les plus favorables de croissance, diversifie ses types d'espèces par la création des variétés améliorées, et augmente ainsi d'âge en âge la fécondité, l'excellence et la beauté des végétaux.

Il convient donc de considérer l'ensemble des êtres organisés, animés par un même principe de vie et liés par tous ces rapports d'interdépendance et de solidarité, comme formant un seul tout, plein d'ordre, d'harmonie et d'unité.

CHAPITRE III

SYMBIOSE INTRACOSMIQUE

§ I. — Symbiose des deux empires inorganique et organique.

1. — L'empire des êtres vivants ne se soutient pas par lui-même et ne se comprendrait pas isolé. Il a besoin d'un support et le trouve dans le milieu inorganique qui le circonscrit de toutes parts, le domine par son étendue, lui fait ses conditions d'existence, lui fournit ses matériaux de structure, les forces qu'il met en action, et, à raison de ces influences souveraines, peut seul expliquer l'origine de la vie. Celle-ci, en effet, n'a pas paru en étrangère dans le monde des corps bruts; elle en est la résultante, et, si l'inorganique a pu la produire, c'est qu'il la contenait en puissance. Avant d'aborder l'étude de leurs corrélations et de leur symbiose, jetons un regard sommaire sur l'empire inorganique afin d'avoir une idée de sa nature et de ses attributions.

Comme l'empire organique, on pourrait le partager en trois règnes qui correspondraient a. ez exactement à ceux des protistes, des végétaux et des animaux : 1° le règne des gaz, 2° celui des liquides, 3° celui des solides ou minéraux. Ses éléments n'existent qu'à l'état d'atomes ou de molécules, c'est-à-dire de particules infimes, indépendantes les unes des autres et animées d'une force vive qui les fait se repousser réciproquement, d'où résulte pour l'ensemble une tension élastique, un effet de diffusion et d'expansion. Tous les gaz ont entre eux une ressemblance frappante, des propriétés pareilles. Ils se dilatent a peu près également et régulièrement, ont le même coefficient de dilatation... — Dans les liquides, les particules, liées par une force attractive, et adhérentes sans être fixées, tournent les unes autour des autres, avec une mobilité qui va de l'extrême fluidité de certains liquides à l'état pâteux ou visqueux. Au lieu de se répandre en tous sens, comme les gaz, les liquides suivent les pentes et cherchent les surfaces de niveau où la gravitation les arrête. Leur dilatation est inégale, suivant leur nature, et variable selon la puissance de l'action thermique... — Enfin, dans les solides, les molécules, fixées en place par la cohésion, forment des constructions stables, de petites architectures de cristaux, et manifestent en cet état les propriétés physiques les plus diverses. Ces trois conditions de la matière inorganique marquent les phases d'une complication croissante, d'une sorte d'évolution normale, car la cosmogonie montre que les éléments des mondes débutent par l'état gazeux, passent ensuite graduellement à l'état liquide, et finissent par un état solide qui, en se généralisant, entraîne la mort.

Or, sous aucun de ces trois états la matière inorganique n'est séparable de la matière organisée. Une méprise difficile à éviter dans les premiers temps de la spéculation, a fait traditionnellement opposer à l'empire des êtres vivants, animés et actifs, l'empire des corps bruts, insensibles et inertes, comme formant avec lui un absolu contraste et n'ayant rien de commun. Aristote partage tous les corps en organisés ou vivants (ψυχία) et en bruts ou sans vie (ἄψυχία). Buffon tient encore ces deux séries d'êtres pour entièrement dissemblables. Néanmoins, s'il est bon de les distinguer afin de les étudier à part, on ne doit pas méconnaître leurs analogies et leur unité, car ils forment ensemble un indivisible tout. Les êtres vivants tiennent aux corps bruts par de si étroits rapports qu'on ne les peut pas séparer. Entre les deux mondes de l'inorganisation et de la vie, il n'y a pas l'abîme infranchissable que l'on a longtemps supposé, mais une frontière ouverte, incessamment traversée. La nature va de l'un à l'autre empire par des voies sans nombre, et les parcourt, non par sauts brusques, mais par transitions ménagées et évolution suivie. L'opposition admise entre les corps bruts et les corps vivants tient à ce que, de prime-abord, leurs différences étaient de beaucoup les plus apparentes. Les analogies restaient cachées, et l'on crut la dissemblance complète. Mais une observation plus attentive, ayant constaté entre les deux séries une quantité croissante de similitudes, oblige désormais de substituer, dans la conception de l'ensemble, une réelle unité à la dualité présumée. Comme cette question constitue le nœud du problème de la vie, il convient d'entrer dans quelques développements, afin de dissiper une erreur aussi ancienne et encore très répandue.

2. — On invoque d'ordinaire, pour motiver l'affirmation de disparité entre les corps bruts et les corps vivants leur différences d'état physique, de composition chimique, de structure et de fonctions. Aucun de ces caractères n'a une valeur absolue et n'interdit le rapprochement des deux groupes par analogie.

Quant à la condition physique, les corps bruts, il est

vrai, se montrent sous l'un ou l'autre des trois états gazeux, liquide ou solide, au lieu que les corps vivants ne comportent séparément aucun d'eux, mais les associent dans un quatrième qui résulte du mélange des trois autres en diverses proportions. Toutefois, un état mixte analogue se rencontre parmi les corps bruts, et sa production dans les corps vivants en représente seulement un cas plus complexe. Nombre de substances inorganiques ont une condition mi-liquide et mi-solide, pâteuse ou gélatineuse. Beaucoup de liquides et de solides doués d'affinité pour les gaz, en absorbent des volumes dans leurs interstices moléculaires. Les cristaux formés par la voie humide retiennent plus ou moins d'eau, dite de cristallisation, et presque tous les matériaux de l'écorce du globe, jusqu'à une profondeur d'environ quinze kilomètres, ont absorbé par imbibition (5 p. 100 en moyenne) un volume d'eau évalué approximativement à 1 200,000 myriamètres cubes, quantité égale, sinon supérieure à la masse de nos océans. L'état mixte de la substance organique n'est donc pas un fait d'exception dans la nature minérale, et résulte de l'association d'éléments qu'une tendance pareille dispose à se lier quoique leur condition physique diffère. Le mélange, toujours fortement hydraté, ne peut se maintenir qu'entre des limites peu distantes de température, car, soit la congélation, soit la caléfaction au delà de 60°, ferait obstacle à la vie.

La substance des corps vivants, moins simple que celle des corps bruts, est chimiquement de même nature et empruntée au même fonds. La matière organique n'a pas d'éléments qui lui soient propres. Tous ceux qu'elle s'incorpore se retrouvent dans le monde inorganique et passent d'un règne à l'autre sans perdre leur identité. La substance vivante groupe par sélection des éléments dont

les aptitudes variées se prêtaient le mieux à ses délicates
élaborations. Elle combine principalement le carbone,
l'azote, l'oxygène et l'hydrogène, puis leur adjoint, en
moindre proportion, le soufre, le phosphore, le chlore,
le potassium, le sodium, le calcium, le fer... Les plus
importants de ces corps, qu'on peut appeler « biogéniques », se caractérisent par de remarquables affinités, et
leurs composés, aussi instables que complexes, admettent
d'incessantes modifications, et sont ainsi les plus propres
à engager et à dégager de la force par des séries de combinaisons tour à tour progressives et récurrentes. L'eau,
qui humecte les organismes et en constitue en poids la
plus forte part, est indispensable à leur fonctionnement,
pour diluer les matières nutritives, maintenir la fluidité
du sang, faciliter les sécrétions et excrétions, assurer la
flexibilité des organes de mouvement... L'air n'était pas
moins nécessaire pour produire la combustion vitale.
L'oxygène, qualifié par Lavoisier de « générateur de la
vie », entretient son activité par la continuelle oxygénation des tissus. « Tout être vivant respire... La respiration est le phénomène le plus caractéristique de la vitalité, c'est-à-dire de l'être en activité vitale. Aucun acte,
en effet, parmi ceux qu'exécute l'organisme, ne présente
à un égal degré ces deux attributs fondamentaux : l'universalité et la continuité. Le phénomène respiratoire est
universel en ce sens qu'il se retrouve chez tous les êtres
et dans leurs moindres parties, jusqu'au plus petit des
éléments ayant figure; il est continu, c'est-à-dire qu'il ne
saurait subir d'interruption sans entraîner, *ipso facto*, la
suspension de la vie elle-même[1]. »

Ces matériaux que la vie emprunte au milieu inorga-

1. Claude Bernard, *Leçons sur les phénomènes de la vie*, p. 140.

nique, elle les combine, les organise, les use et les restitue, sans dénaturer leur essence ni leur imposer de nouvelles lois. La distinction, admise au début de la science, entre les composés définis de la chimie minérale et les composés indéfinis de la chimie organique, loin d'être aussi tranchée qu'elle avait paru d'abord, a été peu à peu effacée par les données de l'analyse et les résultats de la synthèse. La première a fait voir que les substances organiques les plus complexes proviennent toujours de composés définis et s'y ramènent quand elles se décomposent; la seconde prouve par expérience qu'on peut obtenir, avec ces mêmes éléments, un nombre croissant de composés réputés propres à la vie, et l'ambition avouée des chimistes est d'arriver à les tous produire. La vie n'introduit donc pas de facteur spécial, de mode particulier d'affinité dans les faits de combinaison; elle résulte au contraire de ces faits eux-mêmes, élevés par les lois générales de la chimie, et grâce aux conditions où les place l'organisme, à un degré supérieur de complexité. Les mêmes éléments vont, par alternance, de l'un à l'autre niveau de composition, passent de l'état défini à l'état indéfini, pour redescendre ensuite de l'état indéfini à l'état défini, *circulus æterni motus*. Le seul trait qui caractérise exclusivement la substance vivante est le pouvoir de réagir de diverses façons sans se dénaturer, tandis que les composés inorganiques changent de nature dès qu'ils réagissent. Cet accord unique d'un renouvellement continu d'éléments et d'une permanence de composition s'explique par la complexité de l'agrégat et par le jeu des affinités susceptibles de s'y exercer en détail, dans des conditions de balancement et d'équilibre entre les effets compensés de la décomposition et de la recomposition.

En ce qui concerne le mode de structure, bien des analogies et même de formelles similitudes atténuent les différences par la considération desquelles les naturalistes ont si longtemps séparé les corps bruts et les corps vivants. Ces deux grandes séries de formes se construisent également par un assemblage d'éléments coordonnés en système défini et réalisant un type déterminé. L'architecture rigide et polyédrique des cristaux ne diffère pas essentiellement de la structure flexible et curviligne des organismes, puisque ces deux modes de construction peuvent dans certains cas alterner ou s'associer. Ainsi, d'une part, le soufre prend parfois, outre ses formes cristallines, une disposition utriculaire; et, de l'autre, des trames organiques comme le test des mollusques et les os des vertébrés, incrustés de sels calcaires et presque minéralisés, se rapprochent des cristaux et procurent à ces créations de la vie une force de résistance et une durée comparables à celles des corps bruts. Il ne serait même pas impossible de rattacher le plan de la structure organique à celui des cristaux par la considération des axes, longitudinal et transversal, qui les déterminent tous les deux. Le végétal se rapproche du minéral par ses formes géométriques où dominent les surfaces courbes (cylindres, courbes, hélices), comme dans le second les surfaces planes et les angles. Les schèmes géométriques sont plus effacés dans l'animal, mais s'y laissent pourtant reconnaître, et les formes des radiolaires, avec leurs rayons siliceux régulièrement disposés, rivalisent d'élégance et de symétrie avec les cristaux les plus délicats. On a pu comparer les types d'embranchement de la taxinomie zoologique, aux systèmes généraux de la cristallographie, chacune d'eux admettant de longues séries de formes dérivées et secondaires. L'architecture d'un cristal n'est pas moins merveilleuse que la conformation d'un organisme et semble due à une sorte de vitalité mécanique, travaillant à produire, avec ses matériaux, des effets d'accommodement, d'équilibre et d'harmonie. D'après tous ces indices, d'éminents naturalistes (Holger, Ehrenberg, Haeckel...) ont pensé que les corps bruts ne constituent pas un règne à part, absolument distinct du monde organique, et qu'il faut plutôt voir en eux deux provinces limitrophes du même empire. La force organogénique se lierait alors à la force cristallogénique par un principe commun, la tendance universelle de la matière à se modeler suivant des types spéciaux.

Enfin, la vie a longtemps paru avoir pour caractère essentiel un ensemble de fonctions dont l'activité contraste avec la morne passivité des corps bruts. L'évolution de croissance, la nutrition, la reproduction passaient pour les attributs exclusifs des êtres vivants. Cependant, là encore, on peut constater des indices d'analogie. Qu'ils soient bruts ou vivants, tous les corps à structure définie s'accroissent à partir d'un élément initial jusqu'à complet achèvement de leur forme spécifique. Le cristal débute par un noyau primitif comme l'organisme par un ovule, et le groupement en réseaux de ses molécules intégrantes n'est pas sans quelque ressemblance avec celui des plastides en tissus. Le fait que le corps brut s'accroît par juxtaposition et l'organisme par interposition n'a pas l'importance qu'on lui prête et dépend de la disposition des éléments qui, compacts et rigides chez le premier, ne peuvent s'agréger qu'en adhérant par leurs faces libres, tandis que, flexibles chez le second, ils peuvent s'intercaler en se dédoublant au sein des tissus. Ces deux modes d'accroissement ne sont même pas inconciliables, et la nature les associe dans plusieurs de ses créations. Ainsi les plantes ligneuses croissent à la fois par intumescence dans leurs parties molles, où la vie est le plus active, et par superposition, autour de la tige, de couches annuelles d'aubier. Chez les animaux, les coquilles des mollusques, les os des vertébrés, les écailles des poissons et des reptiles, les plumes des oiseaux, les ongles, les cornes et les poils des mammifères, se développent, comme les corps bruts, par appositions successives de strates.

Quoi qu'il n'y ait pas, chez les cristaux, de fonction continue analogue à la nutrition des êtres vivants, avec ses renouvellements de substance, on peut observer en eux, à l'état d'ébauche, une sorte de nutrilité. Comme les organismes, ils possèdent une irritabilité nutritive ou appétition trophique qui, dans un bain de substance assimilable, les fait s'en incorporer les éléments. On sait avec quelle avidité les calcaires, deshydratés au feu, tendent à reprendre, en se délitant, l'eau qu'ils ont perdue par calcination. Lorsqu'on plonge un cristal mutilé dans son eau-mère, une rédintégration plus rapide, qui rappelle singulièrement les réparations de la vie, s'effectue sur les parties lésées pour rétablir le type dans sa régularité normale.

Mentionnons encore le phénomène connu sous le nom de « fatigue des métaux ». Il consiste en cela que des pièces de métal qui, soumises à des vibrations répétées, ont perdu de leur élasticité, la recouvrent par un travail intérieur, après un temps de repos. Ces alternatives d'affaiblissement par excès d'exercice et de récupération de force par le non usage, n'est pas sans analogie avec un sommeil réparateur, et révèle chez les corps bruts une sorte de vie moléculaire.

Enfin la fonction de reproduction n'est pas absolument étrangère aux anorganismes. Une curieuse expérience de

M. Gernez a montré que, lorsque la moindre particule d'un cristal tombe dans une solution sursaturée de même substance, elle en détermine aussitôt la prise, conforme à son type de structure et même à la variété de ce type. Si, par exemple, dans les deux branches d'un tube recourbé en U et plein de soufre surfondu, on sème, ici des cristaux prismatiques de soufre, là des cristaux octaédriques, le même liquide reproduit séparément les deux types [1]. Ce mode de propagation, où un fragment invisible, analogue aux germes de la panspermie, provoque une formation plastique, n'est pas sans offrir quelque ressemblance avec les modes les plus simples de la génération organique.

Une même loi d'évolution astreint tous les corps, bruts ou vivants, à parcourir des phases déterminées et à subir dans leur condition physico-chimique, dans leur structure et dans leurs fonctions une série close de changements qui constitue le cycle vital. La seule différence est que ces modifications, rapides et manifestes chez les corps vivants, sont moins apparentes dans les corps bruts où elles s'accomplissent avec lenteur, d'où résulte, pour les premiers, la certitude d'une mutation continue, et, pour les seconds, l'illusion d'une permanence indéfinie. Toutefois, d'une part, l'état d' « hypnose », où la vie n'est pas seulement ralentie comme dans l'hibernation des animaux ou la condition d'attente des semences de plantes qui respirent, mais entièrement arrêtée, comme il arrive pour des organismes desséchés (mousses, rotifères), congelés (insectes, poissons) ou isolés dans des gaz inertes, et qui, replacés dans des conditions normales de fonctionnement, reviennent ensuite à la vie, cet état

---

1. Gernez, *Note* dans *Comptes rendus de l'Académie des sciences*, 27 juillet 1874.

tout négatif de vie suspendue et frappée d'une complète inertie, ne diffère en rien, tant qu'il dure, de celui des corps bruts. D'autre part, l'immutabilité des anorganismes est une apparence trompeuse, car eux aussi se modifient avec le temps et finissent par se dissoudre. Si, dans des milieux très fixes, ils paraissent susceptibles d'une durée sans terme, soumis, comme le sont les êtres vivants, à l'influence de milieux variables, ils s'altèrent, se corrodent, se désagrègent et deviennent amorphes, ce qui, pour eux, est une façon de mourir, l'équivalent de la décomposition cadavérique.

3. — Ainsi l'étude et la réflexion abaissent une à une toutes les barrières de séparation qu'une connaissance imparfaite croyait devoir élever entre les corps bruts et les corps vivants. Mieux informée, la science rapproche les deux séries, les fait se continuer, presque se confondre, et va de l'un à l'autre sans changer de voie ni de méthode. Elle les subordonne toutes deux aux mêmes forces générales, leur assigne une même loi d'activité, et ne laisse en définitive subsister entre elles qu'une différence de degré. Claude Bernard, supprimant ici toute différenciation absolue pour n'en maintenir qu'une relative, dit : « Il n'y a en réalité qu'une physique, qu'une chimie, qu'une mécanique générale, dans laquelle rentrent toutes les manifestations phénoménales de la nature, aussi bien celles des corps vivants que celles des corps bruts. Tous les phénomènes, en un mot, qui apparaissent dans l'être vivant, retrouvent leurs lois en dehors de lui, de sorte qu'on pourrait dire que toutes les manifestations de la vie se composent de phénomènes empruntés quant à leur nature au monde cosmique extérieur, mais possédant seulement une morphologie spéciale, en ce sens qu'ils sont manifestés sous des formes spéciales, à l'aide d'ins-

truments physiologiques spéciaux. Sous le rapport physico-chimique, la vie n'est donc qu'une modalité des
phénomènes généraux de la nature; elle n'engendre
rien; elle emprunte ses forces au monde extérieur et ne
fait qu'en varier les manifestations de mille et mille
manières. »

L'être vivant n'est qu'un transmutateur et un régulateur de forces ambiantes. Le principe de son activité
lui vient des sources d'énergie partout répandues autour
de lui. Sa vie est une réponse appropriée aux continuelles excitations du dehors, qui entrent en lui sous
forme de contacts, de chaleur, de lumière, de son, de
saveur ou d'odeur, et qu'il restitue au milieu sous forme
d'action physiologique ou psychique. Notre activité se
borne à réfléchir une petite part de l'activité générale qui
s'exerce autour de nous, et, suivant la forte expression
de Malebranche, « l'homme n'agit pas, il est agi ». « La
vie, c'est l'état de fonctionnement d'agrégats qui, empruntant toute leur énergie au monde extérieur, la font, grâce
à leur organisation définie, concorder vers un but commun.
Les organes de la molécule, ceux de l'être entier, sont, à
la façon de nos instruments de mécanique, de nos piles,
de nos aimants, de nos prismes, de véritables machines
directrices qui modifient l'énergie dans sa forme, jamais
dans sa quantité, et la transformant suivant leur direction
propre, la font ainsi passer par une succession régulière
d'actes physico-chimiques de nutrition, d'accroissement,
de conservation et de reproduction que nous nommons
état de vie[1] ».

Il faut donc regarder la vie comme un effet d'organisation qui dirige, règle et coordonne l'action des forces,

1. A. Gautier, *Leçons de chimie biologique normale et pathologique*,
2ᵉ éd., préface.

fait converger une foule de phénomènes particuliers vers une résultante d'ensemble où se produit une suractivité concertée. Toutefois cet effet ne diffère de ceux du monde inorganique que par une plus grande complexité. « La matière morte et la matière vivante ne sont pas deux choses absolument différentes, mais représentent deux formes de la même matière ne différant que par des degrés, parfois même par des nuances, si bien même qu'on n'a pas en réalité le droit de parler de matière morte et de matière vivante, et qu'une distinction seule est légitime, celle d'une matière à vie lente et sourde d'une part, et celle d'une vie plus rapide et plus éclatante d'autre part [1]. » « Pour Leibniz, dit M. Fouillée, la continuité existe partout dans le monde, et la vie existe aussi partout avec l'organisation. Rien n'est mort dans la nature, la vie est universelle. Ce que nous nommons en particulier êtres vivants, ce sont les concentrations des images vitales répandues partout et qui ne font qu'un avec les forces motrices. Cause de mouvement, force, activité, vie, sont au fond synonymes. Il n'y a donc pas, selon cette doctrine, de règne inorganique, mais un grand règne organique dont les formes minérales, végétales et animales sont les développements divers [2].

En somme les corps vivants ne diffèrent essentiellement des corps bruts ni par leurs éléments, ni par les forces qu'ils mettent en œuvre, ni même par leur structure ou par leurs fonctions, surtout lorsque, pour les comparer, on remonte au début de leur évolution commune. « La division des objets naturels en organiques et inorganiques n'a pu naître qu'à une époque où l'on se bornait à considérer les deux extrêmes. Celui qui com-

<hr>

1. A. Sabatier, *Essai sur la vie et la mort*, p. 61.
2. *Le mouvement positiviste*, p. 110.

pare un lion à un morceau de chaux dira sans doute que leur dissemblance s'impose à tous les sens. Mais que l'on compare de petits cristaux d'oxyde de fer, presque sphériques, avec les petits articles sphériques de la *Gallionella ferruginea* d'Ehrenberg (algue des eaux ferrugineuses qui consistent presque exclusivement en fer et représentent à coup sûr une formation organique, alors l'antinomie brutale cesse tout à coup, et tous ceux qui réfléchissent conçoivent pour la science la possibilité encore lointaine de ramener la formation de tous les deux à une même loi de la nature. Dans le saut apparent de l'inorganique à l'organique, l'observation attentive nous révèlera, au lieu d'une distinction spécifique, des différences graduelles [1]. »

4. — Le nœud du problème que nous agitons et sa solution véritable consisteraient à montrer comment une transition a pu s'effectuer entre les deux séries d'êtres, bruts et organisés. Faute d'indices suffisants à cet égard, l'origine de la vie sur le globe a paru longtemps si mystérieuse que, pour l'expliquer, on recourait au miracle d'une création divine. Mais, grâce à un ensemble de données, la science laisse entrevoir maintenant le processus vraisemblable d'une genèse naturelle, seule capable de satisfaire la raison. Si infranchissable que paraisse l'hiatus entre les deux mondes de l'inorganisation et de la vie, il n'est plus impossible de concevoir comment le passage de l'un à l'autre a pu se faire, sans recourir à d'autres causes qu'à des résultantes de forces connues. Puisque la vie n'a pas toujours existé à la surface du globe, mais y a fait son apparition durant une phase de l'évolution cosmique, au sein d'un monde jusqu'alors

---

1. Schleiden, *la Botanique comme science inductive*, t. 1, p. 21.

inorganique, elle a dû forcément naître de lui, comme l'effet normal de conditions propices à son éclosion. Loin d'être un commencement absolu, elle représente la continuation d'un développement antérieur, et préexistait en puissance dans la matière brute, mais ne pouvait se produire en acte que par un concours de circonstances tardivement réunies. Dès l'origine des choses, la nature semblait aspirer à un idéal de vie, travaillait de loin à la préparer et l'a enfin réalisée par voie de complication graduelle.

Au terme d'une longue phase d'incandescence initiale, après le brassement des matériaux superficiels de la planète et l'achèvement à peu près complet de la création minérale, la Terre, peu à peu refroidie, atteignit un stade de son évolution où la vie, auparavant impossible, put réussir à se produire. Dans les eaux attiédies du globe, où se trouvaient diluées toutes les substances solubles, la plupart douées d'affinités très actives, et qui provenaient de la liniviation des strates superficielles, des combinaisons complexes durent se former, d'où put provenir, sous des influences déterminées de chaleur, de pression, d'électricité... le composé de carbone, d'azote, d'oxygène et d'hydrogène qui constitue le protoplasme, base physique de la vie. Par lui s'est opéré le passage de la matière brute à la matière vivante, et sa production peut seule être qualifiée de génération spontanée, car si la cause efficiente était d'ordre purement chimique, elle contenait à l'état virtuel tous les phénomènes de la vie. Cette substance protéique, non encore organisée, mais déjà vivante puisqu'elle était le siège de mutations continues et donnait son premier branle au tourbillon vital, impliquait, par des actions d'osmose, l'entrée et la sortie d'éléments divers, des analyses, des synthèses et des réductions variées, caractère essentiel de la vie. Avec ce principe de vitalité, elle possédait un pouvoir d'amorce qui lui permettait de s'accroître en déterminant autour d'elle un effet comparable à celui de « l'onde explosive ». Ce pouvoir d'entraîner, sans s'affaiblir, la matière brute dans le cycle de l'activité vitale, assurait sa durée et la douait d'une sorte d'immortalité. La même impulsion initiale que la matière organique reçut alors en vertu de sa condition chimique, se transmet sans interruption par le protoplasme des cellules; mais c'est surtout dans les cellules génératrices qu'elle conserve son maximum d'intensité, et telle est la cause première de la propagation indéfinie des êtres vivants.

Dans le principe, le protoplasme, homogène et amorphe, n'était qu'un composé vivant, c'est-à-dire capable de renouveler sa substance en maintenant son état de composition, mais réduit à la persistance d'un phénomène chimique qui dure. Cet amas informe de matière fut, pour les organismes élémentaires prêts à naître de lui par ce qu'on a pu appeler une « cristallisation cellulaire », l'équivalent du magma où se forment les cristaux. La masse, d'abord continue, du protoplasme originel, devait être amenée à se diviser en particules distinctes, à raison des facilités plus grandes qu'elles avaient pour opérer des échanges avec le milieu. Le rythme vital a nécessairement, comme le rythme vibratoire, une limite d'ampleur et tend à s'arrêter quand il l'atteint. Ces parcelles détachées de protoplasme, analogue sans doute aux *Monères* d'Haeckel, simples fragments de substance encore indifférenciée, se modifièrent ensuite et devinrent des ébauches de cellules, centres indépendants d'action où, pour la première fois se réalisa, sous des formes définies, le phénomène de la vie individualisée. Le noyau de la cellule, centre de vitalité et de prolifération, put alors provenir de la condensation, dans un glomérule de protoplasme, des molécules internes les plus actives, unies par coalescence, tandis que l'enveloppe se formait, par exsudation externe des molécules superficielles. La genèse du protoplasme et des éléments cellulaires s'accomplirent sans doute sous des influences complexes, malaisées à fixer en théorie, et plus encore à reproduire par expérience, tant elles exigeraient de concours d'action, de délicatesse, de précision et peut-être de durée. Les conditions du milieu et les forces intercurrentes s'étant ensuite modifiées, l'organisation très simple mais très variable des premiers êtres vivants fut contrainte de s'y adapter peu à peu en se compliquant toujours davantage. De nouveaux éléments, la potasse, la soude, le phosphore, la chaux, le fer... vinrent s'adjoindre à la composition quaternaire du protoplasme, appelés à s'y mêler par les exigences croissantes de l'activité vitale. Mais, à mesure que les organismes naissants revêtirent des formes distinctes, appropriées à des fonctions spéciales, des modes de reproduction devinrent indispensables pour perpétuer les types d'espèce, et l'autogenèse du protoplasme, qui s'était réalisée un moment, se trouvant désormais arrêtée par un insurmontable obstacle, la vie ne put plus durer que par transmission héréditaire.

Premiers-nés de la création organique, les protistes sont restés les témoins persistants de cette genèse, et servent encore, comme au début, d'intermédiaires entre les corps bruts et les corps vivants. Ils se rapprochent des premiers par l'homogénéité de leur substance et par l'absence de tissus modifiés, tandis qu'ils se confondent avec les seconds par la rénovation de leurs éléments et par une continuelle activité. A raison de la double aptitude, que seuls ils possèdent, d'organiser la matière brute et de réduire la matière organisée quand elle a cessé de vivre, ils constituent le lien nécessaire qui unit l'une à l'autre les deux grandes séries d'êtres. Par eux s'est effectuée encore sous nos yeux la transition de l'inorganique à l'organique.

5. — En même temps que la vie et de concert avec elle, puisqu'il n'est pas possible de l'en séparer, l'activité psychique s'est manifestée dans le monde et s'est développée parallèlement avec l'organisation. Bien que le passage de l'insensibilité et de l'inertie des corps bruts à la sensibilité et à la motricité des êtres vivants paraisse plus inexplicable encore que celui de l'inorganique à la vie, il a dû s'accomplir sous l'influence des mêmes causes, par une transformation plus profonde d'effets antérieurs. Notre impuissance à comprendre la production *ex abrupto* de phénomènes psychiques chez les êtres animés disparaît lorsqu'au lieu de supposer leur disparité complète avec les corps bruts, on n'admet entre eux que des différences de degrés. Pour que le psychisme ait pu se produire dans la création vivante, il fallait que le monde inorganique, d'où elle provient, contînt un principe virtuel d'animation. La vie et la sensibilité ne commencent pas seulement là où leur intensité nous permet de les saisir; elles sont partout à des degrés inégaux, et, lorsqu'elles nous semblent absentes, nous devrions nous borner à les dire inaperçues, faute de moyens suffisants d'observation. Comme on ne peut refuser aux corps bruts une sorte de vie latente, on doit leur reconnaître une sorte d'animation mystérieuse dont témoigne leur activité mécanique et physique.

Si, avec Aristote, on tient que « la vie c'est le mouvement », la constitution des corps bruts autorise bien des conjectures. Leur inertie, leur immobilité apparentes nous trompent; en eux, tout s'agite sans relâche. Si nous pouvions percevoir, dans le champ amplifié du microscope, les molécules physiques, nous les verrions, ébranlées par les causes d'action qui les sollicitent sans cesse, s'élancer, vibrer, tourbillonner, se choquer, rebondir..., le tout avec des vitesses vertigineuses. De même, les atomes des molécules, cédant à leurs affinités respectives, c'est-à-dire à des concordances ou à des discordances de mouvements, s'agrègent et se désagrègent tour à tour, suivant des lois de pondération et d'équilibre. L'architecture même des cristaux n'a pas la fixité qu'on pourrait croire et leurs mobiles éléments sont dans une continuelle agitation. Rien n'en apparaît au dehors, que de minimes changements de volume ou de propriétés; mais l'observateur en situation de voir leurs moindres particules régler leurs distances, harmoniser leurs rapports et résister aux influences perturbatrices, les jugerait animés d'une vie intense, que dissimule la permanence d'aspect de l'ensemble.

Ainsi formés par des assemblages très actifs d'atomes et de molécules, les corps que nous appelons bruts n'ont-ils à aucun degré le sentiment de l'existence, l'équivalent de la *cinesthésie* des êtres vivants? Ne sont-ils avertis par rien de ce qui se passe en eux, du travail que leurs éléments accomplissent, de la solidarité qui les enchaîne, des résultantes qui, d'un aussi grand nombre de parties, font un seul tout? La substance qui se modifie, le cristal qui se construit ou se brise [1], le solide qui résiste ou cède à des pressions, résonne sous le choc, se contracte ou se

1. « Si des organes et des sens plus développés, plus subtils, nous permettaient d'observer le groupement et la régularité des mouvements qu'exécutent les molécules d'un cristal lorsque ce dernier est profon-

dilate par l'effet de la chaleur, qui réfracte ou réfléchit la lumière, que traversent des courants électriques, l'atome de matière pesante que meut la gravité, l'éther même qu'anime une indéfectible puissance d'expansion ou de vibration, ne se sentent-ils pas être, n'ont-ils pas, dans leurs tendances, dans leurs efforts continus, comme un germe de désir? Des philosophes anciens voyaient dans les attractions et les répulsions de la matière brute la forme initiale des sympathies et des antipathies qu'éprouvent les êtres vivants. Empédocle regardait l'*Amitié* (Φιλία) qui unit, et la *Haine* (Νεῖκος) qui sépare, comme le double principe de l'activité des choses. Pour l'école védanta, ce premier moteur était le Désir. Schopenhauer a rajeuni ces vieux systèmes en identifiant la force et la volonté.

La nature inorganique est pleine d'énergies latentes et de pressentiments obscurs, rudiments des facultés dont nous attribuons le privilège aux êtres vivants. Lorsque Claude Bernard définit la sensibilité : « L'aptitude à répondre par des modifications diverses à la provocation des stimulants[1] »; cette formule est applicable aux corps bruts non moins qu'aux organismes animés, car ils sont également sensibles aux stimulations et capables de réagir. Les minéraux ont une disposition manifeste à répondre aux causes d'excitations (contacts, chocs, pressions, actions thermiques, lumineuses, électriques, chimiques) par des phénomènes durables ou temporaires (dilatation, compression, élasticité, vibration, sonorité,

---

dément blessé en quelque endroit, nous trouverions sans doute que nous décidons bien à la légère et faisons une pure hypothèse quand nous affirmons que les mouvements produits dans ce cristal ne sont absolument accompagnés d'aucune sensibilité sourde. » (Zoelner, *des Comètes.*)

1. *La Sensibilité dans le règne animal et dans le règne végétal.*

états physiques, propriétés thermiques, optiques, etc.). Il y a donc provocation d'une part, réaction de l'autre, production de mouvements susceptibles de varier en amplitude, vitesse et direction, modification plus ou moins profonde de la manière d'être. Loin d'être sensible et inerte, la matière sent et agit à sa façon, est en continuel effort pour s'adapter aux conditions du milieu. L'activité des corps bruts, qu'on croit purement mécanique ne serait donc pas inconciliable avec quelque mode élémentaire d'actions psychiques. Si sentir c'est percevoir un changement, la sensibilité de la matière est universelle, puisqu'elle change partout et toujours de place, de forme ou d'état, et les corps bruts doivent ressentir les mutations qui s'opèrent autour d'eux et en eux, puisque leur activité consiste à s'y accommoder spontanément. Quand on les dit insensibles, cela signifie simplement qu'ils ne sont pas sensibles de la même manière ou dans la même mesure que nous. Mais des effets analogues, aussi atténués qu'on le voudra, pourraient se produire en eux sans être appréciables pour nous. « La condition des anorganismes marque la limite où, faute de moyens d'investigation, l'étude des phénomènes psychiques se trouve arrêtée. Toutefois, cette limite est en nous, non dans la nature des choses, et, pour des esprits moins bornés, le monde minéral ferait sans doute à des modes convenables d'interrogation des réponses qui différeraient seulement en degré de celles que font les organismes animés »[1]. — « En définitive, dit de même M. Sabatier, la matière brute a, comme la matière vivante, une sensibilité, mais dont les manifestations plus simples, plus directes, plus élémentaires, tiennent précisément à ce

____

[1]. Tyndall, *le Matérialisme et la science*, v. *Revue scientifique*, 6 novembre 1875.

que, dans le minéral, l'activité vitale est sourde et rudimentaire. Il y a donc différence de degré, et, si l'on veut de modalité, tenant à l'instrumentation, non à l'essence des phénomènes »[1].

Il n'est guère possible de concevoir une sensibilité sans perception et sans conscience, conséquemment sans animation. Nombre de personnes ont cru que l'esprit doit être partout répandu, jusque dans les éléments ultimes de la matière. Au rapport de Plutarque, « Démocrite tenait que toutes choses sont participantes de quelque sorte d'âme »[2], et saint Augustin ajoute : « Démocrite croit que dans le concours des atomes est une certaine vertu vitale et spirituelle »[3]. Il ne répugne en effet pas plus à la raison de supposer les atomes animés que de les présumer incréés, indestructibles ou toujours en mouvement. L'hypothèse s'impose même ici comme l'unique moyen d'expliquer, sans recourir au miracle, le psychisme des êtres vivants, car on ne concevrait pas, dans un agrégat, l'apparition soudaine de propriétés qui ne préexisteraient pas, du moins en puissance, dans ses éléments. « Si chaque atome, disait Plutarque aux matérialistes de son temps, est destitué d'âme et de faculté sensitive, on voit manifestement qu'aucun assemblage d'atomes ne peut devenir un être animé et sensible[4]. » Et Bayle remarque : « Mais si chaque atome avait une âme et du sentiment, on comprendrait que des assemblages d'atomes pourraient être un composé suceptible de certaines modifications particulières, tant à l'égard des sensations et des connaissances que du mouvement »[5]. Gassendi et Leibniz

<hr>

1. *Essai sur la vie et la mort*, p. 21.
2. *De placitis philosophorum*, IV, 4.
3. *Lettre CXVIII à Dioscore.*
4. *Adversus Coloten.*
5. *Dictionnaire historique*, art. LEUCIPPE

ont partagé cette manière de voir. Maupertuis refuse expressément d'admettre que des effets intelligents puissent sortir de causes aveugles : « Pour renverser un tel système, il suffit de demander à ceux qui le soutiennent comment il serait possible que des atomes sans intelligence produisissent une intelligence. Croient-ils que l'intelligence se tire du néant elle-même? Car elle naîtrait du néant si, sans qu'il y eût aucun être qui contînt rien de sa nature, elle se trouvait tout à coup dans l'univers. »[1] Il faut donc présumer, dans les corps bruts, avec une vie latente, une sensibilité sourde, une conscience obscure, des indices d'appétition. On doit leur attribuer, non pas sans doute la conscience, la pensée et la volonté, telles que nous les connaissons en nous, mais des modes rudimentaires d'action psychique d'où, par action graduelle et transformation successive d'effets, la conscience, la pensée et la volonté ont pu provenir. Il ne serait pas plus surprenant que le psychisme d'un infusoire ait pu se dégager par évolution de la matière brute, que de voir la raison humaine, dans ce qu'elle a de plus génial, sortir peu à peu d'un ovule où rien ne la ferait pressentir.

Il devient alors possible de concevoir que ce qui vit, pense et veut fortement, ait pu naître de ce qui vit, pense et veut faiblement. Nos facultés les plus hautes sont l'émanation, la synthèse des aptitudes confuses du monde inférieur, l'expression condensée du principe d'animation épars dans l'universalité des choses. Un même fond de spiritualité, imperceptible dans les éléments, indistincte dans le minéral, endormie dans la plante, éveillée dans l'animal, réfléchie dans l'homme, anime à divers degrés

1. *Système de la nature.*

tous les êtres et les excite à l'action. Haeckel tient qu'il y a « une série unique dans la nature, allant du minéral le plus amorphe au cristal, et de celui-ci à l'être vivant inférieur, pour aboutir au *summum*, à l'individualité psychique, à l'homme »[1]. On aurait seulement à distinguer dans le cours de cette évolution générale, deux phases, l'une de préparation obscure, l'autre de manifestations brillantes. Ce qui, dans la première, paraît n'être que mécanisme, action physique ou chimique, devient, dans la seconde, organicisme, vie, sentiment, conscience, pensée, volonté. Mais à raison de cette continuité de développement, les deux séries n'en forment qu'une, et le passage de l'une à l'autre s'est effectué par degrés, sans interruption et sans miracle. Au lieu de différer par essence, d'être exclusifs l'un de l'autre, comme Descartes a eu le tort si grave de l'affirmer, le mécanisme et le psychisme sont corrélatifs, consubstantiels et inséparables. Le mécanisme, c'est le psychisme à l'état élémentaire, en préparation; le psychisme, c'est le mécanisme sous une forme complexe et transfiguré. Ils représentent deux stades du dynamisme universel.

6. — L'unité des deux empires inorganique et organique ressort de l'état actuel du monde, car la vie et ses fonctions y sont entretenues par le concours des mêmes forces qui les ont jadis amenées à se produire. D'étroits rapports d'interdépendance rendent toujours les corps vivants solidaires des corps bruts et font de ces deux groupes, associés par une loi de symbiose, un indivisible tout. Échafaudée sur la création minérale, la création organique trouve en elle un support, un milieu, ses matériaux de structure, le sol où croissent les plantes, l'eau

<hr>

1. Résumé de Kunster, *Revue scientifique*, janvier 1887.

qui imbibe tous les organismes, l'air si nécessaire à l'activité de la vie, les forces qu'elle met en œuvre, en un mot toutes ses ressources, tous ses moyens de développement. Le monde vivant relève du monde inorganique, sort de lui, fonctionne par lui et retourne à lui. Sans son assistance, aucun organisme ne pourrait se produire ni aucun psychisme se manifester.

L'homme lui-même, qui domine de si haut cette création imparfaite lui doit, outre la possibilité d'exister, d'inappréciables facilités de développement et de civilisation. Notre intelligente activité en tire d'immenses secours, faute desquels les progrès de tout genre auraient été bien vite arrêtés. Nous utilisons, par quantités croissantes, les forces motrices qui étendent démesurément notre pouvoir d'action (cours d'eau, vents, vapeur, explosifs...); la chaleur, la lumière, l'électricité, le magnétisme, l'affinité, dont les applications sont infinies; la fertilité des terres arables pour nos cultures, les propriétés diverses des métaux, celles des métalloïdes, plus variées encore, la solidité des matières pierreuses, la plasticité des argiles, la combustibilité des carbonides, d'innombrables éléments de richesse qui se prêtent à tous les besoins, et l'on s'effraie de penser à quel degré de misère notre dénuement serait resté si ces trésors nous avaient manqué. Active surtout dans l'âge industriel, récemment inauguré, l'exploitation du monde minéral, qui a suivi de si loin la conquête du monde végétal, opérée durant la phase agricole, et celle du monde animal, qui date du cycle pastoral, promet de devenir, dans un avenir prochain, la plus étendue et la plus féconde. Nos progrès psychiques eux-mêmes dépendaient en partie des ressources que la création inorganique nous offre pour exercer les facultés de la raison. Elle fournit à nos arts des moyens de réaliser la beauté, des matériaux de construction à l'architecture, le marbre et le bronze à la sculpture, des sonorités à la musique. Notre vanité même lui emprunte la matière des bijoux et les gemmes dont elle aime à se parer. La science trouve dans le monde des corps bruts de vastes sujets d'étude et de précieux moyens de recherche, la volonté un champ d'action où son énergie se déploie...

Il n'y a donc pas lieu d'opposer, comme on fait souvent, la civilisation à la nature, le monde des êtres pensants à celui des êtres qui ne pensent pas. La civilisation est d'ordre naturel plus encore que d'ordre humain. En nous s'épanouit une fleur brillante de psychisme dont les racines plongent dans l'inorganique et y puisent la sève qui nous vivifie. Cette raison dont nous sommes si fiers, se borne à refléter les raisons cachées des choses, à traduire en idées lucides leur mentalité obscure. — En retour, l'humanité réagit sur le monde minéral, et, par le prodigieux travail de nos industries, s'établit une concordance toujours plus intime entre sa propre vie et la condition d'existence des corps bruts. Les transformations que nous faisons subir à la matière l'entraînent, malgré son inertie, dans une carrière d'activité croissante, où son évolution s'achève avec une fécondité d'effets qui la rend participante de nos progrès.

Ainsi, pour un esprit vraiment généralisateur, les deux empires de l'inorganisation et de la vie doivent être conçus comme formant un ensemble unique où tout se correspond, s'adapte et concorde. Entre ces deux séries d'êtres liés par tant de rapports, il n'y a pas opposition de nature, pas même de frontière ou de lacune, et la courbe d'une évolution suivie se prolonge sans se briser de l'une à l'autre. Le monde de la vie intense continue le monde de la vie à peine ébauchée et indiscernable. Il en est la résultante normale, l'aboutissant nécessaire. D'une part, en effet, la nature brute constitue le fonds d'où provient la nature vivante, elle la contient en puissance, la conditionne et l'explique; de l'autre, la vie, née du monde inorganique, s'approprie nos éléments, donne à nos forces une direction spéciale, et arrive à produire par complication et transformation d'effets, les phénomènes supérieurs de sensibilité, d'intelligence et de volonté! Tout se tient dans l'activité générale de la nature, et ses manifestations diverses, que nous séparons par un artifice d'analyse, doivent être reconstituées par la synthèse dans leur réelle unité.

§ II. — Symbiose cosmique, la terre.

1. — Considéré dans son ensemble, où se confondent tous les êtres que nous avons jusqu'ici examinés par séries, le globe terrestre forme un tout dont, à raison même de son isolement dans l'espace, l'unité s'impose à la pensée. Plusieurs sciences l'étudient sous des aspects particuliers, l'astronomie comme une masse cosmique soumise aux lois de la gravitation, la physique et la chimie comme une sorte de laboratoire où s'exercent les actions physico-chimiques, les sciences naturelles comme le milieu où se produisent les créations minérales et organiques, enfin l'histoire comme le théâtre où se déploie l'activité de l'espèce humaine. Mais, pour connaître la terre dans son unité grandiose, il faut rapprocher ces données diverses et en effectuer la synthèse. On verrait alors que cet immense agrégat, dont toutes les parties sont adaptées les unes aux autres et coordonnent leurs fonctions, réalise une existence

unitaire, splendide spécimen de symbiose comisque. L'astre constitué par l'assemblage des deux mondes de l'inorganisation et de la vie représente un être *sui generis*, qu'on doit regarder comme organisé et vivant, car il a sa structure définie, sa physiologie, son embryogénie, son évolution, même sa psychologie, et offre ainsi tous les caractères d'une puissante individualité. Indiquons à grands traits ce que la science révèle ou permet de pressentir à ce sujet.

2. — Le plan et pour ainsi dire l'anatomie de l'organisme terrestre se laissent aisément discerner quand on examine la nature et la disposition des matériaux dont sa masse se compose. Quoique la plus grande partie du globe soit inaccessible à nos recherches, puisque, sur un diamètre total de 12,734 kilomètres, on est à peine parvenu à en pénétrer une vingtaine[1], soit 1/300e du rayon de la planète, la science peut conjecturer par induction la nature du milieu intérieur, caché à ses investigations. On admet que, jusque vers 15 ou 16 kilomètres au-dessous du niveau de la mer, la composition de la croûte terrestre ne diffère pas beaucoup de celle qu'on observe à la surface. Comme cette couche, de nature granitique, a une densité moyenne inférieure de moitié à celle du globe entier, qui est égale à cinq fois et demi (5,44) la densité de l'eau prise pour unité, on est autorisé à croire que, vers le centre, elle s'élèverait à 11 en moyenne, et, dans les couches intermédiaires, à 7 ou 8, densité sensiblement égale à celle du fer. La masse interne du globe se composerait ainsi de métaux analogues à ceux que nous connaissons et qui sont accidentellement venus

---

1. 18 kilomètres en hauteur, limite atteinte par les ballons sondes dans l'atmosphère, et 2 seulement en profondeur (sondage de Parmchowitz en Sibérie, 2,004m. 34).

affleurer à la superficie. Tandis que ces matériaux pesants et inertes, les plus réfractaires à l'action chimique et aux élaborations de la vie, forment la part principale de la masse du globe et assurent la stabilité de son équilibre, les strates supérieures, d'une composition complexe et variable, offrent un milieu propice aux créations de la vie.

Au-dessus d'un revêtement de *terre* qui, le plus apparent pour nous, a fait attribuer à l'astre le nom que nous lui donnons, si impropre qu'il soit relativement à l'ensemble, s'étend, sur les trois quarts de la périphérie du globe, la masse des eaux, évaluée à 1/50 000ᵉ de sa masse totale. Cet élément, liquide à la température actuelle, contraste par sa mobilité moléculaire avec la condition des strates minérales, fixées à l'état solide par la cohésion. Il est en outre susceptible de changer d'état physique entre des limites peu distantes de température, de se répandre en vapeurs et de retomber en pluies. Circulant alors sur les pentes, il lave, dissout, déplace et remanie sans relâche les matériaux superficiels.

Enfin, un océan aérien, léger, diaphane, élastique et constamment agité, le plus apte, avec l'élément aquatique, à servir aux manifestations de la vie, entoure le globe de son expansion uniforme. Cette masse gazeuse, presque entièrement composée des éléments les plus nécessaires aux êtres vivants, l'azote, l'oxygène, l'acide carbonique et la vapeur d'eau, s'élève, en se raréfiant de plus en plus, jusqu'à une hauteur encore indéterminée, mais que l'observation des météores fait présumer supérieure à 2 ou 300 kilomètres. Il est vraisemblable qu'à sa limite extrême elle est arrêtée, comme la mer, par une surface persistante de niveau.

La nature et l'ordre de superposition de ces différentes

parties font ainsi se succéder, du centre à la circonférence du globe, des matières compactes, solides, liquides et gazeuses, dont la densité va décroissant, ce qui garantit la permanence statique du système, sans exclure des mutations de détail. Une disposition pareille, où chaque couche sert de support à la suivante, doit faire considérer la terre comme un organisme qui, sans doute, ne ressemble guère au nôtre, et auquel il ne faut chercher d'analogue que parmi les astres. On serait dupe d'une illusion naïve si, à l'exemple de Léonard de Vinci[1] et de Kepler, on se représentait la planète comme une sorte de gros animal dont les pierres et les rochers seraient l'ossature, la terre la chair, les cours d'eau le sang, les forêts le plumage, les vents le souffle, le feu la chaleur vitale, être énorme et timide qui tombe en effroi à l'approche d'une comète... Entre des organismes aussi disparates, la recherche de vaines similitudes ne peut conduire qu'à de flagrantes erreurs. Le seul trait de ressemblance, mais il suffit pour justifier l'application du mot organisme à un astre, c'est le fait d'une coordination de parties concourant à former un tout d'une parfaite unité.

3. — Cette unité ressort mieux encore du consensus des fonctions dont s'acquitte le globe terrestre et qui doivent le faire considérer comme un être vivant. Une telle qualification, donnée à l'activité de la planète, pourra paraître arbitraire, à raison du sens spécial que l'usage assigne au terme de *vie*. Mais, ce qui constitue le phénomène vital, ce n'est pas seulement le fait, pour un organisme, de régénérer sa substance ; c'est surtout le pouvoir d'établir un accord harmonieux entre des fonctions complexes, d'obtenir ainsi une résultante d'ensemble, d'évoluer

1. L. de Vinci, *Frammenti litterari e filosofici*, trascelti dal D' E. Solmi p. 142, 3.

avec ordre, de se modifier d'âge en âge et d'accumuler
en soi les effets de son activité passée. Or, si l'on considère
l'étendue, la diversité, la liaison et la suite des phénomènes dont la terre est le sujet, on est forcé de reconnaître
qu'aucune expression ne convient mieux que celle de vie
pour en formuler la synthèse. La vie du globe, originale
et grandiose, ne consiste plus, comme celle des êtres
vivants, simples parcelles d'un tout, à organiser avec lui
certaines relations, mais à opérer, dans ce tout même,
des redistributions de matière et des coordinations d'effets,
pendant les phases de durée qui mesurent l'existence
d'un monde. « La vie de notre planète peut, sous bien
des rapports, être comparée à la vie de l'organisme
vivant, avec ses nombreuses fonctions et individualités...
Notre système est animé d'un mouvement perpétuel...
Comme dans l'organisme vivant, il y a mutation constante
de forces vitales, ainsi dans l'organisme de notre planète,
nous voyons l'échange ininterrompu de l'énergie opéré
par les courants mécaniques, calorifiques et électriques[1] ».
Toutes les forces qui s'exercent dans son sein ou à sa
surface, sont sans cesse en action et en réaction. Leurs
principaux effets résultent, d'une part, de la chaleur
interne et de la contraction, due au refroidissement
graduel de la masse, qui occasionne des plis en relief ou
en creux, — de l'autre, de l'agitation des milieux superficiels qui désagrège, use, transporte les matériaux solides
de la surface et en sculpte pour ainsi dire le modelé[2].

La terre vit par chacun de ses organes dont aucun ne
reste inactif. En elle, tout change et se renouvelle.
« C'est là, comme dit Bossuet, la loi du pays que nous

<hr>

1. A. Klossovsky, *la Vie physique de notre planète*, dans *Revue scientif.*
2, 30 septembre 1899.
2. De Lapparent, *Notions générales sur l'écorce terrestre*.

habitons ». La mutation continue et graduée, qui caractérise la vie, est partout à la superficie du globe ainsi que dans ses profondeurs, mais s'accomplit parfois avec une lenteur si grande que nos générations éphémères ont peine à la surprendre et à la suivre. La masse interne de la planète conserve un reste de son incandescence initiale, ce dont témoignent les sondages profonds, les sources thermales et les volcans. L'accroissement assez régulier de la température dans les couches superficielles fait conjecturer qu'à 12 ou 15 kilomètres de profondeur on trouverait la chaleur rouge, et, vers 50, celle des métaux en fusion. Des géologues admettent que la strate pierreuse qui nous supporte n'est qu'une mince pellicule, dont l'épaisseur mesure environ 1/125ᵉ du rayon terrestre, et qui flotte sur un océan métallique maintenu à plusieurs milliers de degrés. Les volcans, dont plus de 400 sont en activité de nos jours et dont on compterait un bien plus grand nombre dans le passé, attestent, comme les tremblements de terre dont les appareils sismiques révèlent la fréquence, l'énergie des forces cosmiques toujours en travail au dedans de la planète. Par suite du refroidissement, du retrait et du plissement ou de la rupture des couches superficielles, de vastes régions se soulèvent et s'affaissent tour à tour, tantôt émergeant au-dessus des eaux, tantôt recouvertes par elles. Malgré leur immutabilité apparente, les couches terrestres se modifient et doivent être tenues pour vivantes. Une circulation d'eau, qui offre de l'analogie avec les mouvements des fluides chez les êtres organisés, s'effectue dans l'épaisseur des strates minérales, y provoque des réactions chimiques, contribue à l'abaissement de leur température par les sources thermales, et entretient l'activité des volcans, à qui elle fournit la matière la plus abondante et peut-être la cause même de leurs éruptions. Il semble y avoir là, pour les terrains de la surface, l'équivalent d'une physiologie[1].

Plus manifeste encore est la condition de fonctionnement des milieux aquatique et aérien qui occupent la périphérie du globe, et dont la continuelle agitation contraste avec la stabilité relative des couches sousjacentes. Troublées par les moindres influences, la masse des eaux et celle de l'atmosphère sont toujours en mouvement, à la recherche d'un équilibre impossible. L'eau, dont toutes les molécules glissent les uns sur les autres, cède aux plus minimes pressions, se dilate par l'effet de la chaleur, change d'état physique, et, sous sa forme liquide, poursuit sans cesse un niveau idéal qu'elle est incapable d'atteindre ou de maintenir. L'océan est traversé par des courants qui tendent à régulariser ses inégalités de température, tandis que les eaux pluviales, produites par la condensation des vapeurs océaniques, s'écoulant en sources, ruisseaux, rivières et fleuves, entretiennent, par ce système de canaux, une irrigation fécondante à la surface aride des terres. Enfin l'air, plus mobile encore que l'eau, parce que ses molécules, au lieu d'adhérer l'une à l'autre, se repoussent élastiquement, ne reste en repos nulle part. Sous l'influence de la chaleur diurne, sa masse se dilate suivant le cours du soleil ; des courants ascendants ou descendants se produisent par places, d'autres courants plus réguliers déversent vers l'équateur, par les vents alizés, l'air froid des régions polaires ; et les vents variables ou locaux, liés à la translation de mouvements tourbillonnaires, sont comme une respiration de souffles intermittents.

4. — Lorsque l'esprit, guidé par les inductions de la

1. V. Stanislas Meunier, *Nos terrains*, et de Lapparent, *l'Écorce du globe*.

science, cherche à reconstituer la série des phases que la terre a traversées depuis son origine première jusqu'à l'époque où nous sommes, il voit se dérouler avec ordre l'évolution d'un monde pendant des périodes de durée où les jours de notre vie sont représentés par des myriades de siècles. D'abord simple fragment détaché d'une nébuleuse diffuse, puis globe énorme de gaz portés par condensation graduelle à une température croissante, ensuite astre incandescent, petit soleil brillant d'une lumière propre, l'astre qui devait être la terre s'est formé par le dépôt, autour de son centre de gravité, sorte d'ovule cosmique, de ses éléments les plus lourds, qu'y appelait l'action de la pesanteur. Les matériaux dont se compose la masse du globe ont ainsi passé de l'état gazeux, où leurs atomes étaient animés d'une force de répulsion, à l'état liquide, où les molécules, à la fois adhérentes et mobiles, se prêtent mieux aux interactions chimiques, enfin à l'état solide, où, fixées par la cohésion, elles peuvent s'agréger en formes durables. Les changements successifs ont eu pour cause la dispersion de la chaleur planétaire, par suite du rayonnement dans l'espace. Helmholtz n'a pas évalué à moins de 350 millions d'années le temps nécessaire pour que la température du globe ait pu s'abaisser de 2000 à 200 degrés. Pendant cette immense période où les éléments de la planète, brassés et rebrassés sans relâche, étaient, comme dans le creuset du fondeur, soumis à l'action des forces physico-chimiques, la création minérale s'effectua, réalisant la riche diversité des combinaisons possibles entre la centaine de corps simples qui entrent dans la constitution du globe.

Après la phase *plutonique*, durant laquelle s'accomplit la genèse des corps bruts, vint la phase *neptunienne*, où la superficie du globe fut remaniée par le dépôt comme

par le travail des eaux et préparée pour l'éclosion de la
vie. A partir d'un stade du refroidissement de la planète,
les vapeurs aqueuses, jusque là tenues en suspension
dans une épaisse atmosphère, purent se précipiter en
pluies diluviennes et former des nappes liquides sans se
revaporiser aussitôt à la surface d'un sol brûlant. Le
volume des eaux qui occupent actuellement les dépressions
terrestres est évalué à environ 1 500 000 000 de kilomètres cubes. Cette masse, répandue en vapeurs autour
du globe, ajouterait au poids de l'air une pression trois
cents fois supérieure à la sienne, et sous l'influence de
laquelle les premières eaux tombées pouvaient être
tenues en ébullition à une température voisine de celle
du plomb fondu. Alors commença, sur les couches minérales d'origine ignée, un double travail de lixiviation et
de stratification. Grâce à leur condition thermique, les
eaux purent activement concourir à l'élaboration chimique
des substances superficielles, les décomposer, les dissoudre
et faciliter une foule de combinaisons nouvelles. En même
temps, l'action mécanique des pluies, des courants et des
marées opérait le remaniement et le transport des matériaux de la surface, et formait ainsi les puissantes couches
de dépôts dont est recouverte la face presque entière du
globe. Tous ces terrains, dit *sédimentaires*, proviennent
des terrains primitifs, désagrégés et charriés par les eaux,
durant les quatre périodes, primaire ou de transition,
secondaire, tertiaire et quaternaire, que les géologues
subdivisent en époques, étages et sous-étages, au nombre
d'environ soixante-quinze. Comme l'épaisseur totale de
ces dépôts excède 54,000 mètres, le temps qu'a dû exiger
leur accumulation est nécessairement énorme[1].

1. Zittel, *Traité de paléontologie*, t. I, pp. 14, 19.

Enfin, l'atmosphère, dégagée des vapeurs aqueuses qu'elle contenait, se constitua par degrés avec la proportion d'éléments dont se compose notre océan aérien, où sont mélangés, en volume, environ 78 p. 100 d'azote, 20 d'oxygène, 2 de gaz inertes signalés depuis peu (argon, crypton, métargon, néon, scénon, éthérion...), et, en poids de 1 à 32 grammes de vapeur d'eau par mètre cube d'air, 3/10000ᵉˢ d'acide carbonique, quelques milligrammes d'ozone par 100 000 litres d'air, enfin des traces d'ammoniaque, d'oxyde de carbone, d'hydrogène sulfureuse, d'acide azotique, d'iode... Une composition aussi complexe indique que notre atmosphère est le résidu des gaz les plus réfractaires aux combinaisons ou qui n'y ont pas trouvé leur emploi. Le rapport de ces éléments a dû beaucoup varier dans le cours des âges. Ainsi l'oxygène occupait sans doute au début un très grand volume qu'il a perdu en se fixant, car il entre pour près de moitié dans la composition des roches d'origine ignée, et la croûte terrestre en contient plusieurs milliers de fois plus que notre atmosphère actuelle. Les 20 p. 100 de gaz libre qui rendent notre air respirable n'en représentent donc plus qu'une bien petite part. Avant que fût achevé le dépôt des eaux océaniques, les vapeurs répandues dans l'atmosphère en amas opaques de nuages, devaient la rendre presque impénétrable aux rayons du soleil. On présume même que la vie, née dans cette époque de ténèbres, mais qui n'a guère moins besoin de lumière que de chaleur, s'éclairait d'abord par luminescence, comme font encore les protophytes et protozoaires de l'océan, ainsi qu'une foule d'organismes de la faune abyssale ou aérienne [1]. Une condition de demi obscurité

---

1. R. Dubois, *Leçons de physiologie générale et comparée*, 11ᵉ partie.

semble avoir persisté assez tard, car les survivants des
premières créations (mousses, fougères, mollusques,
insectes lucifuges...) ont conservé des habitudes ombreu-
ses... Enfin la plus grande partie de l'acide carbonique
contenu dans l'air s'est combinée avec le calcium sous
forme de carbonate ou enfouie à l'état de charbon fossile
dans les gisements houillers. Ainsi réduite comme volume,
poids et pression, épurée, devenue claire, transparente,
lumineuse et respirable, l'atmosphère s'est peu à peu
rapprochée du point de composition et de température la
plus favorable au développement de la création organique.

Le moment le plus solennel de l'évolution planétaire
fut celui où, dans un monde jusqu'alors inorganique et
dominé par la violence des agents physico-chimiques,
apparurent enfin l'organisation et la vie. Nous avons
essayé d'indiquer, dans les pages qui précèdent, comment
cette mystérieuse genèse, préparée par un concours de
circonstances propices, a pu naturellement s'accomplir.
Toutes les conditions requises se trouvant réunies, elle
dut s'effectuer sans miracle, comme la résultante normale de combinaisons entre quelques éléments tenus par
sélection en réserve à la surface du globe. Depuis l'époque
reculée où, dans le sein fécondé de la terre, un composé
de carbone, d'azote, d'oxygène et d'hydrogène donna, par
la production du protoplasme, naissance à un premier
germe de vie, le monde des êtres vivants, en qui semble
se concentrer depuis lors la puissance créatrice de la planète, s'est développé régulièrement. La masse homogène
et amorphe du protoplasme originel se répartit d'abord
en protistes unicellulaires, et ceux-ci constituèrent, en
s'agrégeant sous forme de colonies, des organismes polycellulaires, dans les deux séries divergentes végétale et

animale. Longtemps confinée dans les eaux, comme l'embryon que baignent les liquides amniotiques, la vie prit ensuite, par une seconde naissance, possession de l'atmosphère, et, dans ce milieu plus excitant, réalisa ses plus notables progrès. Aux plantes imparfaites de l'époque houillère, généralement cryptogames, ont succédé les phanérogames gymnospermes des époques jurassique et crétacée, puis les angiospermes mono- et dycotylédonés de la période tertiaire. De même la faune, toute aquatique au début, a rapidement évolué depuis que, s'ouvrant à l'époque secondaire l'accès du milieu aérien, elle y trouva les conditions d'une vie plus active. Après les embranchements inférieurs et les poissons des premiers âges, vinrent les batraciens amphibies, qui servirent d'intermédiaires pour effectuer la transition. Les reptiles ont suivi, puis les oiseaux et quelques mammifères dès l'époque du trias. Enfin, l'âge tertiaire vit se constituer une faune supérieure dont l'homme forme le glorieux couronnement. La vie est donc, dans son ensemble, une résultante de l'activité cosmique. La mise en ordre des matériaux de la planète, l'influence combinée du sol, de l'air et des eaux, l'accord des phénomènes dynamiques, physiques, chimiques et biogéniques, tout conspirait à son éclosion et devait concourir à son épanouissement.

A travers cette série de phases, cosmogonique, plutonienne, neptunienne, minérale et organogénique, le globe terrestre a évolué avec un ordre et une continuité qui frappent d'admiration. Pendant que se succédaient ces créations si diverses, la planète déroulait sans trouble et sans confusion son existence où chaque état antécédent prépare et conditionne le précédent. Sa fécondité créatrice n'a subi aucune interruption. La mythologie ancienne regardait la *Terre-Mère* (*Prithivi-Matar* des

Védas, la Δημήτηρ des Grecs) comme la génératrice universelle des choses. Tout ce qui est en elle dérive d'elle, se maintient par elle, n'est qu'une manifestation particulière de sa vie générale. « La terre fait les plantes, dit Buffon ; la terre et les plantes font les animaux ; la terre, les plantes et les animaux font l'homme. » Ce dernier, qui semble et croit tout dominer, dépend de tout. Sa civilisation, qu'il tient pour l'œuvre exclusive de son génie, est une résultante cosmique, une fonction de l'activité du globe. Tandis que, au point de vue de son égoïsme et de son orgueil, l'homme prétend établir sa prépotence tyrannique, il est pour la nature un agent subordonné, un contre-maître et non un maître. Notre vie, en effet, se développe sous des influences puissantes de milieu, de climat, de terrains, de ressources et d'accidents géographiques, toutes causes que la philosophie de l'histoire s'applique à mettre en lumière et qui déterminent la condition agricole, industrielle, commerciale, esthétique, politique et internationale des groupes humains. « La cause première de tous les phénomènes historiques et la cause unique du progrès, c'est la quadruple influence du climat, de la nourriture, du sol et des formes de la surface terrestre [1]. » Notre activité relève ainsi de la vie de la planète et se modèle sur ses différents aspects qu'elle traduit en faits dans l'histoire. Mais, d'autre part, l'humanité, travaillant à mettre plus d'ordre et de rationalité dans l'ensemble des choses dont elle usurpe par degrés la direction, l'entraîne avec elle dans une vie toujours plus active et plus féconde, corrige et achève des créations imparfaites, et tend à réaliser cette nature meilleure (*melior natura*) que célèbre Ovide dans son tableau des

---

1. Buckle, *Histoire de la civilisation en Angleterre*, chap. ii, fin.

âges du monde. Entre la nature et l'homme, il n'y a donc pas opposition d'intérêts, contradiction de fins, mais collaboration et accord en vue d'une suprême harmonie.

Toutefois la nature nous commande en souveraine sans se laisser jamais asservir, et, comme son passé a déterminé notre présent, notre avenir reste subordonné au sien. La vie, conçue et développée dans le sein de la planète, cessera d'être possible quand la terre vieillie, approchant du terme de son évolution, ne sera plus capable de maintenir les conditions nécessaires pour sa perpétuation. Perdant sans cesse sa chaleur propre et n'en recevant plus assez d'un soleil lui-même en voie d'extinction, notre globe déclinant verra les glaces polaires s'étendre peu à peu jusqu'à l'équateur, les dernières eaux s'infiltrer dans la profondeur des couches internes, l'atmosphère même se raréfier et disparaître, puis attendra, privé de vie comme l'est déjà son satellite lunaire, le moment où ce cadavre d'un monde autrefois si animé, se dissoudra dans l'espace...

5. — La coordination d'un aussi grand nombre d'effets, simultanés ou successifs, qui constitue l'évolution du globe terrestre, n'a-t-elle été qu'une longue suite d'accidents heureux, ou faut-il y voir la résultante d'une direction cherchée, la réalisation d'une idée impliquant l'ingérence d'un esprit caché? Il est difficile à la pensée, qui se reconnaît partout où elle trouve un pouvoir qui lui ressemble, d'hésiter entre ces deux explications. Lorsqu'on réfléchit à la concordance de tant de phénomènes qui se déterminent l'un l'autre et toujours dans le même sens, à la convergence d'actions si diverses concourant à la même fin, la nécessité logique d'admettre dans la vie de l'organisme planétaire une intelligence rectrice s'impose plus impérieusement encore que pour la formation et le fonc-

tionnement d'un organisme individuel, à raison de la multiplicité des causes intercurrentes et de la variété des effets produits. Pour établir, dans le monde que nous connaissons, en place d'une confusion chaotique entre des éléments sans concert, l'ordre constaté par nos sciences, il fallait même une intelligence d'autant plus compréhensive que l'œuvre était plus complexe, et assez sûre d'elle-même pour ne pas laisser, dans une telle profusion de détails, prédominer l'accident et le hasard. Tout, dans l'ample sein de la nature, tend à l'harmonie de l'ensemble, aspire à l'unité, et c'est là un indice manifeste d'une puissance psychique qui la coordonne et la règle. Ce que l'activité du globe révèle d'ordre et de rationalité suppose une mentalité secrète qui ne se laisse surprendre que par ses effets. Notre raison trouve en elle le pressentiment de quelque chose de religieux, comme une intuition du divin, sans qu'il faille pour cela imaginer un dessein arrêté *a priori* puis exécuté *a posteriori* par un démiurge surnaturel. L'intelligence ordonnatrice des choses devait être dans les choses mêmes et organiser le monde comme la vie organise un être animé, sauf qu'elle le faisait avec infiniment plus de puissance et de grandeur.

Ici, bien des questions se posent qu'on a peine à aborder. La Terre, considérée comme un organisme vivant, est-elle animée au même titre que nous? A-t-elle une personnalité réelle? Y-a-t-il une âme du monde, comme le croyaient les anciens? Si tous les êtres dont se compose ce grand être, les sociétés humaines, l'humanité, le règne animal, l'empire des êtres vivants et celui même des corps bruts, jusqu'à leurs moindres éléments, sont, à des degrés divers, doués d'un principe d'animation qui les dirige, ne pourrait-on pas admettre, par analogie qu'une sorte d'âme cosmique résulte de leur assemblage, et que l'accord de tous ces esprits, coordonnés et unifiés en un seul esprit, s'y résout en une conscience supérieure, comme, dans le moi conscient se confond une multitude de consciences élémentaires? Notre orgueil et notre ignorance nous portent volontiers à croire que nous avons le privilège des hautes manifestations de la pensée, que nous représentons le cerveau de la planète et que, sans nous, le monde ne se sentirait et ne se saurait pas vivre. Cependant, dès son origine, le globe terrestre devait contenir du psychisme en puissance, puisqu'il l'a réalisé en acte. Si, avec l'organisation et la vie, la sensibilité, l'instinct, l'intelligence des animaux, la raison même de l'homme ont pu successivement apparaître et se développer dans le monde comme une résultante normale de son évolution, ne fallait-il pas qu'il portât en lui les aptitudes requises, et ne serait-il pas irrationnel que la Terre « cette vallée où se fabriquent les âmes » (Keats), fût elle-même sans âme, et ait pu produire du pschysme si elle en était dépourvue, c'est-à-dire donner ce qu'elle ne possédait pas?

On ne peut sans doute répondre que par conjectures à de pareilles questions, mais il est bien difficile de les trancher par la négative, et, si une affirmation semble téméraire, on doit juger avec Hamlet qu' « il y a plus de choses dans le ciel et sur la terre que notre philosophie n'en peut rêver »[1]. La clairvoyance des poètes a, en effet, devancé sur ce point celle des savants. Tous ceux qui ont un vif sentiment de la nature ont admis une âme éparse dans l'universalité des choses, mystérieux

---

1.   There are more things in heaven and earth
Than are dreamt of in your philosophy.

(*Hamlet* I, 5.)

esprit de même essence que le nôtre et vers lequel tendent toutes nos aspirations. « Montagnes, flots, et cieux s'écrie Byron, ne sont-ils pas une partie de moi-même et de mon esprit, et moi une partie d'eux? » De même Shelley : « L'effort plastique de l'âme unique s'étend à travers le monde inerte et lourd, poussant les générations aux formes qu'elles revêtent, torturant la matière qui résiste et fait obstacle à son essor, faisant explosion et se déployant en beauté et en puissance, dans les arbres et dans les bêtes, comme dans la lumière du ciel »[1]. Ainsi que le supposait l'antique mythologie, une mentalité secrète doit animer toutes choses : le nuage qui flotte dans l'air, la source qui jaillit, le ruisseau qui court, l'océan dans son calme et dans ses orages, la terre émaillée de fleurs, la forêt pleine de murmures, le ciel étincelant de clarté, et tous les êtres ensemble, personnifiés dans ce que nous appelons la Nature.

Le seul tort des poètes et des mythologues a été d'attribuer à des êtres si divers et à la Terre elle-même une âme semblable à la nôtre, tandis que, eu égard à la différence des conditions, elle en doit beaucoup différer, sans qu'on puisse la définir. Mais on commettrait une erreur plus grande encore en déniant à l'organisme planétaire tout pouvoir d'activité psychique. Des phénomènes spéciaux de mentalité collective ne pourraient-ils pas se produire dans un monde en rapport avec les fonctions coordonnées de toutes les séries d'êtres qui le composent? Serait-il même irrationnel de lui attribuer, eu égard à la grandeur et à la complexité de sa vie, des facultés, des modes d'action psychique moins bornés que les nôtres, et que, conséquemment nous ne pouvons ni concevoir,

____

1. Poème d'*Adonaïs*.

ni même imaginer? L'être cosmique n'a-t-il aucun sentiment, aucune notion de sa propre vie, des forces qui
l'agitent, du but où il tend avec une régularité si constante, et assiste-t-il, morne, inconscient et passif, à son
développement? Reste-t-il impassible quand notre sensibilité, née de la sienne, s'efforce, frémissante et toujours
émue, de sympathiser avec lui? Cette splendeur des choses
qui nous révèle l'idéal, leur poésie et leur beauté dont
notre imagination s'enchante et s'inspire, n'ont-elles de
sens que pour nous, et la nature, prodigieuse artiste,
crée-t-elle ses chefs-d'œuvre les plus accomplis sans savoir
ce qu'elle fait? Quand l'explication de ses phénomènes
pose aux recherches de nos sciences une suite sans fin
de problèmes, ne les a-t-elle pas déjà résolus avec une
intelligence qui ne connaît pas les méprises? Aucune
idée de justice, aucun souci de moralité, aucun désir de
perfection, ne président-ils, sinon dans le détail abandonné au libre jeu des rencontres particulières, du moins
dans les rapports entre les séries, à la permanence de cet
ordre qui, formulé en lois, nous paraît l'expression d'une
parfaite sagesse, et ne faisons-nous pas à la nature un
outrage immérité quand nous la qualifions d'amorale?
Tout en elle cherche le bien, aspire au mieux, vise à un
accroissement de vie. Elle a donc sa moralité, et, dans
la mesure du possible, s'y conforme mieux que nous. Vu
de haut, l'ordre de son ensemble atteste une raison supérieure dont la nôtre, avec ses lacunes et ses défaillances,
n'est qu'un faible et pâle reflet. En présence de tant d'accord, d'harmonie et d'unité, la réflexion se refuse à croire
qu'une pareille suite d'effets puisse être l'œuvre du
hasard aveugle, et que notre intelligence même n'ait
paru un jour, dans un monde plein de ténèbres, qu'à
titre d'accident fortuit

CHAPITRE IV

SYNTHÈSES INTERCOSMIQUES

§ I. — Système hélio-planétaire.

1. — Quoique formant un tout-clos très nettement délimité, la Terre ne se suffit pas à elle-même. Si l'on peut rendre compte, par des actions internes, de la plupart des phénomènes qui constituent sa vie, bien des choses restent inexpliquées tant qu'on se borne à la considérer isolément. Sa genèse, sa manière d'être ne trouvent pas en elle seule leur cause et leur fin. D'où proviennent la matière qui la compose, les influences qui la dominent, les forces qui règlent son activité, les corrélations qui l'unissent à d'autres masses cosmiques? Notre planète fait partie d'un groupe d'astres et pour ainsi dire d'une famille de mondes auxquels la rattachent son origine et ses relations. Elle figure dans un système, dont il n'est pas possible de la séparer, puisqu'elle en partage la vie et collabore à ses fonctions. Nous devons donc examiner les rapports qu'entraîne pour elle ce mode de symbiose intercosmique.

Le système hélio-planétaire formé par cette association

d'astres n'a été bien connu que dans le cours de l'âge moderne, car ni l'antiquité, ni le moyen âge ne s'en firent une idée exacte. Vers le milieu du xvie siècle, Copernic, inaugurant l'ère de l'astronomie positive, sut dissiper enfin l'illusion géocentrique et constitua le vrai système du monde. Un demi-siècle plus tard, l'invention des lunettes astronomiques, puis celle du télescope, procurèrent le moyen inespéré d'observer de plus près les astres visibles et d'en découvrir de nouveaux. Des appareils de précision et de savants calculs permirent de déterminer avec une rigueur croissante les situations respectives, les distances, les volumes, les masses, les orbites et les mouvements des mondes du système solaire. Kepler découvrit ses grandes lois et, par la théorie de la gravitation, Newton ramena le groupe entier à l'unité de cause et d'action. Esquissons brièvement les corrélations qui imposent à tous ces divers mondes la solidarité d'une existence commune.

2. — Avec tout un chœur d'astres subordonnés, la terre circule autour du Soleil, centre, pivot et régulateur du système. Cet astre-roi, environ 1 300 000 fois plus gros que notre planète, 330 000 fois plus pesant, et dont le volume est 600 fois supérieur à celui de toutes les planètes réunies, enchaîne par son attraction et domine par son influence un nombreux cortège d'astres vassaux, assujettis à son empire.

Autour de lui se répartissent des planètes, dans des conditions variées de masse, de distance et de mouvements. La Terre en est une. Aux cinq les plus apparentes, seules connues des anciens, Mercure, Vénus, Mars, Jupiter Saturne, les astronomes en ont, depuis un siècle, ajouté beaucoup d'autres, dont deux grandes, Uranus et Neptune, à l'extrémité du système, et, plus près de nous, une multitude de planètes télescopiques (456 en juin 1899), qui semblent occuper, entre Mars et Jupiter, la place d'une planète unique. Un calcul de M. Poincaré fait présumer que leur nombre total ne peut guère excéder un millier. La masse de toutes celles qu'on connaît égale à peine $1/10^e$ de la masse de la Lune ou $13/10\,000^e$ de celle de la terre. Près de ces astres lilliputiens, vraies miniatures de mondes, se rangerait la toute petite planète récemment signalée entre la Terre et Mars.

Les planètes principales sont escortées de satellites qui tournent autour d'elles comme elles-mêmes tournent autour du Soleil. Le nombre de ces astres secondaires croît et décroît dans le système suivant un ordre assez régulier, en rapport avec l'importance des planètes. Mercure et Vénus sont dépourvus de satellites. La terre en a un, la Lune; Mars deux très petits, reconnus depuis peu, Jupiter cinq, Saturne neuf, outre son triple et merveilleux anneau, Uranus quatre, Neptune un...

Le système solaire comprend encore une immense quantité de comètes, astres ambigus dont Kepler comparait la multitude à celle des poissons dans l'océan. Arago n'a pas évalué à moins de 17 millions le nombre probable de ces corps célestes qui se meuvent, sur des courbes ouvertes ou fermées, en deçà de l'orbite de Neptune [1]. Mentionnons enfin les étoiles filantes et les flux d'astéroïdes, qui semblent être d'origine cométaire et que la terre rencontre dans sa translation autour du soleil. A en juger par des relevés partiels, la profusion des bolides qui viennent briller un moment dans l'atmosphère est telle qu'une observation étendue à toute la surface du globe en pourrait constater à l'œil un peu plus de 25 mil-

---

1. *Astronomie populaire*, t. II, p. 366.

lions par an, et plusieurs milliards en s'aidant d'artifices optiques[1].

Tous ces corps, mais surtout le soleil, les planètes et leurs satellites, composent un groupe harmonieux, un organisme de mondes, liés par des relations d'interdépendance, qui a sa vie propre, ses fonctions, sa physiologie, son évolution et son unité.

3. — Par l'importance de sa masse et sa situation centrale, le soleil domine tous les astres du système. Kepler dit avec un sentiment profond : « L'influence que le soleil exerce sur le monde est incroyable et presque divine. De lui dérivent ici-bas tout mouvement et toute vie, tout ordre et tout ornement de la nature. Plus on la considère et plus elle paraît merveilleuse. Il faut que le philosophe mette en œuvre toutes les ressources de son esprit pour s'élever à une théorie digne d'un tel sujet[1]. »

Quoique éloignée d'environ 37 millions de lieues du Soleil, la Terre relève de lui. Il est à la fois le frein qui la retient dans son orbite, le régulateur qui la dirige dans son cours, le foyer qui l'échauffe, le flambeau qui l'éclaire, la source d'énergie qui entretient son activité. L'astre central ne se borne pas à lier par son attraction la masse de la planète et à lui faire parcourir une courbe elliptique dont il occupe un des foyers ; il détermine aussi les phénomènes les plus importants de ses milieux superficiels. L'action du Soleil, combinée avec celle de la Lune, occasionne les marées et fait osciller chaque jour les eaux de l'océan par un dénivellement semi-diurne. C'est encore le Soleil qui est le grand moteur de l'atmosphère, et l'on a pu comparer la masse de l'air à une machine thermique dont il serait le foyer. La chaleur qui émane

1. *Paralipomena*, cap. vi.
2. Guillemin, *le Ciel*, p. 391.

de lui, traversant notre atmosphère, l'échauffe par intervalles, trouble ainsi son équilibre et produit les courants
aériens qui cherchent à le rétablir. Sous la même influence, les eaux se convertissent en vapeurs et, chassées
par les vents, puis précipitées en pluie, s'écoulent sur les
pentes et opèrent à la surface du globe une circulation
continue. De là résulte, par l'effet du travail des eaux, le
remaniement des strates superficielles. Les puissantes couches de terrains sédimentaires ont été, pour ainsi dire,
charriées par les rayons du soleil. De lui dérivent encore
l'alternance des jours et des nuits, la diversité des climats, la périodicité des saisons, les variations de la météorologie, toutes influences qui font dépendre du rayonnement solaire les conditions de vie des êtres organisés.

Nous devons à l'astre radieux le bienfait de la lumière.
Il éclaire nos jours et nous envoie même la nuit sa clarté
réfléchie par la Lune comme par un miroir céleste. « L'organisation, dit Lavoisier, le sentiment, le mouvement
spontané, la vie, n'existent qu'à la surface de la Terre et
dans les lieux exposés à la lumière. On dirait que la
fable du flambeau de Prométhée était l'expression d'une
vérité philosophique qui n'avait point échappé aux anciens.
Sans la lumière, la nature était morte et inanimée. Un
dieu bienfaisant, en apportant la lumière, a répandu à la
surface de la terre l'organisation, le sentiment et la
pensée. » Les plantes, en effet, vivent surtout de lumière,
car c'est son action chimique qui fixe en elles le carbone
et forme la chlorophylle. Tous les trésors de la flore proviennent ainsi du Soleil, et même les débris de végétaux
fossiles qui, à l'état de houille ou d'anthracite, contribuent à nous entretenir de chaleur et de lumière, ne

1. *Géographie*, XVII, 1, § 36.

sont, comme on a pu dire, que des rayons condensés du soleil. L'obscurité serait également un obstacle à la vie de la plupart des animaux, qu'elle priverait du plus actif, du plus intellectuel de leur sens. L'homme lui-même, suivant la définition célèbre qu'en donne Strabon, est « un animal terrestre et aérien qui a besoin de beaucoup de lumière[1] ». Celle que répand le soleil attire et charme nos regards, éveille l'attention, éclaire nos esprits, révèle au goût idéal la beauté des formes et la magie des couleurs, en un mot est le principal stimulant de notre activité psychique, et il est difficile de concevoir ce qu'elle aurait pu être si ce secours lui avait manqué.

Outre la chaleur, la lumière et des actions chimiques, la Terre reçoit du Soleil des influences électro-magnétiques dont témoignent les aurores polaires et les perturbations de l'aiguille aimantée, en corrélation avec des phénomènes solaires. On présume même que certains troubles atmosphériques ou telluriques (cyclones, éruptions de volcans, tremblements de terre...) sont en rapport avec des crises analogues (taches, protubérances, facules...) survenues dans le Soleil et nous apportent la répercussion ou l'écho des formidables agitations dont cet astre est le théâtre.

Ainsi le Soleil, centre prédominant d'attraction, foyer intense de chaleur et de lumière, source d'affinité, agent d'organisation, excitateur de vie et de manifestations psychiques, meut, échauffe, éclaire, vivifie et anime la création terrestre. « C'est là pour nous, dit M. Faye, la première des conditions d'existence, car notre vie matérielle ne tient qu'à un fil dont le bout est là-haut[1]. » Une influence aussi étendue, exercée par l'astre-roi, fait

---

1. *Sur l'origine du monde*, p. 9.

comprendre l'adoration dont il a été l'objet dans une foule de cultes. Selon l'expression des *Védas*, « l'œil du Soleil est le bienfaiteur suprême ». Ces dons, qu'il prodigue à la Terre, il les répand aussi, dans une mesure variable suivant les distances, sur les autres astres du système, qui tous auraient été sans lui froids, obscurs et privés de vie.

Après l'action prépondérante du Soleil sur ces mondes subordonnés, il y aurait à apprécier celle qu'ils exercent les uns sur les autres. Le Soleil lui-même, malgré sa prépotence souveraine, ne laisse pas de ressentir l'action des planètes. On a signalé des corrélations entre leurs phases de mouvement et l'abondance des taches solaires, d'où il semble résulter que les variations d'énergie à la surface de l'astre central dépendraient en partie des concordances de position qu'amène périodiquement la translation des planètes.

Les planètes et leurs satellites sont unis par des rapports analogues à ceux qui lient les planètes au Soleil. Pendant sa phase d'incandescence, la Terre a dû remplir pour la Lune l'office de Soleil. Trop refroidie maintenant pour pouvoir lui envoyer de la chaleur, elle lui transmet une lumière réfléchie comme elle reçoit la sienne, et illumine les nuits lunaires du resplendissement de son disque, quatorze fois plus grand que celui de la pleine lune dans notre ciel. De même que l'attraction de cet astre sur l'Océan détermine les marées, l'attraction bien plus puissante de la Terre sur la Lune a dû, pendant la phase de fluidité du satellite, y produire de très fortes marées dont l'effet, agissant comme un frein, aurait pu ralentir sa vitesse de rotation, finir même par en arrêter le mouvement et le changer en oscillation ou « libration ». Delaunay a expliqué ainsi l'égalité singulière entre le mouvement de rotation de la Lune sur elle-même et son mouvement de circulation autour de la Terre, qui fait qu'elle nous présente toujours la même face.

Enfin, les planètes, réagissant les unes sur les autres, attirent et sont attirées, ce qui introduit dans les éléments de leurs orbites des variations séculaires, dont Newton n'avait pas pu tenir compte, mais qui, analysées depuis, ont permis à Laplace de ramener à une sorte de balancement rythmique, régulier par longues périodes, les irrégularités apparentes de la mécanique céleste. L'analyse mathématique, qui n'a pas encore réussi à donner au problème dit « des trois corps » (le Soleil, la Terre et la Lune) une solution générale, ne peut pas, à plus forte raison, aborder le problème total des relations des astres dans l'ensemble du système. Toutefois, ce problème comporte des solutions particulières, et c'est en soumettant à la rigueur du calcul l'étude de ces causes de perturbation dans les mouvements de planètes voisines, que Le Verrier a pu faire la découverte de Neptune, jusqu'alors inaperçu. Les planètes échangent aussi entre elles des actions physiques. Les plus brillantes, Vénus et Jupiter, resplendissent dans notre ciel. Par une conjecture hardie, on a même supposé que ces mondes pouvaient se communiquer l'un à l'autre des éléments biogéniques. William Thomson a regardé comme possible que le principe de vie qui a fécondé la Terre lui soit venu, sous forme de germe ou de spore, de quelque astre déjà peuplé d'êtres vivants. Mais une hypothèse aussi hasardeuse n'est peut-être pas nécessaire, et ne ferait que reculer, au lieu de la trancher, la question de l'origine de la vie.

4. — Les divers mondes du système solaire obéissent à la même loi d'évolution. Une hypothèse célèbre, dont

le point de départ se trouverait dans la théorie des tourbillons de Descartes et sa conception mécanique du monde, puis exposée plus expressément par Swedenborg[1], adoptée ensuite par Thomas Wright[2], reprise et développée par Kant[3], mais avec beaucoup d'erreurs, enfin magistralement systématisée par Laplace[4] et amendée sur quelques points par M. Faye[5], ramène le groupe entier de ces astres à l'unité d'origine et, pour ainsi dire d'embryogénie cosmique. Il suffit pour cela de supposer, comme d'ailleurs l'observation des nébuleuses autorise à l'admettre, que leur matière commune, d'abord éparse et dans un état de raréfaction extrême, s'est peu à peu condensée sous l'empire de la gravité. Ce nuage de substance cosmique, agité par des forces antagonistes de répulsion et d'attraction, dut s'animer d'un mouvement circulaire par l'effet duquel des anneaux (dont celui de Saturne serait un dernier vestige), linéaments de planètes futures, se détachèrent successivement, puis se rompirent et s'agglomérèrent en masses. Un mode semblable de production fit ensuite se constituer des satellites autour des planètes. Comme la même loi de gravitation avait présidé à la formation de tous ces mondes, ils restèrent assujettis à son action, liés par des attractions mutuelles qui les forcent à coordonner leurs mouvements.

Chacun de ces astres, une fois constitué avec ses conditions particulières d'existence, a suivi le cours de son évolution distincte, mais analogue à celle des autres. Nous avons vu quelles lumières les données de la géologie,

---

1. *Principia rerum naturalia*, au chapitre intitulé : *De chao universali solis et planetarum, deque separatione ejus in planetas et satellites*, 1734.
2. *An original theory or new hypothesis of the universe*, London, 1750.
3. *Histoire naturelle du monde et théorie du ciel*, 1755.
4. *Exposition du système du monde*, fin, note.
5. *Sur l'origine du monde*.

de la minéralogie et de la paléontologie projettent sur le passé du globe terrestre. Tout autorise à présumer que les mondes frères du nôtre ont pu ou pourront parcourir des phases similaires, dans des conditions inégales de masse, de situation, de distance au Soleil, d'orbite et de mouvement. L'analyse spectrale, qui a fait reconnaître dans le Soleil près de la moitié de nos corps simples, démontre l'unité de substance de tous les astres du système, d'où il est permis d'induire une grande analogie de composés chimiques et de création minérale. Il est même très vraisemblable que la vie a trouvé ou trouvera à se produire dans ceux de ces mondes où la spectroscopie décèle de la vapeur d'eau. La diversité des conditions où la vie s'est manifestée sur la Terre porte à conjecturer que, dans les autres planètes ou dans leurs satellites, des flores et des faunes inconnues, peut-être même des formes supérieures d'organisation, ont pu se réaliser dans des circonstances propices. L'induction peut ici se donner carrière et concevoir les plus vastes hypothèses, avec la certitude de rester toujours au-dessous de la réalité, car notre esprit n'est pas capable d'imaginer autant que la nature l'est de fournir... Enfin, le Soleil lui-même, encore en proie à la violence des forces cosmogéniques, et qui n'a jusqu'ici déployé les effets de sa puissance qu'au profit d'astres subordonnés, parvenu au terme de la phase d'incandescence que les planètes ont plus rapidement traversée, donnera sans doute, comme elles, naissance à une création en rapport avec sa grandeur. Ensuite, il poursuivra le cours de son évolution jusqu'à ce que, refroidi et mort à son tour, cessant d'animer les mondes qu'il a si longtemps vivifiés, il disparaisse avec tout son cortège dans une éternelle nuit. La théorie de la chaleur, telle que l'ont formulée Helmoltz et Clausius, conduit en effet à conclure que les astres doivent se rapprocher de plus en plus du zéro absolu, vers 273°, limite où une température paralysante changerait les propriétés physiques de la matière et pourrait entraîner une dissociation complète de ses éléments.

5. — Nous devons donc concevoir l'ensemble du système solaire comme constituant un organisme cosmique, où des séries de mondes, liées par des actions mutuelles et une solidarité générale, évoluent suivant une loi de symbiose et forment un tout harmonieux, une individualité d'ordre supérieur. Malgré l'éloignement et la disparité des membres de ce grand corps, l'interdépendance de toutes ses parties, le consensus de leurs fonctions et l'unité de résultante le font vivre d'une vie commune, qui consiste, non plus comme pour chaque astre pris à part, en redistribution et coordination internes de matière, mais en distribution d'énergie, en actions exercées à distance, corrélation de mouvements, échanges d'effets dynamiques, physiques, chimiques et biogéniques. Les conditions générales ainsi déterminées dominent la vie de chaque monde en particulier et tracent le cadre où son activité se déploie, de sorte qu'il dépend plus de l'ensemble qu'il ne s'appartient à lui-même. Si variés que soient dans le détail les phénomènes cosmiques, l'unité du système implique celle de cause et de fin. Newton, venant de démontrer que tous ces astres ont une commune loi, conclut : « Cet admirable arrangement du Soleil, des planètes et des comètes ne peut être que l'ouvrage d'un être tout puissant et intelligent... Il est certain que, tout portant l'empreinte du même dessein, tout doit être soumis à un seul et même être[1]. »

---

[1] *Principes de philosophie mathématique*, fin, scolie général.

Aristote tient que le monde, qui paraît beau et bien ordonné, constitue une œuvre d'art[1]. Dans le plan de l'organisme hélioplanétaire, dans l'accord de ses fonctions et la suite de ses phases, l'esprit retrouve en effet, plus pressante encore à raison de la grandeur du sujet, la nécessité d'admettre une idée directrice, un principe de coordination. Or, toute idée traduite en faits logiques et conséquents implique une mentalité qui la conçoit, une volonté qui la réalise. Les astronomes se trompent et laissent leur science inachevée quand ils la réduisent à l'étude d'un pur mécanisme de masses et de mouvements, à une résultante de forces aveugles, sans aucune lueur d'intelligence. Ils ne donnent ainsi qu'une explication insuffisante des choses, en ce sens que, bornée à en montrer le comment, elle ne fait pas comprendre ou pressentir le pourquoi. Laplace a bien pu, par les seules déductions d'une loi simple, et sans recourir à aucune hypothèse d'esprit créateur, rendre compte de la vaste série des phénomènes astronomiques; mais ce que son exposition du système du monde laisse complètement ignorer, c'est la raison d'être de cette loi si féconde en conséquences, la signification psychique des effets qui en découlent, ce que, pour la pensée réfléchie, leur ordre atteste de rationalité transcendante. Ici pourtant se pose un problème qui exige une réponse : pourquoi cette loi primordiale est-elle ainsi et non autrement? Sa cause est-elle fortuite ou intentionnelle? Dans le premier cas, l'ordre entier des choses se trouverait dépendre d'un hasard qui n'explique rien; dans le second, il relèverait d'une intelligence qui explique tout. Il faut choisir, et pourrait-on hésiter? Auguste Comte, voulant démentir le

1. *De cœlo.*

mot du psalmiste *Cœli enarrant gloriam Dei*, prétend que la seule gloire digne d'être célébrée est celle des savants qui ont révélé les lois de la mécanique céleste[1]. Mais, s'il a fallu du génie pour les découvrir, n'en fallait-il pas plus encore pour les instituer et poser ainsi par avance le fondement idéal sur lequel devait se construire cette mouvante architecture. M. Faye dit plus justement : « Les objets que l'astronomie considère sont d'une grandeur incomparable; le temps et l'espace, les mouvements et les forces y prennent des proportions inouïes; si quelque part l'homme se trouve enprésence du divin, c'est bien là, sous les formes les plus palpables et les plus saisissantes[2]. »

Une tendance invincible, qui est comme un instinct de la raison, la porte à présumer une cause intelligente partout où elle constate des effets complexes coordonnés en système rationnel, et elle ne s'égare que par sa manière de concevoir ou d'interpréter cette cause. Par suite d'une erreur métaphysique, on a cru longtemps qu'elle était externe, indépendante des choses, toute semblable à l'âme de l'homme, présumée spirituelle et séparable du corps, alors qu'un esprit recteur se comprend beaucoup mieux interne, immanent, identifié avec le fond de l'universelle réalité. La mythologie ancienne chargeait des êtres humains divinisés de présider à la marche des astres dans le ciel. Apollon dirigeait le Soleil; Phœbé, sa sœur, la Lune; Mercure, Vénus, Jupiter, Saturne, les planètes alors connues. Platon regarde le Cosmos comme un être immense qui a une âme et un corps. Chaque astre a de même son âme, placée à son centre, qui la meut et la guide dans son cours[3]. Kepler

<hr>

1. *Cours de philosophie positive*, t. II, p. 25, note.
2. *Sur l'origine du monde*, p. 108.
3. *Timée.*

ad met encore « un esprit recteur sidéral » qui trace leur route aux planètes et leur fait « suivre des routes savantes, sans heurter les astres qui fournissent d'autres carrières, sans troubler l'harmonie réglée par le divin géomètre ». Il doue le Soleil d'une âme très noble, capable d'émouvoir à distance les âmes des planètes, assez clairvoyantes elles-mêmes pour ne pas s'écarter de leurs orbites et y parcourir des aires toujours proportionnelles aux temps[2].

C'est assurément se méprendre que d'attribuer à des mondes une âme pareille à la nôtre, qui se règle sur des éventualités, projette, délibère, décide et agit parmi des séries de contingences où elle se trompe souvent, tandis que l'esprit qui anime les astres ne peut être investi que de fonctions générales, en rapport avec la nature de ces organismes cosmiques. Entre eux et nous, il ne peut y avoir de ressemblance que par un principe commun de mentalité très inégale. L'âme des astres, c'est, comme dit Cicéron, la puissance du rayonnement de ces grands foyers de chaleur et de lumière, la source intarissable d'énergie qui est en eux et qu'ils répandent autour d'eux. L'intelligence mystérieuse qui, dès l'origine, présidait à l'ordre des mondes est inséparable de cet ordre et se révèle par les lois qui le régissent. Il convient de voir dans ces lois l'expression de ses idées, l'effet d'un vouloir constant, idées et vouloir non plus variables comme nos conceptions bornées et nos résolutions changeantes, mais arrêtées dès le début et immuables comme doivent l'être les vues et les décisions d'une sagesse suprême. L'âme des mondes rappellerait ainsi, mais dépasserait immensément cette raison générale qui, dans

2. *Révolutions de la planète Mars.*

l'humanité, a le pressentiment de l'universel et de l'absolu.

Si même chaque astre du système solaire a, comme notre planète, l'équivalent d'une âme, résultante collective de toutes les âmes particulières incluses dans son unité, serait-il inadmissible que, des activités cosmiques associées et coordonnées, pût se former une âme commune qui en opèrerait la synthèse, un pouvoir d'hypermentalité capable de régir ce vaste ensemble de mondes? Lorsqu'on écarte comme inconciliable avec les données de la science, l'idée de création et de miracle, il faut forcément mettre au cœur des choses l'esprit qui les ordonne et les règle, dans le temps même où leur genèse s'accomplit. L'hypothèse la moins acceptable est celle qui, se refusant à voir l'ingérence d'une pensée active dans l'ordre des mondes, présente son harmonie, si digne d'admiration, comme uniquement due à des nécessités aveugles et à un mécanisme fortuit.

§ II. — Système interstellaire.

1. — Le système hélioplanétaire, limité dans l'espace, pouvait être étudié à part, comme formant par lui-même un tout complet, indépendant du reste de l'univers, car les étoiles qui brillent au ciel sont trop éloignées pour exercer une influence appréciable sur les mouvements particuliers des mondes qui le composent. A raison de l'intérêt et des facilités relatives de son étude, ce groupe d'astres, objet principal des spéculations des astronomes, a paru longtemps pouvoir suffire à leurs recherches. L'univers stellaire semblait n'être là que pour le décor et servir simplement de cadre à notre monde restreint. On n'a soupçonné que très tard combien il le dépassait en

grandeur. Par opposition aux *planètes* voyageuses, les étoiles dites *fixes* passaient pour être attachées comme des clous lumineux à une voûte solide, le *firmament*. Jésus croit qu'elles tomberont un jour sur la terre comme tombent les figues vertes d'un figuier agité par le vent [1]. Mais, au rebours, « cette flotte magnifique des étoiles qui cingle sur la mer des cieux [2], » s'y meut d'un mouvement éternel. Halley soupçonna le premier (1718) que quelques-uns de ces astres pouvaient avoir un mouvement propre, et peu après (1738), Cassini en donna une preuve indiscutable pour plusieurs, notamment pour *Arcturus*. Leur nombre s'est beaucoup accru depuis. Le catalogue de Bossert ne compte pas moins de 2 644 étoiles dont on a constaté le déplacement, ce qui autorise à l'induire pour toutes les autres. L'astronomie de nos jours, s'appliquant à recenser la prodigieuse multitude des étoiles, à mesurer leurs distances, à déterminer la direction et la vitesse de leur marche, à scruter même leur composition chimique, arrive à conclure que le soleil, avec tout son cortège, n'a parmi elles que la valeur d'une unité, sans même occuper le premier rang, et forme avec ces millions d'astres une société naturelle dont tous les membres, malgré la distance qui les sépare, vivent à l'état de symbiose. Il importe donc d'étudier aussi cet organisme interstellaire dans sa structure et dans ses fonctions.

2. — Le nombre des étoiles s'est élevé à mesure que se perfectionnaient les moyens d'observation. A l'œil nu, on n'en pouvait guère apercevoir, sur toute la sphère céleste, qu'environ 5 000, savoir : 20 de première grandeur, 65 de seconde, 200 de troisième, 425 de quatrième,

1. *Saint Mathieu*, XXIV, 29; v. aussi *Apocalypse*, VI, 13.
2. Chateaubriand, *Lettre à Fontanes*, 25 octobre 1799.

1100 de cinquième et 3 200 de sixième. Mais, à partir de l'invention des lunettes astronomiques (Metius, 1609) et des télescopes (Newton, 1671), ces chiffres se sont rapidement accrus pour les grandeurs suivantes, auparavant invisibles. Argelander en compte 13 000 de septième, 40 000 de huitième, et 142 000 de neuvième. Struve porte à 20 millions et Chacornac à 77 millions la quantité des étoiles de treizième grandeur, et, comme la photographie, dépassant la puissance des appareils optiques, permet d'atteindre jusqu'à la quinzième, le total augmente démesurément sans que rien indique qu'on soit près de toucher le terme d'une progression qui paraît être indéfinie. Et ce n'est pas tout encore. Ces innombrables étoiles sont, leur éclat même l'atteste, en état d'incandescence comme notre soleil, et probablement entourées aussi d'une escorte d'astres obscurs sur lesquels elles déversent leur chaleur et leur lumière. Chacune d'elles pourrait donc avoir sa légion de planètes, de satellites, de comètes et d'astéroïdes, dont la somme entière dépasserait des milliards. On connaît un compagnon à *Sirius*, deux à *Procyon*, à *Altaïr* et à l'*étoile Polaire*, trois à *Véga*...

Les étoiles forment entre elles des groupes particuliers qui représentent, non les constellations traditionnelles, où le rapprochement apparent des astres n'est qu'un effet de projection, et où l'imagination de peuples enfants a cherché des figurations de fantaisie, mais par des systèmes hiérarchiques que lient des rapports de proximité réelle et des corrélations de mouvements. Les vraies distances qui nous séparent des étoiles ont été longtemps ignorées et dépassent tout ce que l'imagination aurait pu rêver. Si l'on prend pour unité de mesure la distance moyenne de la Terre au Soleil, qui est d'environ 37 millions de lieues, celle de la planète la plus éloignée du système solaire, Neptune, équivaudrait à 30 fois cette grandeur, tandis que celle des vingt-trois étoiles les plus voisines de nous aurait pour expression des nombres compris entre 290 000 et 2 000 000 de fois 37 millions de lieues, soit de 43 à 204 trillions de kilomètres. Ces chiffres font concevoir l'immensité de l'espace vide autour de notre monde solaire, perdu dans ces abîmes comme un îlot au milieu de l'Océan. La lumière de l'étoile la plus rapprochée de la terre, *Alpha* du *Centaure*, transmise à raison de 300 000 kilomètres par seconde, met quatre ans et demi à nous parvenir. *Sirius* nous envoie la sienne en huit ans, *Véga* en vingt et un, la *Polaire* en quarante-six, la *Chèvre* en soixante-dix. On estime qu'un rayon parti de l'extrémité de la *Voie lactée* mettrait dix mille ans pour arriver jusqu'à nous. Le système solaire, dont les dimensions semblent si grandioses quand on les compare à celles que notre exiguïté mesure sur le globe où nous vivons, n'en a donc plus que de minimes dans le système des étoiles et ne figure que comme un grain de poussière dans un tourbillon gigantesque. Tous ces soleils épars dans un espace sans bornes donnent à la pensée éperdue la plus claire idée qu'elle puisse concevoir de l'infini.

3. — Lorsqu'à l'illusion géocentrique fut substituée la théorie héliocentrique du vrai système du monde, le Soleil parut avoir la même immobilité dont on venait de déposséder la Terre. Mais on a reconnu depuis qu'il se meut aussi dans le ciel, entraînant avec lui tous les astres qui lui font cortège, sans que la translation de l'ensemble trouble leurs rapports respectifs. Il se déplace vers la constellation d'*Hercule*, avec une vitesse évaluée par Struve à sept kilomètres et demi par seconde, mais

que des observations plus récentes portent à vingt, soit
un parcours annuel de 630 millions de kilomètres. Il
semble se mouvoir sur une ellipse dont les *Pléiades*,
avec leurs 80 composantes, pourraient être un des foyers.
Peut-être le Soleil et les étoiles les moins distantes de
nous forment-ils un système spécial autour de *Sirius*,
dont la masse, 314 000 fois supérieure à celle du Soleil,
constituerait un centre d'attraction assez puissant pour
les asservir à sa dépendance. La durée de la révolution
périodique du Soleil a été sommairement estimée à un
million d'années[1].

L'étude si délicate et si minutieuse de la translation
des étoiles est trop récente et trop incomplète pour qu'il
soit possible de débrouiller la confusion de mouvements
si complexes. La solution de ce grand problème est
réservée aux astronomes de l'avenir. On trouve dans les
masses, les distances, les parcours et les modes de groupement de tous ces astres une inépuisable diversité de
combinaisons dynamiques. Il y a de nombreux exemples
d'étoiles doubles, qui tournent l'une autour de l'autre ou
par couples conjugués autour d'un centre commun. Il y
a même des groupes où trois, quatre, jusqu'à sept
étoiles, comme dans *Théta d'Orion*, enchevêtrent leurs
orbites. Ces attractions entrecroisées doivent donner lieu
à des résultantes singulières, sur des courbes dont les
inflexions sont malaisées à concevoir. Plusieurs amas
d'étoiles comptent une multitude de composantes, pressées comme des abeilles dans un essaim. Herschell a pu
dénombrer, dans des agglomérations telles que *Êta* et
Zéta de la constellation d'*Hercule*, plus de 5 000 étoiles
sur un espace occupant à peine la dixième partie du

1. Delaunay, *Note* à l'Académie des sciences, 1897.

disque de la lune. « Comment ces systèmes isolés peuvent-ils se maintenir? demande Humboldt. Comment ces soleils qui fourmillent à l'intérieur de ces mondes peuvent-ils accomplir leurs révolutions librement et sans chocs [1]? » Les mouvements propres de ces astres se concilient sans doute avec la stabilité de l'ensemble parce que, malgré l'illusion visuelle qui les rapproche, l'indépendance de leurs translations est assurée par la grandeur des intervalles qui les séparent et par la durée des révolutions en rapport avec les dimensions des orbites.

L'état physique des étoiles ne varie pas moins que leur condition dynamique. Toutes celles qui scintillent dans le ciel doivent leur éclat à une température excessive. Ce sont de puissants foyers d'où se répandent des torrents de chaleur, de lumière et d'électricité. Nous en pouvons juger par l'énergie calorifique de notre soleil dont chaque mètre carré de surface suffirait, par son rayonnement, à faire marcher une machine à vapeur de 75 000 chevaux. Cet énorme dégagement de force thermique est dû à la transformation en calories du travail de concentration accompli par les éléments du soleil sous l'influence de la gravité.[2] Le même effet résulte de la même cause dans les étoiles. Leur couleur fournit un indice de leur température durant la phase d'incandescence qui les fait ainsi resplendir. Les étoiles blanches, violettes ou bleues, qui représentent environ 60 p. 100 du total, paraissent être les plus jeunes et avoir la température la plus élevée, car l'hydrogène domine dans leur photosphère et les

1. *Cosmos*, t. III, p. 153.
2. Helmholtz a calculé que la quantité de chaleur dégagée dans sa masse par la chute, le choc et la perte de force vive des particules qui le constituent pourrait élever sa température à 28,611,000 degrés. Ce stock démesuré de chaleur s'épuise à mesure par suite de sa dispersion dans l'espace, et, quand il n'en restera rien, le soleil refroidi s'éteindra. La même cause entretient dans les étoiles leur splendide rayonnement.

raies des métaux sont faibles. Les étoiles jaunes comme notre Soleil (35 p. 100), plus avancées dans leur évolution et pour ainsi dire d'âge moyen, sont déjà moins chaudes ; les raies de l'hydrogène y sont déjà moins accusées et les spectres métalliques nombreux, indice d'un astre en voie de refroidissement. Enfin, les étoiles rouges ou orangées (5 p. 100) semblent plus vieilles et plus refroidies encore ; chez elles, les raies de l'hydrogène manquent, tandis que l'aspect cannelé des bandes d'absorption signale la présence de composés complexes qui ne se forment qu'à des températures atténuées ; c'est dans ce groupe qu'on trouve le plus d'étoiles variables, et tous ces signes annoncent l'imminence d'une extinction finale [1]. Toutes les colorations du prisme s'observent parmi les étoiles, et plusieurs de celles qui sont liées en système offrent, dit Herschell, l'aspect d' « un écrin de pierres précieuses polychromes ». Dans ces mondes de soleils multicolores, les jeux irisés de lumière doivent reproduire, pour les habitants de leurs planètes, les effets chatoyants de nos fontaines lumineuses.

4. — Toutes les étoiles, quelles que soient les distances qui les séparent, échangent leur attraction, leur chaleur et leur lumière. La gravitation qui les enchaîne et les forces physiques qui, dérivées de la force motrice, ne sont pour ainsi dire que des modalités de ses effets, constituent, pour le système entier des étoiles un principe de solidarité, de corrélation et d'unité. La lumière que nous envoient de si loin ces astres, seule preuve que nous ayons de leur existence, atteste la portée de leur action, puisque celles même qui sont comme perdues dans les profondeurs de l'espace peuvent encore impressionner

---

[1]. Secchi, *les Étoiles.*

notre rétine et laisser une trace persistante sur une plaque photographique. D'après des expériences récentes (1899) faites par M. Nichols à l'observatoire Yerkes (États-Unis), la chaleur qui rayonne des étoiles, mesurée à un radiomètre extrêmement sensible, ne serait pas inappréciable. *Arcturus* nous envoie une quantité de chaleur égale à celle que donnerait une bougie distante de 8 à 9 kilomètres, et *Véga* celle d'une bougie placée à 20 kilomètres. C'est bien peu, sans doute, mais ce n'est pas rien, puisqu'on a réussi à le mesurer.

D'autre part, l'analyse spectrale a pu établir l'unité de composition élémentaire de la substance des étoiles et, conséquemment, la généralité de l'action chimique, d'où il faut induire la possibilité de créations analogues à la nôtre. La présence, constatée dans une foule de ces astres, de composés et d'éléments biogéniques, autorise à présumer que des phénomènes de minéralisation, d'organisation et de vie ne sont pas impossibles dans les mondes qui en dépendent. Les mêmes virtualités qui les ont produits sur notre planète doivent en avoir déterminé d'analogues dans les milieux favorables, mais avec une diversité infinie, tant les conditions sont susceptibles de varier, sur un théâtre aussi vaste et parmi des décors sans cesse renouvelés. La nature sidérale ouvre à ces créations une latitude sans bornes de développements, car, dans l'innombrable multitude des mondes, il n'y en pas deux qui se ressemblent. Ce que nous savons de la création terrestre autorise les plus vastes conjectures sur l'universelle genèse où toutes les possibilités de l'être trouvent à se réaliser, sans que nous puissions rien savoir de leur mystérieux détail.

L'unité d'un si grand ensemble résulte des corrélations de tous ces mondes, de leur identité de substance, de leur communauté d'origine, de la gravitation qui les lie et de leur loi pareille d'évolution. Associées par groupes et séries de groupes, toutes les étoiles visibles de notre ciel composent un système unique, la *voie lactée*. Sa forme de disque aplati a été comparée par Herschell à celle d'une meule de moulin, dont la largeur, comprise entre deux plans parallèles, serait à son épaisseur dans le rapport approximatif de 2300 à 80, et les dimensions en seraient telles qu'il faudrait à un rayon de lumière plus de 10 000 ans pour le traverser dans le sens de son grand axe. Notre Soleil semble situé près de la région centrale. On est fondé à présumer que cet immense assemblage d'astres provient d'une même nébuleuse dont ils se seraient partagé la matière, dans tout l'espace où ils sont maintenant disséminés, mais en conservant des relations d'interdépendance qui font de leur ensemble un organisme sidéral où chaque étoile représente une cellule de notre organisme individuel.

Tout change, évolue et se transforme dans ce grand corps de l'univers stellaire, dont l'immutabilité apparente nous trompe. Un état continu de mouvements corrélatifs, d'actions physico-chimiques, de productions biogéniques est pour l'ensemble l'équivalent d'une vie. Plus ou moins rapidement, toutes les étoiles parcourent un même cycle de phases qui mesure leur existence. L'éternelle durée les voit tour à tour naître, briller, puis s'affaiblir et cesser d'être. Les Annales de la science mentionnent des apparitions soudaines d'étoiles [1] et de non moins brusques disparitions [2]. L'un après l'autre, tous les astres du ciel doivent céder au temps, toucher un terme et mourir puisqu'ils ont vécu. « Quand un système de

1. La *Pèlerine*, en 1572; une autre en 1604; une dans la *Perle* en 1866.
2. Dans la *Petite Ourse*, le *Lion*, la *Vierge*...

mondes, dit Kant, a épuisé dans la longue étendue de sa durée toutes les variations que sa constitution comporte, quand il n'est plus qu'un nombre superflu dans la chaîne des êtres, alors il n'a rien de mieux à faire que de jouer son dernier rôle sur la scène des transformation incessantes de l'univers, et, comme il convient à toute chose qui finit, de payer son tribut à la fragilité. L'infini de la création est assez grand pour estimer un monde ou une pléiade de mondes ce que nous estimons une fleur ou un insecte comparé à toute la Terre[2]. »

5. — Les mêmes motifs qui, dans les séries précédentes, nous ont forcé d'admettre la nécessité d'une idée directrice, nous obligent ici, plus impérieusement encore, de faire intervenir une cause intelligente qui explique l'ordre et la rationalité d'un concours aussi grandiose d'effets. La science pure n'y veut voir qu'une résultante fatale, sans aucune intention de finalité. Mais une explication exclusivement mécanique ne suffit pas à la raison. Il lui faut de plus une explication psychique, car les corrélations d'une telle multitude d'astres, la diversité des parties, l'harmonie de l'ensemble et l'unité du tout, ne permettent pas d'attribuer cette œuvre au hasard. Un ordre aussi majestueux, une évolution aussi suivie doivent relever d'un esprit dont la puissance se mesure à la grandeur des effets produits, mais d'autant plus difficile à concevoir qu'il régit les phénomènes les plus généraux de la nature. Cette âme de l'univers cosmique ne saurait donc avoir avec la nôtre que l'analogie la plus disproportionnée et la plus lointaine. Elle n'est, à vrai dire, qu'un principe d'activité d'où tout découle, et qui contient à l'état virtuel tous les développements ultérieurs

2. *Histoire générale et théorie du ciel.*

du psychisme particulier. Les étoiles sont des accumulateurs et des distributeurs d'énergie. Par elles s'organise un dynamisme mécanique, physique et chimique qui vivifie et anime les séries de monde assujettis. Cette grande fonction créatrice, qui constitue la vie de l'univers stellaire, est inséparable d'un principe d'animation, d'un *nisus* intellectuel, dont les forces et leurs lois seraient l'expression transcendante, et qui d'une phase chaotique a fait sortir le monde coordonné des étoiles, des planètes et des satellites, théâtre splendide de la vie universelle où la pensée et la raison arrivent à se faire jour. Puisque l'activité du système stellaire consiste en agglomération d'éléments épars, transformation et répartition de puissance, on pourrait voir, dans ce premier débrouillement de la matière, dont tout le reste dépend, l'idée initiale qui, dès le principe, traçait la voie où se développeraient les séries de genèses futures. Le psychisme intersidéral, s'éclairant ensuite par degrés, serait-il incapable de prendre conscience de lui-même, de jouir de son activité générale, et, comme le démiurge de la Genèse s'approuvant dans son œuvre, de trouver que cela est bien?

*

CHAPITRE V

---

§ I. — Synthèse cosmogonique. Nébuleuses.

1. — Malgré l'immensité de son étendue, la nébuleuse galactique, qui comprend avec notre soleil toutes les étoiles perceptibles du ciel, n'est pas seule dans l'univers. Elle n'y figure qu'à titre d'unité parmi beaucoup d'autres systèmes analogues, épars comme des archipels dans un océan sans limites. Un catalogue de nébuleuses, dressé en 1895, n'en compte pas moins de 9 369 dont les coordonnées sont connues, et sans doute il y en a bien plus encore qui, perdues dans les profondeurs insondables, échappent à nos moyens bornés d'observation. Dans les télescopes les plus puissants, la plupart de ces nébuleuses sont réductibles et se résolvent, comme la voie lactée, en myriades de points lumineux qui représentent autant de soleils. D'autres, peut-être réductibles avec de plus forts grossisements, mais non encore résolues, devraient, suivant Herschell, être reculées à une si grande distance que leur lumière mettrait plus de 700,000 ans à nous parvenir. Enfin, une dernière classe de nébu-

leuses, la seule qui nous reste à considérer, est absolument irréductible et semble consister en amas diffus de matière cosmique, en nuages de gaz incandescents à l'état de raréfaction extrême et seulement susceptibles d'émettre de vagues lueurs. Présente, néammoins et soumise aux lois de la gravitation, cette matière, semence de mondes futurs, tend à s'agglomérer autour de ses centres d'attraction.

Un calcul peut donner idée du degré de raréfaction où se trouve réduite la matière des nébuleuses diffuses, en raisonnant d'après la condition analogue où devaient être, à l'origine, les éléments de notre système solaire. Si, de la masse totale du Soleil, des planètes et de leurs satellites, on induit le poids de la nébuleuse aux dépens de laquelle ils se sont formés, et si l'on en suppose la matière uniformément répartie dans une sphère dont le rayon mesurerait dix fois la distance de Neptune au Soleil, sa densité serait de 250,000,000 de fois moindre que celle de l'air amené, dans le récipient de la machine pneumatique, à un millième de la pression ordinaire[1]. Un autre calcul montre que, si l'on suppose la masse du Soleil éparse dans le champ d'espace moyen que limite sa distance aux étoiles les plus rapprochées, son volume serait, relativement à cet espace, dans le rapport de l'unité à un nombre de vingt-cinq chiffres, de sorte qu'un myriamètre cube de cet espace pèserait à peine un millionnième de gramme[2].

On voit avec quelle parcimonie singulière la matière pondérable était primitivement disséminée dans l'espace! Pour l'amener de cet état de raréfaction et de dispersion

---

1. Faye, *Sur l'origine du monde*, p. 173.
2. A. Muller, *la Conception mathématique de l'espace*, dans *Revue scientifique*, 12 février 1808, 25 février 1899.

à un état de condensation sous forme d'amas volumineux et distants, un prodigieux travail devait s'accomplir, qui constitue la fonction ou la vie des nébuleuses. « A l'origine, dit M. Faye, l'univers se réduisait à un chaos général excessivement rare, formé de tous les éléments de la chimie plus ou moins mêlés et confondus. Ces matériaux, soumis d'ailleurs à leurs attractions mutuelles, étaient, dès le commencement, animés de mouvements divers qui en ont provoqué la séparation en lambeaux ou nuées... Ces myriades de lambeaux chaotiques ont donné naissance, par voie de condensation progressive, aux divers mondes de l'univers [1]. » La gravitation devait suffire à opérer ce vaste débrouillement. Développant sans relâche sa puissance pendant une immensité de durée, elle réussit à transformer une nébulosité confuse en un chœur d'astres coordonnés. La même force d'attraction qui faisait s'agglomérer ces masses les mettait en mouvement, les contraignait d'abord à tourner sur elles-mêmes, puis à circuler sur des orbites, suivant une impulsion initiale dérivée de la nébuleuse et qui résultait des mouvements propres de ses éléments. Parallèlement à ces effets dynamiques, des actions physico-chimiques se développèrent par suite de la condensation graduelle de la nébuleuse et du rapprochement de ses matériaux. La concentration de particules pesantes ne pouvait s'effectuer sans provoquer entre elles des chocs, c'est-à-dire une perte de force vive qui se traduit en dégagements de chaleur et de lumière. De vagues lueurs d'apparence laiteuse signalent alors ce travail, que manifestent ensuite avec plus de précision les contours mieux arrêtés des fragments de la nébuleuse, à mesure qu'ils se condensent

1. *Sur l'origine du monde*, p. 256.

davantage, jusqu'à ce que, parvenus au terme de cette embryogénie cosmique, ils se résolvent en étoiles radieuses.

La diversité des aspects que présentent les nébuleuses est vraiment surprenante. Les unes ressemblent à un brouillard uniforme; d'autres, qui cèdent à des tendances dispersives, offrent l'image de nuées tourmentées par des vents contraires; la plupart affectent dans leur forme, déjà moins irrégulière, les figurations les plus variées, sphériques, elliptiques, annulaires, cosmiques, paraboliques, spiraloïdes [1]... L'exploration du monde étrange des nébuleuses permet de passer des plus indéterminés de ces types aux plus symétriques, indice de la complexité des modes d'action des forces qui donnent sa conformation spéciale à l'amas. Parfois les nébuleuses se groupent par deux, trois ou plus encore, et ces composantes sont liées. Dans l'hémisphère austral, les *Nuées de Magellan* contiennent à elles seules près de 400 nébuleuses ou amas d'étoiles, qui sont comme une réduction de notre ciel.

Les transformations des nébuleuses s'accomplissent avec une telle lenteur qu'il n'est pas possible de les constater par l'observation directe, mais on peut en présumer l'ordre en interprétant leurs états divers comme les stades parcourus successivement par chacune d'elles. Dans toutes, le constant effort de la gravité tend à remplacer la diffusion initiale et l'agitation anarchique de leurs éléments par une condensation graduelle de masses et de mouvements réguliers. D'un chaos désordonné de petites énergies en conflit les unes avec les autres, un même principe d'action, invariable dans sa loi généra-

---

1. En 1861, lord Ross comptait 40 nébuleuses disposées en spirale, et 30 où cette forme singulière se laissait soupçonner.

trice, mais susceptible d'applications infiniment variées, fait sortir avec le temps un vaste système de mondes coordonnés et solidaires, un cosmos plein de fécondité et d'harmonie, œuvre immense qui a dû exiger d'autant plus de durée que, au début, l'attraction était plus faible et la matière plus dispersée.

Quoique séparées par de si grandes distances qu'elles ne semblent guère capables de s'influencer réciproquement, les milliers de nébuleuses, dont a fait partie notre voie lactée ne peuvent pas être étrangères les unes aux autres et forment ensemble un seul tout. Elles obéissent en effet à la même loi de gravitation, échangent avec leurs lueurs les forces connexes de la lumière, et l'analyse spectrale constate en elles un fonds commun d'éléments chimiques. Cette unité de substance, de force motrice, d'action physique et d'évolution oblige de conclure à l'unité d'origine, à l'identité d'existence. Il faut considérer toutes les nébuleuses comme les lambeaux déchirés et ramassés sur eux-mêmes d'une nébuleuse primordiale unique formée de leurs éléments dans un état de dispersion générale et uniforme. Dans ces fragments séparés, la même force devait entraîner une révolution finale en systèmes stellaires d'une diversité si riche que, dans le double infini de l'espace et de la durée, toutes les virtualités de combinaisons cosmiques ont pu trouver à se produire.

2. — Malgré le lien très lâche qui les unit, les nébuleuses, ayant une même origine, un même principe d'activité et une même loi d'évolution, doivent remplir dans l'universelle réalité une fonction pareille, qui consiste à opérer la genèse des organismes sidéraux, à développer les germes où la vie des mondes est contenue en puissance comme celle des êtres vivants dans l'ovule fécondé. Des éléments de la substance pondérable, dépositaires de la

force gravifique, se dégagent peu à peu les puissants effets de l'action dynamique et les modes de plus en plus variables des actions physiques et chimiques. Dès l'origine, la nébuleuse, d'où tout provient, « contenait à l'état d'énergie de position toutes les énergies passées et présentes de l'univers, sous quelque forme qu'elles se manifestent aujourd'hui, lumière, mouvement ou chaleur »[1]. Tandis que, actuellement, la fonction du soleil et des étoiles est de concentrer cette énergie et de la distribuer à flots autour d'eux, la fonction générale des nébuleuses est la formation même de ces centres par l'accumulation des effets de la pesanteur, et la production des modalités de puissance qui dérivent d'elle.

Toutefois, la gravitation ne se réduit pas, comme le pensent les astronomes, à l'action d'une force aveugle et fatale que fait suffisamment connaître une sèche formule mathématique, et seulement capable de résultantes mécaniques. La pesanteur, « cette puissance impérieuse, jalouse de tout soumettre à son influence, et qui ne consent au repos que quand son ambition a été pleinement satisfaite »[2], ne se borne pas à concentrer la matière et à régler les mouvements des masses. Elle n'a pas seulement un pouvoir dynamogénique; il faut aussi lui attribuer des virtualités psychogéniques. Puisque, dans la vaste suite de ses effets, elle arrive à produire des mondes où l'organisation, la vie et l'intelligence se manifestent, on doit forcément admettre en elle un principe d'action psychique.

« La vie, c'est le mouvement », dit Aristote[3]. Consé-

---

1. Faye, *Sur l'origine du monde*, p. 195.
2. De Lapparent, *Notions générales sur l'écorce terrestre*.
3. Ὁ βίος ἐν τῇ κινήσει ἐστι. « Il moto, dit de même Léonard de Vinci, è causa d'ogni vita » (*Frammenti*, p. 124).

quemment l'univers entier vit d'une vie dont l'intensité se mesure à la puissance de mouvement qui se déploie dans son sein. Mais la vie, c'est aussi le sentiment et la conscience, qui relèvent de l'action motrice. La pensée elle-même n'est qu'un mode très complexe de mouvement, un fleuve de perceptions et d'idées représentatives. La force, que les stoïciens appelaient « l'âme de la matière », doit être conçue comme le point de départ de la genèse psychique, car, sans les changements qu'elle amène dans la condition des choses, aucun esprit ne pourrait se produire et s'exercer. Tout dérive de ces forces primordiales qui agglomèrent les masses et les meuvent, influencent leurs molécules, agrègent et désagrègent leurs éléments, de manière à produire ce monde de phénomènes d'où provient la vie. Nous-mêmes sommes le champ d'action où ces forces diverses se surajoutent, s'entrecroisent, compliquent leurs effets, et où le psychisme se résout en mouvements comme il résulte de mouvements.

L'esprit se dégage par degrés du consensus de toutes ces forces. La gravitation est un mode initial de la sensibilité de la matière, et, dans l'attraction qui porte irrésistiblement ses éléments pondérables à se rapprocher et à s'unir, on pourrait voir la forme la plus simple de la sympathie. Il y a en elle un effort constant, germe de désir et de vouloir. Des tendances psychiques se montrent mieux encore dans la variabilité des phénomènes physiques. La chaleur, symbole des ardeurs de la passion, la lumière si analogue à celle qui éclaire notre intelligence, l'électricité, si voisine de l'influence nerveuse qu'elle se confond presque avec elle, affinent la sensibilité de la matière par leurs délicates influences. On arrive aux sélections discriminatives de l'affinité qui, dans les composés, devient irritabilité nutritive, vie, conscience... Dans toutes ces forces qui animent la nature, il y a un principe de spiritualité qui aspire à se développer et manifeste par degrés sa puissance. Notre esprit en est une résultante particulière, et l'ordre entier des choses porte témoignage de l'intelligence qui le régit.

§ II. Synthèse universelle, l'éther.

1. — Toutes les nébuleuses et les astres dérivés d'elles se composent de matière pesante amenée à divers degrés de condensation. La gravité, qui concentre et relie ces éléments d'abord dispersés, est pour l'univers visible un principe d'unification et fait de l'intégralité des mondes un seul tout. Mais ni cet attribut de pesanteur qui caractérise la matière perceptible, ni la loi d'attraction qui règle son activité, ne trouvent en elle leur explication, et, sous peine de les accepter comme des faits sans cause, on est conduit à leur chercher une cause dans les propriétés d'une substance primordiale que désigne le nom d'*éther*.

La conception de l'éther (αἰθήρ) remonte aux philosophes grecs. Aristote le tenait pour un élément céleste, une cinquième essence (*quintessence*, par rapport aux quatre éléments des anciens, la terre, l'eau, l'air et le feu), et le suppose « animé d'un mouvement éternel [1] ». Quoique cette substance hypothétique, insaisissable pour tous nos sens, paraisse n'être qu'une entité imaginaire, une pure abstraction de l'esprit, sa réalité a, pour les physiciens modernes, une existence certaine, dont la nécessité logique s'impose aux théories de la science.

1. *Météorologique*, 1.

« L'existence du fluide éthéré est, dit Lamé, incontestablement démontrée par la propagation de la lumière dans les espaces planétaires; par l'explication si simple, si complète des phénomènes de la diffraction dans la théorie des ondes; et les lois de la double réfraction prouvent avec non moins de certitude que l'éther existe dans tous les milieux diaphanes. Ainsi la matière pondérable n'est pas seule dans l'univers; ses particules nagent en quelque sorte au milieu d'un fluide; si ce fluide n'est pas la cause unique de tous les faits observables, il doit du moins les modifier, les propager, compliquer leurs lois. Il n'est donc pas possible d'arriver à une explication rationnelle et complète de la nature physique sans faire intervenir cet agent dont la présence est inévitable. On n'en saurait douter, cette intervention, sagement conduite, trouvera le secret ou la véritable cause des effets qu'on attribue au calorique, à l'électricité, au magnétisme, à l'attraction universelle, à la cohésion, aux affinités chimiques, car tous ces êtres mystérieux et incompréhensibles ne sont au fond que des hypothèses de coordination, utiles sans doute à notre ignorance actuelle, mais que les progrès de la véritable science finiront par détrôner [1] ». — « Aucune main n'a touché l'éther, ajoute M. Bertrand dans son *Éloge de Lamé*, aucun œil ne l'a vu, aucune balance ne l'a pesé. On le démontre, on ne le montre pas; et pourtant il est aussi réel que l'air, son existence est aussi certaine : si j'osais dire, elle l'est davantage. Fresnel a poussé la démonstration jusqu'à la plus complète évidence; il a fait plus que convaincre ses adversaires, il les a réduits au silence. L'univers est rempli par l'éther; il est plus étendu, plus universel et peut-être plus actif que

1. Lamé, *Mémoire sur les lois d'équilibre du fluide éthéré*, dans *Journal de l'école polytechnique*, t. XIV, cahier 23.

la matière pondérable; il livre passage aux corps célestes sans leur résister ni les troubler... Il est, disait Lamé, le véritable roi de la nature physique. »

La substance éthérée, remplissant l'espace de son expansion uniforme, répond le mieux à l'idée de l'Un-Tout, principe et synthèse de toutes les réalités de l'univers. « Cette proposition, dit Haeckel, devient sans cesse plus fondée qu'il n'existe point d'espace vide et que partout les atomes primitifs de la matière pondérable ou de la masse pesante sont séparés par l'éther universel, homogène, répandu dans l'espace universel. Cet éther, très subtil et léger, sinon impondérable, produit par ses ondulations tous les phénomènes de lumière, de chaleur, d'électricité et de magnétisme. On peut se le représenter soit comme une substance continue remplissant l'intervalle entre les atomes, soit comme composé lui-même de particules discrètes. Il faudrait alors attribuer à ces atomes de l'éther une force intrinsèque de répulsion en opposition avec la force d'attraction inhérente aux atomes de matière pondérable. C'est par l'attraction des derniers et la répulsion des premiers que s'expliquerait à son tour le mécanisme de la vie universelle[1]. » Citons enfin H. Herz : « De plus en plus il semble que ce problème (de la nature et des propriétés de l'éther) domine tous les autres, que la connaissance de l'éther doive rendre accessible celle des choses impondérables, et de plus celle de l'antique matière elle-même et de ses qualités les plus intimes, la pesanteur et l'inertie. Et la physique actuelle aborde cette question si, par hasard, tout ce qui existe n'aurait pas été créé par l'éther[2]. »

2. — On tient communément l'éther pour une substance

---

1. *Le Monisme*, p. 17.
2. Cité par Haeckel, *ibid.*, p. 43.

extrêmement atténuée, indifférenciée, impondérable, et pour ainsi dire immatérielle, puisqu'elle n'a aucun des attributs de la matière. Mais il y a ici contradiction dans les termes, car la même réalité ne peut pas être à la fois matérielle et immatérielle. L'immatérialité de l'éther au point de vue de la pesanteur pourrait n'être que relative et exprimer seulement une réduction infinitésimale de la gravité. Déjà l'air, amené dans le vide de Crookes au millionième de la pression atmosphérique, ne décèle plus rien de ce que représente le mot de matière. Or, si l'on suppose la matière des astres de notre système solaire uniformément répandue dans le champ, censé vide, de l'espace limité par les étoiles les plus voisines, le calcul montre que sa densité serait un quatrillion de fois moindre que dans le vide de Crookes, et que le poids d'un volume égal à celui du globe terrestre se réduirait à 1 400 grammes. Un tel milieu ne pourrait-il pas être qualifié d'impondérable? Cet état se rapprocherait singulièrement de la condition de l'éther, dont l'impondérabilité ne signifie pas sans doute qu'il est absolument dépourvu de masse, mais simplement qu'elle échappe à nos moyens limités de mensuration. L'éther doit avoir une matérialité réelle puisqu'il obéit aux mêmes lois dynamiques que la matière, agit sur elle et subit ses réactions. Mais sa raréfaction est telle qu'il semble n'opposer aucune résistance aux masses qui le traversent. En somme, le Cosmos se compose vraisemblablement de deux sortes de matière, l'une parvenue à certains degrés de condensation et perceptible, l'autre extrêmement raréfiée et diffuse, par conséquent insaisissable, mais l'une et l'autre réductibles au même type d'essence primordiale.

Il est assez difficile de se faire une idée de la constitution de l'éther. Il ne diffère pas seulement de la matière proprement dite par son absence de pesanteur appréciable, mais aussi sans doute par son état physique qui ne peut être ni solide, ni liquide, ni même gazeux, et qu'il faudrait classer à part comme constituant un état ultragazeux spécial et inconnu. Les uns supposent l'éther composé de particules distinctes, de vrais atomes qui peut-être se meuvent dans un champ d'espace dont l'étendue, proportionnellement à leur petitesse, serait comparable à celui où se meuvent les astres. D'autres regardent l'éther comme une masse continue divisée par des lignes de force. W. Thomson (lord Kelvin) admet qu'au sein de l'éther un mouvement vibratoire en forme de tourbillon (*vortex*) peut se produire par places et constituer des centres d'attraction capables d'agir à distance suivant des lois de groupement. Les diverses hypothèses proposées à ce sujet tendent toutes à expliquer comment la matière pondérable a pu se produire et se dégager de l'éther. A l'origine première des choses, avant la formation des masses cosmiques, des nébuleuses et de la matière pondérable elle-même, l'éther seul devait exister. Dans l'univers obscur et froid, il n'y avait qu'une substance diffuse en état d'agitation désordonnée, hypothèse qui rappelle le mieux l'antique conception du chaos, *rudis indigestaque moles*. Peu à peu, à force de temps, soit par arrangement spécial d'éléments pareils, soit par sélection d'éléments inégaux ou dissemblables, une matière pesante, moins subtile, se serait formée dans l'éther, comme dans l'air diaphane, mais saturé d'humidité, se forme une brume légère qui va se condenser en nuages, puis se résoudre en gouttes de pluie.

3. — Quelle que puisse être la nature de l'éther, ce qui le caractérise le mieux c'est sa puissance indéfectible d'activité. En état de tension constante, il a une si prodi-

gieuse élasticité qu'il peut transmettre en tous sens les vibrations lumineuses d'astres sans nombre, situés dans toutes les régions de l'espace. Comme ces ondes de lumière, longues en moyenne d'un demi-millième de millimètre, se propagent à raison de 600 000 milliards par seconde, sur un parcours de 300,000 kilomètres, et comme chaque onde a des parties qui s'ébranlent successivement, cela implique, pour les mouvements de l'éther, des éléments d'étendue et de durée indéfiniment divisibles. On ne peut guère comprendre l'élasticité d'un pareil milieu sans supposer les moindres particules d'éther animées d'un pouvoir d'action qui les fait se repousser l'une l'autre. Loin d'être inertes, les infiniment petits, les atomes, qu'on a pu qualifier de « géants déguisés », sont dépositaires de forces dont l'intensité contraste avec leur exiguïté comme masse, et qui, eu égard à leur nombre, deviennent incalculables. La puissance des gaz de substance pondérable en donne déjà une idée. D'après Clausius, une molécule d'air, à la pression d'une atmosphère et à la température de 0, se meut avec une vitesse moyenne de 447 mètres par seconde, sur un espace de 95 millionnièmes de millimètre, et le nombre des chocs subis par elle dans le même temps n'est pas moindre de 4,700 millions. Clerk Maxwell a calculé que, dans les mêmes conditions, une molécule d'hydrogène parcourt 1100 kilomètres par minute, et que ses chocs avec les molécules voisines s'élèvent à 18 milliards par seconde [1]. Ces nombres seraient sans doute dépassés de beaucoup par les atomes de l'éther qui, dans tous les points de l'espace, s'ébranle et tressaille sans repos, par l'effet des vibrations dont sa masse est traversée.

---

1. Voy. Wurtz, *Théorie atomique*, pp. 231, 232.

L'éther n'est pas seulement le substrat ultime de la matière, il est aussi le générateur de l'énergie universelle, le réservoir inépuisable de puissance d'où dérivent les forces diverses à l'œuvre dans la nature. Plus étendu et plus actif que la matière pondérable, il l'emporte sur elle par son universalité, par la grandeur de ses effets. Il est le principe de l'éternelle activité des choses. En même temps que, par l'apparition de la matière pondérable, le visible sort de l'invisible et du mystère, la force se précise et tend à se diversifier. Ce qui n'était au sein de l'éther, qu'une sorte de frémissement général, indistinct et uniforme, va devenir force mouvante, prendre une direction suivie, rectiligne ou curviligne. Les deux modes les plus simples de l'énergie, la répulsion et l'attraction, proviennent directement des propriétés de l'éther et se manifestent par sa tension d'une part comme par la gravitation des masses de l'autre.

On a, en effet, tenté d'expliquer l'attribut de pesanteur qui caractérise la matière sensible, comme une résultante de la puissance de répulsion dont les éléments de l'éther sont animés. Dans un milieu aussi élastique, les particules agrégées dont est faite la matière pondérable doivent, par suite même de leur union, perdre en partie la liberté de leurs mouvements et devenir relativement inertes, tout en continuant à subir la pression uniforme de l'éther. A ne considérer qu'une seule masse pesante, cette pression, égale de tous les côtés, la contraindrait simplement à se condenser vers son centre, jusqu'au point où la résistance de ses éléments à une pénétration mutuelle contrebalancerait l'action exercée par le milieu. Mais, si l'on suppose deux amas séparés par une distance quelconque, ils se feront écran l'un à l'autre, dans le sens de la ligne qui les unit, et tandis que leurs faces opposées subiront toute la pression de l'éther, leurs faces en regard auront à supporter une pression moindre, dont l'atténuation sera proportionnelle à l'ouverture du cône circonscrit entre les deux périmètres. Or, comme les dimensions de ce cône varient, pour la même base, en raison du carré de hauteur, la tendance des deux masses à se porter l'une vers l'autre sera inversement proportionnelle au carré de la distance, ce qui est exactement la loi de la gravitation.

De la même influence souveraine de l'éther proviennent, par des transformations successives d'actions atomiques ou moléculaires, les forces physiques, chimiques, plastiques et biologiques, qui toutes ne sont que de l'énergie modifiée, l'aboutissant plus ou moins complexe des mouvements de l'éther. C'est son impulsion initiale qui, transmise, répercutée, réfractée de mille façons, donne le branle à l'univers et entraîne le Cosmos dans son éternelle évolution. Partout en contact avec la matière pondérable, il la meut, l'échauffe, l'éclaire, l'électrise, la combine, l'organise, pourvoit, intermédiaire fidèle, à tous les échanges de puissance, de sorte que, si, dans l'ensemble des choses, les modes et les applications de la force varient sans cesse, la somme de puissance tour à tour dépensée et récupérée demeure constante. Cette même somme devait, au début, se trouver entière dans l'éther, car, si elle n'avait pas préexisté en lui, on ne voit pas d'où elle aurait pu venir.

Peut-être même la part d'énergie consacrée à produire les phénomènes perceptibles de l'univers n'est-elle qu'une minime fraction de celle que l'éther tient en réserve. C'est du moins ce qu'on pourrait induire du rayonnement des astres. On sait que le Soleil, ce prodigieux foyer de puissance d'où se déversent incessamment, dans toutes les directions, des torrents de force vive, la disperse presque entièrement dans les déserts de l'espace. La Terre n'en capte au passage qu'une infinitésimale parcelle, à peine 1/400,000,000°. Toutes les planètes ensemble et leurs satellites ne reçoivent que 1/67,000,000 des radiations solaires. Que devient l'immense quantité de chaleur, de lumière et d'électricité que cet astre répand autour de lui et qui n'est pas utilisée dans son système? Le principe de la conservation de l'énergie interdit de supposer qu'elle puisse se perdre et s'annihiler. Sous une forme ou sous une autre, elle doit se résoudre, dans les profondeurs de l'espace, en excitations de l'éther et lui restituer la part de force dont une autre distribution avait servi à constituer le Soleil.

En somme, rien ne se crée, rien n'est anéanti; tout se transforme, et c'est en ce renouvellement sans fin que consiste l'universelle vie. « Dans l'univers, dit Tyndall, la puissance en circulation est éternellement la même; elle y roule en flots d'harmonie à travers les âges, et toutes les énergies de la Terre, toutes les manifestations de la vie, aussi bien que le déploiement des phénomènes, ne sont que des modulations et des variations de la même mélodie céleste. » Il faudrait l'admirable poésie de Gœthe pour traduire dignement les effets d'une cause aussi simple : « Comme tout se meut, dit Faust, pour l'œuvre universelle! Comme toutes les activités travaillent et vivent l'une dans l'autre! Comme les forces célestes montent et descendent, et se passent de main en main les seaux d'or, et, sur leurs ailes d'où la bénédiction s'exhale, du ciel à la Terre incessamment portées, remplissent l'univers d'harmonie!… » Et l'Esprit lui répond : « Dans les flots de la vie, dans les tourbillons de faits, j'ondule de haut en bas, je me meus en tous sens. Naissance et tombe, océan éternel, tissu changeant, vie ardente ! Je travaille sur le bruyant métier du temps pour tisser le vêtement vivant de la divinité[1]. »

4. — L'activité de l'éther ne se réduit pas à la production de phénomènes physiques. L'ordre de leur développement implique un esprit recteur dont le principe initial doit résider aussi dans l'éther. Il faut admettre en lui, avec le fond d'universelle réalité et la cause de tous les modes d'énergie, un fond de virtualité psychique qui se manifeste à divers degrés de puissance dans la série des êtres. Pour que, par des genèses successives, l'organisation, la vie, le sentiment et la pensée aient pu se produire, il fallait que l'éther les possédât en puissance, et leur principe dérive, comme tout le reste, de son pouvoir d'activité, à la fois mécanique et psychique. « Une nouvelle doctrine de l'unité du monde prend son point de départ dans la constatation permanente et l'assurance invincible que l'énergie et la matière sont inséparables; et non seulement l'énergie physique dont nous étudions les modes sous les noms de pesanteur et de gravitation, de chaleur, de lumière, de son, d'électricité, de magnétisme et d'affinité, mais encore l'énergie qui se manifeste dans les phénomènes de vie, de conscience et d'intelligence. Tout ce qui existe se résout, pour le monisme moderne, en atomes qui sont à la fois matière, vie, esprit, en éléments substantiels où résiderait, comme dans le germe, la puissance de tout développement ultérieur[2]. »

5. — Ainsi l'éther, substance primordiale, cause générale d'action, donne à l'univers son unité. Nous le retrouvons au terme de la synthèse des êtres comme nous l'avions trouvé au terme de leur analyse. Il est le commencement et la fin de toutes les réalités. Il remplit de

---

1. *Faust*, 1⁰ partie, *La nuit*.
2. Lucien Arréal, *les Croyances de demain*, p. 131 (Paris, F. Alcan).

son expansion l'espace sans bornes, anime de sa puissance les forces diverses et mesure l'éternelle durée par la suite de leurs effets. C'est un océan d'être d'où tout sort et où tout rentre, qui a pour unique attribut d'exister, mais qui, avec l'existence, en possède toutes les virtualités. De cette réalité mystérieuse, essence infinie, puisqu'elle n'a pas de limites, absolue puisqu'elle ne dépend de rien et conditionne toutes choses, enfin éternelle puisqu'elle est innée et indestructible, proviennent les éléments de tout ce qui, dans l'espace et dans la durée, prend forme et figure, apparaît, évolue et disparaît. De là se dégagent, par complications graduelles de résultantes, toutes les modalités de l'être. Le fond seul est immuable. On peut donc regarder l'éther comme l'être véritablement suprême, « le premier moteur immobile » d'Aristote, cause première et fin dernière de tous les phénomènes qui se produisent dans l'univers. Il représente « l'être en soi et pour soi » des métaphysiciens, le *Deus absconditus* que les théologies proposent à nos adorations sous tant de noms divers. Seul, en effet, l'éther possède réellement les attributs prêtés à des divinités imaginaires d'être par lui-même, de tout déterminer et de tout régir. Ce que Saint Paul dit de Dieu : *ex ipso et per ipsum et in ipso sunt omnia*[1], ce que Marc-Aurèle répète dans les mêmes termes[2], ne convient vraiment qu'à l'éther. Pline, écho d'un dogme pythagoricien qui semble avoir fait partie des anciens Mystères, dit aussi : « Le monde, ou ce que nous appelons autrement le Ciel, qui embrasse tous les êtres dans ses vastes flancs, est un Dieu éternel, immense, qui n'a jamais été produit et ne sera jamais détruit; voilà l'être véritablement sacré, l'être éternel, immense, qui

---

1. *Romains*, XI, 36.
2. Ἐκ σοῦ πάντα, ἐν σοὶ πάντα, εἰς σοὶ πάντα (*Pensées*, IV, 23).

renferme tout en lui; il est en tout, ou plutôt il est tout lui-même; il est l'ouvrage de la nature et la nature elle-même [1]. Suivant Leibniz, « la dernière raison des choses doit être une substance nécessaire, dans laquelle le détail des changements n'est qu'éminemment, comme dans sa source, et que nous appelons Dieu ».

Là devrait en effet se borner toute conception de la divinité, et la notion de l'éther en offre l'expression plus exacte que des entités mythiques, simples images de l'homme amplifiées et projetées dans le ciel. « Oui, conclut Haeckel, la théorie de l'éther, prise comme base de la foi, peut nous fournir une forme rationnelle de religion, si l'on oppose à l'éther, universel et mobile, divinité créatrice, la masse inerte et lourde, matière de la création [2]. » H. Spencer dit de même, en termes plus généraux : « Au milieu des mystères qui deviennent d'autant plus obscurs qu'on les fouille plus profondément par la pensée, se dresse une certitude absolue, à savoir que nous sommes toujours en présence d'une force infinie et éternelle, d'où procède toutes choses [3]. »

1. *Hist. nat.*, II, 1.
2. *Le Monisme*, p. 18.
3 . *Principes de sociologie*, VI⁰ partie, chap. xvi.

LIVRE TROISIÈME

CONCLUSION ET DÉDUCTIONS

CHAPITRE I

LOIS GÉNÉRALES DE LA VIE

1. — Essayons maintenant, pour résumer cette étude, d'indiquer les lois ou conditions générales de la vie, en prenant ce mot de loi dans le sens que lui assigne Montesquieu, lorsqu'il en fait l'expression « des rapports nécessaires qui résultent de la nature des choses »[1]. Cela revient à dire que la vie doit être expliquée non par l'intervention d'un créateur hypothétique, mais par un ensemble de données relatives aux propriétés essentielles des choses, aux antécédents qui les préparent et aux résultantes qu'elles déterminent.

Partant de l'homme, centre naturel de cette exploration et type le mieux connu d'une individualité vivante, nous avons cherché d'abord à décomposer la complexité de sa nature en poursuivant aussi loin qu'il était possible

---

1. *Esprit des lois*, I, 1.

l'analyse de ses éléments somatiques et psychiques, puis à scruter la série des groupes dont il fait partie et auxquels se rattachent nos relations. Pour effectuer cette double enquête, il nous a fallu, d'une part descendre une suite de degrés dont le plus bas confine à l'infiniment petit, de l'autre gravir une échelle ascendante dont le sommet se perd dans un infini de grandeur. L'ensemble des êtres forme ainsi une immense hiérarchie où se constituent des individualités de tout ordre.

Afin de spécifier et de classer les termes de cette pro-progression grandiose, on pourrait désigner par un exposant de puissance les principaux modes de groupement de l'éternelle substance. On aurait :

A^0, l'éther diffus, homogène, sans différenciation d'aucune sorte;

A^1, les éléments de l'éther qui, devenus pondérables acquièrent en s'agrégeant une existence distincte, caractérisée par l'attribut de la pesanteur;

A^2, les agrégats de matière pesante qui forment, par poids inégaux, les atomes des corps simples de la chimie dont chacun est doué de propriétés particulières;

A^3, les assemblages d'atomes chimiques qui, combinés en diverses proportions, produisent les molécules des corps composés, infiniment variables;

A^4, les groupements de molécules aptes à prendre une structure définie (éléments plastiques, molécules intégrantes des cristaux, plastides des corps vivants);

A^5, les constructions d'éléments plastiques coordonnés en tout-clos individuel conforme à un type déterminé (cristaux, organismes);

A^6, les divers modes d'association facultative entre des êtres congénères (familles, corporations, nations...);

A^7, les espèces, réunion naturelle de tous les êtres

de même type, régis par une loi commune de symbiose et d'évolution ;

A^8, les séries d'espèces qui, offrant à la fois des similitudes et des dissemblances, constituent les groupes de tribu, de genre, de classe et d'embranchement ;

A^9, les règnes, ensembles de toutes les séries d'espèces de même nature (règne animal, règne des protistes, règne végétal, règne animal) ;

A^{10}, les empires, collections de règnes (empire inorganique ou brut, empire organique ou vivant) ;

A^{11}, les mondes comme la Terre, unités cosmiques où se totalisent les séries d'êtres qui précèdent ;

A^{12}, les groupes de mondes coordonnés en système unitaire, comme le sont le Soleil, les planètes et leurs satellites, assujettis à sa puissance ;

A^{13}, les groupes de systèmes de mondes formant un système stellaire ;

A^{14}, les groupes de systèmes stellaires associés dans une même nébuleuse réductible (la voie lactée...) ;

A^{15}, l'univers cosmique, comprenant la totalité des nébuleuses, réductibles ou irréductibles ;

A^{16}, l'univers absolu, la masse infinie de l'éther, d'où proviennent toutes les réalités perceptibles.

Aux termes extrêmes où l'analyse et la synthèse se trouvent arrêtées, nous sommes en présence d'une substance primordiale, caractérisée par un pouvoir incessant d'activité, et qui, seule en possesion de l'existence absolue et éternelle, en transmet la participation relative et temporaire à tout ce qui dérive d'elle par des assemblages d'éléments et des résultantes de forces. Du sein de l'éther diffus, indifférencié, uniforme, où ne se produisent que des effets d'expansion et de répulsion, se dégagent d'abord des particules distinctes, pesantes capables d'effets d'attraction et de condensation. Ces particules de substance pondérable s'agrégeant ensuite à raison de la concordance de leurs mouvements, produisent les corps simples de la chimie. Ceux-ci, à leur tour, opérant entre eux des combinaisons variées, déterminent la vaste série des corps composés. Avec eux apparaît un principe de structure. Tandis que les plus simples et les plus stables prennent des formes cristallines, le composé le plus complexe et le plus changeant, apte à renouveler sa substance sans perdre son état de composition, acquiert un pouvoir d'organisation et d'activité d'où va résulter la vie. La substance vivante se modèle alors en types sans nombre qui, procédant les uns des autres, évoluent et se transforment avec le temps. De l'étroite corrélation des corps bruts et des corps vivants résulte l'unité mondiale du globe terrestre. Enfin les astres eux-mêmes, groupés hiérarchiquement en systèmes solaires, stellaires, nébuleux, se confondent au sein de l'éther, dans l'universalité de l'Un-Tout.

Les séries d'êtres qui correspondent à ces modes successifs de groupement forment donc une immense hiérarchie qui va de l'infinité des moindres particules de l'éther à la totalité des choses. L'homme, simple anneau dans cette chaîne sans fin d'existences liées, est comme suspendu sur un abîme, entre deux infinis qui l'un et l'autre échappent à son intelligence bornée. « Qu'est-ce que l'homme dans la nature? demande Pascal[1]. Un néant à l'égard de l'infini, un tout à l'égard du néant : un milieu entre rien et tout. Infiniment éloigné de comprendre les extrêmes, la fin des choses et leurs principes sont pour lui invinciblement cachés dans un secret impé-

____
1. *Pensées*, édit., Havet, t. I, p. 3.

nétrable; également incapable de voir le néant d'où il est tiré et l'infini où il est englouti ».

2. — Le principe générateur de toute existence finie est une loi d'association et d'individuation. Un être déterminé se compose toujours d'êtres moindres associés et coordonnés en tout-clos unitaire, et lui-même, par suite de ces rapports nécessaires avec d'autres êtres, figure comme partie intégrante dans des agrégats supérieurs. De même que l'unité se partage en fractions qui vont s'atténuant par degrés, sans jamais se confondre avec zéro, et, d'autre part, entre avec sa valeur propre dans des nombres croissants dont la progression n'a pas de terme, mais reste toujours très loin de l'infini, les individualités de tout ordre se produisent par le groupement d'individualités parcellaires et servent elles-mêmes à constituer des individualités de plus en plus complexes. Chaque être particulier représente ainsi une somme d'autres êtres qui se totalise par la réduction à l'unité d'un ensemble d'éléments. Il est l'*unum et plura* des pythagoriciens ou plutôt l'*unum e pluribus*. Partout où se réalise, par un assemblage coordonné de parties, l'unité de structure dans l'étendue, la continuité d'existence dans la durée, l'unité de cause dans la production des effets, et l'unité de résultante dans le consensus des fonctions, il y a un être à la fois individuel par les conditions d'existence qui lui sont propres, et collectif par la multiplicité de ces éléments comme par nos rapports avec les séries d'autres êtres.

La substance première, dont l'unique attribut est l'existence absolue, mais indéterminée, invariable et indistincte, ne pouvait développer les virtualités de l'être, se modifier et évoluer, qu'en se résolvant en séries d'êtres déterminés, finis, relatifs et passagers, susceptibles de s'individualiser à tous les degrés de grandeur et de puissance. Considéré sous cet aspect, l'univers se conçoit comme un immense atelier où des agrégats de matière et des complexus de forces, impliqués les uns dans les autres et dépendant les uns des autres, se forment et se défont tour à tour. Tout se ramène à des faits d'association et de disjonction, sous la loi d'un devenir sans fin. « Il n'y a, disait Empédocle, que mélange et séparation de parties, et voilà ce qu'on appelle nature »[1]. Une faculté d'adaption réciproque dispose les éléments du corps à se lier en systèmes unitaires, qui se coordonnent ensuite en séries, pour aboutir à une suprême unité. Dans l'ensemble des êtres, rien n'est isolé, « tout est concourant » comme l'affirmait Hippocrate[2]. « Toutes choses sont liées entre elles et d'un nœud sacré, dit de même Marc-Aurèle, tous les êtres sont coordonnés ensemble, tout concourt à l'harmonie du même monde; il n'y a qu'un seul monde qui comprend tout, un seul Dieu qui est dans tout, une seule matière, une seule loi, une raison commune à tous les êtres intelligents »[3]. Des liens sans nombre, dont nos sciences ne nous révèlent qu'une bien petite part, unissent les choses en apparence les plus étrangères, établissent entre elles, malgré les intervalles d'étendue ou de durée qui les séparent, des relations mystérieuses et font de tous les êtres un seul être. Chaque individualité vit ainsi de la vie universelle. Elle est une résultante de l'ordre intégral des choses, et, pour qu'elle soit ce qu'elle est, il faut que tout le passé de la nature ait été.

3. — Puisque chaque être défini est un assemblage de parties, sa loi de formation le fait se produire par leur

---

1. Μίξις τε διάλλαξις το μεγέντων (Φυσικά).
2. Σύμπνοια πάντα.
3. *Pensées*, VII, p. 9.

groupement successif et leur coordination graduelle. Il doit naître dans le temps, débuter par un rudiment initial, puis croître jusqu'à complet achèvement de son type, parcourir un cycle d'évolution, enfin décroître et disparaître. Mais, à mesure que, dans la série hiérarchique, des éléments plus nombreux et plus divers s'unissent en agrégats plus complexes, les êtres voient augmenter à la fois leur grandeur, leur durée et leur puissance. Des résultantes nouvelles déterminent en eux des modes spéciaux d'activité, des corrélations de fonctions qui établissent l'interdépendance des parties, assurent l'ordre de l'ensemble et régularisent ses rapports avec le milieu. Par cela même que des éléments distincts deviennent solidaires et que l'unité d'existence commune s'impose à une multiplicité d'existences particulières, il se produit nécessairement un état nouveau, des exigences d'activité collective et concertée. Une part de l'énergie propre aux éléments passe au service du tout, se modifie pas leurs réactions mutuelles et se change en énergie dans le système. On voit alors apparaître dans l'agrégat des effets et des aptitudes qui n'étaient pas discernables dans les éléments. La force totale n'est pas seulement accrue, elle est transformée et comme transfigurée. Il arrive là quelque chose d'analogue à ce qu'on observe dans les combinaisons chimiques où les corps alliés semblent disparaître avec leurs propriétés spéciales, tandis qu'à leur place surgit un composé nouveau dont les propriétés diffèrent de celles de ses éléments, quoi qu'elles ne soient que la résultante de leur union.

En passant ainsi par association de l'état individuel à l'état sériaire, les êtres réalisent un mode d'existence de plus en plus fécond et varié, s'élèvent d'une activité inférieure à une activité supérieure. A chaque degré de complication de l'agrégat correspond un accroissement de pouvoir, une latitude de développements. Ce qui, dans l'éther, n'était qu'expansion uniforme, devient attraction dans la matière pondérable, mouvement susceptible de varier en intensité, vitesse et direction. Néanmoins, la gravitation agit toujours suivant une loi simple. Convertie en action psychique, elle diversifie ses effets dans les phénomènes multiples de la cohésion, du son, de la chaleur, de la lumière, de l'électricité, du magnétisme. Sous l'influence des agents psychiques, l'affinité, plus changeante encore, fait sortir d'un nombre limité de corps simples une multitude de composés dont aucun ne ressemble à un autre. Le plus complexe de ces composés, qui constitue la base physique de la vie, donne, par son aptitude à s'organiser, naissance à de merveilleuses créations qui se transforment d'âge en âge. Avec la vie se manifeste l'activité psychique qui, sans cesse modifiée par l'action du milieu, fait varier l'état de chaque être de moment en moment...

Diverses par leurs effets, ces forces qui procèdent les unes des autres ne sont pas différentes de nature, mais corrélatives et liées par des rapports d'équivalence. On en a la preuve pour les forces motrices, physiques et en partie chimiques. Elle serait à chercher en ce qui concerne le rapport de celles-ci et des forces biogéniques ou psychogéniques. On verrait alors leurs effets s'enchaîner et se continuer, leur diversité n'apparaissant plus que comme une série de modalités, inégalement complexes, de la même énergie fondamentale. Notre activité personnelle n'est qu'une résultante de l'activité universelle dont les puissances convergent et viennent se réfracter en nous. Notre organisme, a-t-on pu dire, est « un chemin où passe la force ». — « La force nerveuse, nous n'en pouvons pas douter aujourd'hui, est d'origine extérieure, cosmique. C'est une force physique à son origine, aboutissant à une fin également physique, le mouvement des organes[1]. »

Toutes ces forces, s'exerçant de concert ou à tour de rôle dans l'ensemble des choses, témoignent par leur incessante activité du constant effort, du *nisus* qui porte l'éternelle substance à développer les virtualités de son être. Durant le cours de l'évolution universelle, elle va du simple au complexe (Comte), de l'homogène à l'hétérogène (Spencer), du plus stable au moins stable (Cournot), de l'uniformité à la différenciation, de la dispersion à la concentration, de l'unité à la multiplicité et, dans un autre sens, de la multiplicité à l'unité, de la confusion à l'ordre et du chaos au cosmos. « L'univers, affirme Leibniz, marche sans cesse, et du mouvement le plus libre, vers un ordre de plus en plus complet. » De même Renan : « Un ressort intime poussant tout à la vie, et à une vie de plus en plus développée, voilà l'hypothèse nécessaire… Il y a une conscience obscure de l'univers qui tend à se faire, un secret ressort qui pousse le possible à exister. Cette conscience divine se trahit dans l'instinct de l'animal, dans les tendances innées de l'homme, dans les dictées de la conscience, dans cette harmonie suprême qui fait que le monde est plein de nombre, de poids et de mesure[2]. »

4. — De même, en effet, que les corps, dont il n'est pas possible de les disjoindre, les esprits s'associent, s'unissent et forment une hiérarchie d'activités qui concourent à une fin d'ensemble. Ici se pose un problème de

<hr>

1. Vires, *les Progrès de la neuropathologie*, dans *Revue scientifique*, 4 novembre 1890.
2. *Dialogues philosophiques*, pp. 177, 170.

mentalité générale dont la science a jusqu'ici abandonné la solution illusoire aux rêves de la théologie et aux abstractions de la métaphysique, mais qu'elle doit résolument aborder, afin de lui donner, s'il est possible, une solution positive.

Considérons le moi humain en pleine activité psychique : il est un être conscient et pensant qui se perçoit et s'affirme à lui-même sa propre réalité. Il n'y a pas pour lui de vérité plus certaine, plus évidente, et Descartes en a fait avec raison le fondement de la philosophie. Mais cette vérité a aussi une valeur pour la science. D'où vient à l'homme ce pouvoir de mentalité? L'esprit qui l'anime n'est pas né en lui de rien, et ce n'est pas en expliquer rationnellement la genèse que de le faire créer par un démiurge dont on ne sait absolument rien, pas même s'il existe. Le principe d'animation qui se personnifie dans le moi devait préexister en puissance, sous une forme plus simple, dans les éléments de ce moi, et, sous une forme plus complexe, dans les séries dont il dérive. L'analyse et la synthèse en fournissent également la preuve.

Nous avons vu qu'on peut distinguer en nous diverses sortes d'esprits : d'abord la raison, mode supérieur de mentalité qui nous permet de généraliser, d'abstraire, et nous rend aptes à saisir l'universel; puis l'intelligence, que nous partageons avec les animaux, mais qui se borne à des notions particulières, gains de l'expérience individuelle appliqués à des occurrences variables. Au dessous se place l'instinct, déjà subconscient, qui régit les actes réflexes composés, en vertu d'impulsions héréditaires. La réflexivité simple, qui échappe presque entièrement à la conscience du moi, règle automatiquement l'activité des organes spéciaux. Plus bas encore, on ne trouve plus que la sensibilité vague des tissus et des cellules, rudiment de psychisme auquel sont réduits les végétaux et les protistes, et qui confine à l'irritabilité nutritive du protoplasme, c'est-à-dire à un phénomène où dominent les actions chimiques. Nous avons ainsi une échelle de degrés psychiques qui va de la cellule à l'homme et qu'il gravit un à un pendant les stades de l'évolution qui le fait passer de la condition d'ovule inconscient à celle d'être en plein exercice de raison. En outre, pour que des traces de psychisme puissent se produire dans les cellules et le protoplasme, il faut qu'un principe virtuel de spiritualité se trouve jusque dans leurs moindres éléments, et que le mécanisme lui-même soit un psychisme latent qui donne à des forces, en apparences brutales, l'aptitude à manifester, dans certaines conditions, des effets psychiques patents.

D'autre part, il est difficile d'admettre que l'homme marque le terme ultime de cette hiérarchie d'esprits, et que les séries qui le dominent soient dépourvues des facultés qu'il tient d'elles. Ce principe d'animation, qu'il croit lui appartenir en propre et dont il est si disposé à s'enorgueillir, il l'a reçu de groupes supérieurs dont il procède. Il doit à ses ascendants un héritage d'aptitudes transmises par génération, à sa nation un ensemble de caractères ethniques, à l'humanité le patrimoine de civilisation accumulée et de facultés affinées qui assure le développement de sa raison personnelle, au monde animal une première lueur d'intelligence, au monde plus vaste des êtres vivants un fond de sensibilité consciente, à la totalité des êtres du monde terrestre la genèse de la vie et ses possibilités de fonctionnement, à l'univers entier la part de forces générales dont son activité se compose et le principe même de son existence. L'évolution du psychisme dans un aussi grand nombre de séries atteste une mentalité commune à tous les groupes qui nous circonscrivent et nous déterminent. La même progression qui va de l'atome à l'homme doit se continuer de l'homme au cosmos, sans que la pensée puisse rompre cette concaténation rationnelle. Puisque toutes les forces connues s'exercent dans la totalité des choses à divers degrés d'intensité ou d'atténuation, puisqu'il y a partout du mécanisme et du mouvement, des forces physiques en action, des affinités en jeu, de la vie à l'état virtuel, partout il doit y avoir du psychisme en préparation ou en développement. La preuve ressortirait au besoin de notre pensée elle-même, car, pour qu'elle ait pu se produire, il fallait que l'ordre des choses la contînt en puissance et tendît à la réaliser en acte. « Puisque l'univers est un, si l'esprit est quelque part ne faut-il pas qu'il soit partout[1] ? » — « Crois-tu, demande Socrate, que tu sois un être pourvu de quelque intelligence et qu'ailleurs il n'y ait rien d'intelligent ? Et cela, quand tu sais que tu n'as dans ton corps qu'une parcelle de la vaste étendue de la terre, une goutte de la masse des eaux, et que, sur l'immense quantité des éléments, quelques faibles parties ont servi à organiser ton corps ? Penses-tu que toi seul aurais eu le bonheur de ravir une intelligence qui, par suite n'est nulle part ailleurs, et que ces êtres infinis, par rapport à toi, en nombre et en grandeur, seraient maintenus en ordre par une force inintelligente[2] ? »

Qu'il y ait dans l'universalité des choses un principe d'action psychique qui les coordonne, les règle, dirige leur évolution et les conduit à un but, on ne peut guère le mettre en doute quand on réfléchit à l'harmonie de

1. Izoulet, *la Cité moderne*, p. 583 (Paris, F. Alcan).
2. Xénophon, *Mémorables*, t. I, p. 4.

tant de faits qui concourent. Comme la fonction de l'esprit qui nous anime est d'introduire quelque ordre dans le développement de notre vie en lui assignant une direction éclairée, partout où la raison découvre ou seulement entrevoit un ordre suivi, une convergence de rapports tendant à la même fin, l'apparence d'une idée qui se réalise, elle est invinciblement portée à présumer un principe de mentalité qui lui ressemble, car il serait irrationnel d'attribuer à une cause sans intelligence des effets dont la production implique une intelligence active. Croire que, hors de nous, il n'y a que des forces aveugles, des rencontres d'accidents fortuits, serait un non-sens absolu, parce que de pareilles causes, déployant au hasard leur puissance désordonnée, ne pourraient engendrer que le chaos. Puisqu'il y a de l'ordre dans l'univers, il faut qu'un esprit y préside, et, comme il y a de l'ordre partout, il faut que cet esprit soit partout présent et agissant. De l'une à l'autre extrémité de la série des êtres doit se produire une sorte de « potentiel mental » qu'on a pu comparer à la tension des forces physiques[1], et qui n'en est sans doute qu'un aspect corrélatif. Au lieu d'être en nous un accident unique et sans cause, le psychisme se retrouverait à divers degrés dans tous les êtres comme la condition et le principe de leur activité. L'ordre universel ne comporte pas d'autre explication. Anaxagore, qui l'a entrevue le premier, tenait que c'est l'esprit (νοῦς) qui a mis dans le monde l'ordre que nous y voyons : « Toutes choses étaient confondues; la pensée vint qui les sépara et créa l'ordre[2]. » Pour Leibniz, Kant et Hegel, c'est l'esprit qui est l'être véritable, l'infini vivant qui anime en les ordonnant toutes les réalités. — « L'univers lui-

1. Berthelot, *Science et morale*, p. 331.
2. Diogène de Laerte, l. II, p. 16.

même n'est-il pas une vaste société en cours de formation, une vaste union de consciences qui s'élaborent, un concert de volontés qui se cherchent et peu à peu se trouvent? Ces lois qui président dans les corps au groupement des invisibles atomes sont sans doute les mêmes qui président dans les sociétés au groupement des individus... La sociologie peut fournir une représentation particulière de l'univers, un type universel du monde conçu comme une société en cours de formation, avortant ici et réussissant ailleurs, aspirant à changer de plus en plus la force mécanique en justice et la lutte pour la vie en fraternité. S'il en était ainsi, la puissance essentielle et immanente à tous les êtres, toujours prête à se dégager dès que les circonstances lui donnent accès à la lumière de la conscience, pourrait s'exprimer par un seul mot : « sociabilité[1]. »

A suivre sur l'échelle indéfinie où elles se développent les manifestations de l'esprit, il est impossible de dire où elles commencent, où elles finissent. Il y a du psychisme partout, et la nature entière est comme imprégnée de spiritualité. On aurait seulement à distinguer par rapport à l'homme, puis comme terme moyen, un *hypopsychisme* dans les groupes inférieurs et un *hyperpsychisme* dans les groupes supérieurs, l'un et l'autre confondus dans un *panpsychisme* universel. « La psychologie, dit M. Fouillée, finira par reconnaître la continuité et la transformation des modes de l'énergie psychique, comme la physique reconnaît la continuité et la transformation des modes de l'énergie physique. La philosophie générale à son tour verra dans l'énergie physique l'expression extérieure de l'énergie psychique, c'est-à-dire de la volonté omnipré-

---

1. *La Science sociale contemporaine*, 2ᵉ éd., introduction et conclusion.

sente et constitutive de la réalité même... « Dès lors,
il n'est plus besoin d'admettre deux mondes, l'un de réalités, l'autre de reflets mentaux. L'existence est une...
Une fois rétabli l'élément psychique au cœur même de la
réalité, le besoin d'un monde transcendant et inconnaissable ne se faisant plus sentir, la réalité toute entière sera
conçue comme homogène et une, soit dans ses éléments,
qui sont psychiques, soit dans ses lois qui, à une extrémité, sont mécaniques, à l'autre sociologiques[1]. »

Au mécanisme exclusif de Descartes, Leibniz, par une
conception plus profonde, a opposé l'idée d'un monde
dont le principe d'activité est la vie, l'âme, le désir. Inséparables l'un de l'autre, le mécanisme et le psychisme,
corrélatifs et consubstantiels, représentent le double aspect
de l'universelle réalité vue tour à tour du dehors et au
dedans. D'après la théorie monistique, les phénomènes,
tant psychiques que physiques, manifestent la même puissance, dérivent du même fonds d'énergie. L'activité générale des forces, l'agitation sans trêve et les transformations
sans terme de l'éternelle substance, traduisent en faits
sensibles des tendances psychiques, des besoins sentis, des
aspirations idéales, une volonté secrète que le mouvement
révèle. Tout vit, sent et veut dans l'univers. A quelque
degré de simplicité ou de complexité que l'on considère
les êtres, il faut admettre en eux quelque chose d'analogue à la sensibilité, à l'intelligence, au vouloir vivre.
Dans la structure d'un cristal, dans celle de la molécule,
il y a une recherche de conditions d'équilibre, une tendance à réaliser, par une concordance de mouvements,
un état de stabilité durable. Dans toute application de
force mécanique ou physique, il y a une sorte de besoin

<hr>

1. *Le mouvement positiviste et la conception sociologique du monde*,
introd., pp. 11, 12.

et d'inquiétude qui suggère l'effort, la conscience obscure d'une manière d'être insuffisante dont les êtres tendent à sortir par le mouvement. « Tout mouvement implique un principe interne d'élan et de direction, c'est-à-dire que toute action est le développement d'une tendance, en un mot que tout mécanisme est le masque extérieur d'une finalité [1]. »

Ainsi la force, qu'on croit aveugle, est une volonté qui s'ignore, comme notre volonté motivée est une force qui se connaît. « On reviendra un jour à la pensée qu'Aristote avait exprimée en une de ses formules brèves et profondes : — Tout mouvement est une sorte d'appétit. — De même que la production ou la circulation du mouvement dans l'univers est inintelligible sans une activité universelle, cette activité même est pour nous inintelligible sans une sensibilité universelle. Il n'y a « rien de mort dans la nature », comme le disait encore l'Aristote du xviie siècle, Leibniz. Tout se fait par voie mécanique, si on peut parler ainsi, par voie sensitive et instinctive [2]. » Le monde est une œuvre pensée et voulue, un idéal qui se réalise de lui-même. « Certes, dit Taine, il y a une âme dans chaque chose, il y en a une dans l'univers. Quel que soit l'être, brut ou pensant, défini ou vague, par delà sa forme sensible, luit une essence secrète et ce je ne sais quoi de divin que nous entrevoyons par éclairs sublimes, sans jamais y atteindre et le pénétrer. »

C'est avec cette âme, à la fois manifeste et mystérieuse, éparse dans la totalité des choses, que notre âme sympathise et communie par les relations qui tendent à mettre notre activité personnelle en harmonie

<hr>

1. Izoulet, *la Cité moderne*, p. 582.
2. A. Fouillée, dans *Revue des Deux Mondes*, 25 octobre 1886.

avec celle de l'univers. « Le rythme de la pensée est en parfaite concordance avec celui de la nature. L'homme est comme un instrument accordé au diapason des choses. » [1]. Dans nos conceptions les plus hautes, notre raison reflète la raison universelle. Tant de liens qui nous rattachent à elle, nos affections qui cherchent partout où se prendre sans se fixer nulle part, nos rêves de beauté dont son ordre nous fournit les éléments, ces lois que nous révèlent les sciences et dont la rationalité transcendante fait l'admiration du penseur, la consc'ence morale, qui tend à régler notre conduite d'après des exigences générales de vie, enfin le sentiment de la nature et le sentiment religieux dans ce qu'il a de plus pur, tout atteste l'existence d'un esprit partout répandu avec lequel le nôtre aspire à s'identifier, sans pouvoir y réussir, à cause de l'inégalité qui sépare sa grandeur infinie de notre infirmité si bornée.

5. — Sur cette question capitale d'un psychisme universel, un désaccord formel a divisé jusqu'ici la foi et la science, le dogmatisme religieux qui affirmait une intelligence rectrice comme cause de l'ordre dans l'ensemble des choses, et l'agnosticisme positiviste qui déclarait pouvoir s'en passer pour une explication des faits. Alors que les religions se fondent sur la conception d'une mentalité surnaturelle, mais inscrutable, dont elles font tout dépendre, la science, résignée à une cécité volontaire, se confine dans l'étude des phénomènes et de leurs lois, écartant de parti pris toute considération d'ordre psychique. Indiquons les causes de cette contradiction et insistons sur la nécessité d'y mettre un terme.

L'intuition religieuse était dans le vrai quand elle

1. L. Arréat, *les Croyances de demain*, p. 113.

admettait l'ingérence d'un esprit dans l'univers, mais elle s'est généralement trompée dans les déterminations qu'elle a tenté d'en donner. Abusée par l'illusion anthropomorphique, presque inévitable au début de la spéculation, elle a personnifié cet esprit dans des dieux conçus à l'image de l'homme et seulement moins bornés. Relégués dans un ciel imaginaire, ces êtres divins furent censés avoir créé le monde et le gouverner à coups de décrets. Mais tout est arbitraire et conjectural dans l'existence, les attributs et le mode d'action de ces puissances idéales et, en dehors de révélations dont la preuve n'est jamais donnée, et ne peut l'être, on ne sait absolument rien des desseins et des décisions que les théologiens leurs prêtent.

C'est pourquoi les hommes de science, désertant, comme absolument infertile, le champ de la spéculation religieuse ou métaphysique, se sont abstenus jusqu'ici de traiter les questions d'âme, d'action divine, de providence et de finalité, pour se renfermer dans l'étude moins inféconde des faits directement observables, parce que, se bornant à la recherche de leurs rapports et de leurs lois, ils avaient, là seulement, le moyen d'arriver à des certitudes. L'aspect mécanique des choses, dont l'ordre était le plus apparent, fut donc le premier exploré par eux. Le monde des manifestations psychiques semblait n'exister pas pour la science. Cette prudente réserve, nécessaire au début, lorsque l'intelligence investigatrice, cherchant à tâtons sa voie dans les ténèbres, avait surtout besoin de solides vérités, nous a procuré l'inestimable trésor de connaissances dont se compose notre savoir positif. Un double résultat s'en dégage en pleine lumière. D'une part la constante régularité des lois établies infirme de plus en plus la croyance à des interventions surnaturelles, et cette éclatante vérité : « Tout est régi par des lois », ne laissant aucun rôle à l'action divine, tend à ruiner le prestige de toute les religions. Mais, d'autre part, la régularité de l'ordre dans l'ensemble des choses, de mieux en mieux démontrée par la science, réclame à son tour une explication que le mécanisme est impuissant à lui donner. Une grande lacune, qu'il faudrait combler, apparaît clairement dans la théorie de la connaissance. Déjà Socrate regardait l'explication mécanique du monde comme insuffisante et préconisait la recherche des raisons de finalité[1]. Cette exigence de la pensée devient de plus en plus impérieuse.

En poursuivant, à l'exclusion de toute autre, leur vaste enquête sur les phénomènes physiques, les savants semblent n'avoir pas soupçonné qu'il y avait aussi, dans le monde, des phénomènes psychiques, moins abordables mais non moins réels et au fond plus importants, dont la constatation par le sens intime ne méritait pas moins de confiance que les données des sens externes, et qu'enfin ces phénomènes, dont l'induction faisait entrevoir la généralité, avaient aussi leurs corrélations et des lois. Il y a donc là un monde nouveau à explorer, *terra incognita* de la science positive. Après avoir éclairé, comme elle a fait, le côté physique de l'univers, elle n'a rempli qu'une moitié de sa tâche, puisqu'elle laisse ignorer le côté psychique, le plus intéressant de beaucoup pour un être qui pense, parce qu'il découvrirait à la raison les raisons cachées des choses. Faute de lumière sur ce point, l'ordre de l'univers resterait un impénétrable mystère, et l'apparition même d'un esprit dans l'homme serait un effet sans cause. Quand on veut tout ramener à des lois

1. *Phédon*, p. 45 et suivantes.

de causalité, on oublie que ces lois doivent elles-mêmes avoir une cause rationnelle, une finalité qu'il faudrait montrer. La science ne peut plus se dérober à l'obligation d'aborder enfin ce problème. Diverses voies, désormais ouvertes, lui ouvrent l'accès de cette nouvelle étude. La biologie, la psychologie, la sociologie, aboutissant extrême des sciences physiques, témoignent de la possibilité de scruter les faits psychiques, et cette seconde classe de sciences, complétant la précédente, conduira forcément à les toutes unir dans une science générale.

Ainsi, des conceptions religieuses sans valeur pour la science, et des connaissances précises, mais incomplètes, étrangères à toute considération de finalité, ont constitué jusqu'ici deux manières absolument distinctes, et pour mieux dire opposées, d'interpréter la nature. Obtenues par des méthodes différentes, ces interprétations n'ont entre elles aucun rapport, et l'impossibilité de les concilier crée une antinomie pour la raison qui, les ayant conçues l'une et l'autre, se trouve en contradiction avec elle-même. Faire ordonner et régir le monde par des dieux dont on ne sait rien et dont l'ingérence serait un miracle perpétuel, c'est démentir toutes les acquisitions de la science, personnifier des causes occultes, autoriser toutes les superstitions, donner des choses une explication qui ne comporte ni examen ni contrôle, et substituer les rêves d'un spiritisme illusoire à l'indéfectibilité des lois naturelles. Mais aussi, refuser d'admettre une direction intelligente dans l'ordre suivi par les phénomènes, formuler cet ordre en lois, sans chercher la raison d'être de ces lois, montrer le comment des choses et ne pas s'enquérir du pourquoi, des fins de l'activité universelle, c'est se borner à l'étude d'un mécanisme inexpliqué dans sa cause et son but, tout rapporter à des nécessités aveugles, ne pas voir ce qu'il y a de mentalité manifeste dans l'harmonie des êtres, et prendre l'esprit même de l'homme pour un accident fortuit qui ne tient à rien dans la nature.

Entre ces deux manières également exclusives et défectueuses d'interpréter l'ensemble des choses, une conciliation ne serait pourtant pas impossible, grâce à de mutuelles concessions. Il faut que désormais la science admette, à titre d'induction légitime, qu'il y a une intelligence active dans l'univers, une tendance à réaliser un certain idéal; mais il faut aussi que la croyance cesse de prendre des personnifications imaginaires pour des êtres réels et ne leur prête plus des attributions incompatibles avec les lois les mieux établies. D'une part donc, la science, si longtemps limitée à l'étude du mécanisme, doit élargir son cadre et y faire entrer celle des faits psychiques; de l'autre, les religions, au lieu de s'abstraire dans des conceptions mythiques et d'échafauder de vaines conjectures sans tenir aucun compte des vérités de la science, devraient en faire le fondement de leur transcendance, et admettre avec Malebranche qu'un esprit divin ne peut agir que par des lois, sans jamais s'abaisser à des décisions particulières. En d'autres termes, la vraie religion, sans autre révélation que le progrès de la connaissance positive, et sans autre miracle que l'absence complète de miracles, serait tenue de se faire scientifique, de mettre ses dogmes d'accord avec les notions les mieux prouvées, et la vraie science de devenir religieuse, de croire à la présence d'un esprit recteur dans la nature, et d'interpréter le monde comme une œuvre pensée et voulue. Ainsi seulement la religion et la science, se pénétrant l'une l'autre, sœurs et non plus ennemies, mettraient fin à un désaccord où la raison semble se démentir

elle-même, et qui, s'il se prolongeait davantage, arrête-
rait tout progrès.

L'unique moyen d'établir cet accord serait de reconnaître
l'identité, la concomitance de l'esprit et de la matière,
de la force et de l'animation, du mécanisme et du
psychisme, non moins étroitement unis dans l'universalité des êtres qu'ils le sont dans l'homme. Puisqu'une
intellectualité externe, un esprit séparé du monde ne
laisse saisir nulle part son action, dans la trame des phénomènes, et que néanmoins il y a de l'intelligence partout
il faut forcément la mettre dans les choses mêmes et l'y
faire agir. L'ordre universel s'explique mieux par une
énergie interne, à la fois physique et psychique, évoluant sous ces deux aspects avec une régularité qu'atteste la permanence des lois naturelles et ordonnant
le monde à mesure que s'effectuait son développement.
« La nature, disait Aristote, est un artiste qui agit au
dedans au lieu d'agir au dehors », il ajoute : « Si l'art des
constructions navales était dans le vaisseau, l'art agirait
comme le fait la nature. » Spinoza croit à une *Natura
naturans* qui se règle elle-même et dirige sa propre activité. L'univers n'est pas cette montre dont le mécanisme,
œuvre artificielle, implique l'existence et le travail d'un
horloger. Il serait plutôt comparable à l'évolution de
l'oiseau dans l'œuf, qui se forme et s'anime spontanément, en vertu d'une impulsion préordonnée et des conditions du milieu.

La question qui divise la science et la foi se réduit
donc à décider si l'esprit qui dirige l'ordre des choses est
en elles ou hors d'elles, intrinsèque ou extrinsèque, distinct du mécanisme ou identifiable avec lui. Quand on
réfléchit à l'union intime du somatisme et du psychisme
dans l'homme, il est malaisé de supposer qu'il en puisse

être autrement de l'esprit universel et de l'univers. Dans un cas, seulement, on a un être borné qui, n'ayant de prise que sur l'accidentel, projette, délibère, se résout en cherchant à combiner des contingences qui souvent l'abusent et le déçoivent, tandis que, dans l'autre, il y a une puissance psychique dont les idées et les volontés, réglant l'ordre le plus général des choses, ne peuvent être représentées que par des lois. Taine se plaisait à dire : « Dieu, c'est l'Esprit des lois. » En lui, l'ordonnateur et le monde, l'œuvre et l'ouvrier, se confondent et ne font qu'un.

6. — Envisagée sous un autre aspect, non plus comme cause, mais comme tendance, la question du psychisme dans la production des faits se ramène à la recherche des finalités, car la finalité, c'est l'intelligence en action, une direction tracée et suivie en vue d'atteindre un but. S'il y a du psychisme partout, il doit y avoir de la finalité partout, et chaque fait correspond à une idée, soit nettement conçue, soit obscurément pressentie. La vie humaine serait absolument inexplicable si l'on voulait en exclure l'interprétation des finalités, car tous nos actes voulus et motivés ont leur intention et un but; nos actes instinctifs, les actions réflexes elles-mêmes, tendent inconsciemment à un résultat manifeste, et chaque fonction de l'organisme à sa fin. Le finalisme est le flambeau qui éclaire toute la biologie, et, privées de cette lumière, l'anatomie, la physiologie plus encore, seraient incompréhensibles et n'auraient plus aucun sens. Il en est ainsi de toutes choses. Partout où un ordre s'établit, se maintient et se développe, partout où l'on constate des connexions, des adaptations et des convergences de fonctions, une évolution régulière, qu'il s'agisse d'une molécule ou d'un monde, il faut admettre une fin cherchée, un esprit recteur, puisque sans cela l'unité de l'ensemble

manquerait de lien. La finalité ressort de l'accord même des faits et se trouve prouvée par lui. Le principe : *Post hoc, ergo propter hoc* se prête à recevoir ici ses plus larges applications et les mieux justifiées. Prises dans leur généralité, les lois ont pour cause finale évidente la totalité de leurs effets. La fin de la gravitation, c'est le débrouillement, opéré par elle, du chaos originel, la formation et la mise en circulation des masses cosmiques; la fin des actions physiques et de leurs lois, c'est la détermination des phénomènes variables dont toutes les modalités des êtres dépendent; la cause finale de l'affinité, c'est la production de l'immense collection des corps composés doués de propriétés diverses et aptes à tous les emplois; enfin, la cause finale de la vie c'est la genèse d'une multitude sans nombre d'êtres organisés et animés, se développant en une série hiérarchique et progressive des monères à l'homme.

Mais, quand nous parlons de causes finales, nous n'entendons rien de pareil aux rêveries des finalistes d'autrefois, si discréditées à juste titre par la puérilité de leurs interprétations. La différence est profonde entre des finalités externes, présumés conçues par un démiurge dont les intentions échappent, et une finalité interne qui se dégage des faits à mesure qu'ils se produisent et se confond avec leur cause efficiente. « La finalité, dit M. Fouillée, n'est que le psychisme même, sensation et appétition, c'est-à-dire l'effort de l'être sentant pour maintenir et accroître un état fondamental de bien-être, en repoussant toute cause de malaise et en attirant toute cause de plaisir... Ainsi entendue, la finalité est l'activité même. On peut et on doit en transporter le germe jusque dans les éléments des corps. Mais cette force intérieure des choses, si elle est volonté spontanée, n'est pas pour cela une intelligence ayant la représentation d'un but à venir, d'un tout à réaliser au moyen de ses parties[1]. » « Il n'existe pas, dit-il encore, une adaptation préordonnée des choses les unes aux autres; l'adaptation est perpétuelle, inséparable du monde, donnée avec lui; elle est la loi essentielle des êtres; elle n'est ni le produit de l'action d'un démiurge, ni celui de combinaisons fortuites et tardives[2]. » Dans le même ordre d'idées, citons pour terminer M. Tarde : « Il n'y a pas une fin dans la nature une fin par rapport à laquelle tout le reste est moyen; il y a une multitude infinie de fins qui cherchent à s'utiliser les uns les autres. Chaque organisme, et dans chaque organisme chaque cellule, et dans chaque cellule peut-être chaque élément cellulaire a sa petite providence à soi et en soi. Ici donc, nous sommes conduits à penser que la force harmonisante — celle du moins dont la science positive a le droit de s'occuper, sans nier nullement la possibilité d'aucune autre, — est non pas immense et unique, extérieure et supérieure, mais infiniment multipliée, infinitésimale et interne[3]. »

7. — Le mystère de l'univers, l'extrême difficulté que nous avons à découvrir le pourquoi des choses, leur raison d'être et leur fin, tiennent à ce que nous sommes engagés dans des cycles d'existences hiérarchiques, les unes que nous dominons, les autres qui nous dominent, tandis que nous n'avons clairement conscience que de notre moi. De même qu'il y a en nous diverses sortes d'esprits qui, bien que collaborant à une commune fin, s'ignorent l'un l'autre, il y a dans la nature une infinité d'esprits de tout

1. *Le mouvement idéaliste*, pp. 145, 147.
2. *Le mouvement positiviste*, p. 90.
3. Tarde, *les Lois sociales*, dans *Revue de métaphysique et de morale*, mai 1898, p. 333.

ordre, autant que d'êtres distincts, impliqués par séries les uns dans les autres, mais sans jour les uns sur les autres, et évoluant sans se connaître, jusqu'à une intelligence suprême qui les contient tous, mais ne peut être connue que d'elle-même.

Supposez le petit intellect d'une cellule du corps humain aspirant à connaître l'ensemble dont elle ne constitue qu'une infinitésimale parcelle : soit par exemple, non une cellule fixée dans l'épaisseur des tissus et n'ayant de rapports directs qu'avec les cellules voisines, mais un des globules du sang, plus apte, par sa continuelle mobilité, à se rendre compte des choses. Sa petite conscience extrêmement bornée, pourra bien lui donner le sentiment de son existence propre, de ses besoins, de ses diverses manières d'être et du mouvement qui l'entraîne dans une circulation sans fin; mais à cela se réduisent ses notions possibles. Quant à comprendre jamais la conformation du corps, l'ordre de ses parties, l'accord de ses fonctions, l'unité de résultante et le prodige de la pensée, puis, dans un au-delà sans limites, la diversité des êtres, leur évolution dans la suite des âges, l'harmonie du monde terrestre, celle des astres dans le ciel et la splendeur de l'universelle vie, il en est absolument incapable, faute d'ouvertures sur le dehors, de sens et d'intelligence. Tels nous sommes, à quelques échelons au-dessus de la cellule, quand nous voulons raisonner sur le tout dont nous avons seulement la certitude de faire partie. Par son immensité comme par notre faiblesse, il échappe à la prise et à la mesure de notre chétif entendement.

Une chose du moins paraît hors de doute, et la science ne peut plus le méconnaître sans se diminuer et déchoir : c'est que la nature entière est animée. A des degrés divers, tout est sensible, tout a conscience d'être, tout veut être. Un esprit, inégal en puissance et variable en modes d'action, mais partout présent et actif, meut et ordonne les choses, tend à les maintenir, à les développer, à rendre meilleure leur condition d'existence. Voilà le but vers lequel tout se dirige, la fin de l'universelle et constante vie. Un même fonds de substance, un même principe d'énergie, à la fois physique et psychique, produisent, dans le double infini de l'espace et de la durée, tous les ordres de réalités. Virgile, s'inspirant de la doctrine des stoïciens, a exprimé cette grande vérité dans les deux plus beaux vers philosophiques que l'antiquité nous ait légués :

> Spiritus intus alit, totamque infusa per artus
> Mens agitat molem, et magno se corpore miscet.

1. *Énéide*, VI, 726-727.

CHAPITRE II

CAUSE ET ORIGINE DU MAL

§ I. — Fausses interprétations et indication de la cause réelle du mal.

1. — Il n'y a guère de question mieux faite pour embarrasser la raison que celle de l'origine du mal. La vie étant composée de biens et de maux, la même explication devrait rendre compte des deux. Mais, tandis que notre esprit conçoit le bien comme l'expression d'un ordre idéal et voudrait le trouver partout, il ne peut se représenter le mal que comme un désordre dont la cause lui échappe, alors que ses effets, trop faciles à constater en tous lieux et en tous temps, démentent les sentiments de justice et de bonté dont, semble-t-il, aurait dû s'inspirer la puissance régulatrice de l'univers.

Les pessimistes triomphent aisément quand ils s'appliquent à décrire les formes sans nombre sous lesquelles le mal sévit dans le monde : — Mal physique : besoins pénibles a supporter ou à satisfaire, souffrances de toute espèce, maladies, infirmités, déclin de la vieillesse, affres de la mort...; — mal affectif : immensité de nos désirs attestant l'étendue de notre misère, vaine poursuite d'un bonheur qu'on ne peut atteindre ou retenir, prompte satiété au sein de la jouissance, inquiétude du cœur que troublent sans relâche la peine, l'ennui, la privation, la tristesse, les regrets...; — mal esthétique : dégoût d'une laideur presque partout étalée, opposition du rêve et de la réalité, désenchantement de l'admiration qui se blase, perte d'illusions aussi décevantes que chères..., ; — mal intellectuel : curiosité toujours inassouvie de connaître, incertitude de la vérité, tourment du doute, égarement de l'erreur, contradictions d'idées, qui mettent la raison aux prises avec elle-même...; — mal moral : indécision et faiblesse de la volonté, hésitations et scrupules de la conscience, impuissance de nos efforts en lutte avec la force irrésistible des choses, faillibilité des meilleures intentions, fautes, crimes, vices, remords...; — mal social : discorde au sein des familles, conflits d'égoïsmes, d'intérêts et de vanités dans les relations privées, antagonisme de partis et de classes dans l'État, troubles, dissensions, révolutions, écrasement des faibles par les puissants et les forts...; — mal dans l'humanité : guerres, conquêtes, éviction ou oppression de peuples et de races, bouleversements historiques, persécutions religieuses, progrès toujours acheté au prix de douleurs et de sacrifices...; — mal dans la nature : lacunes et accidents de son ordre, fléaux, pestes, famines, orages, dévastations, inondations, sécheresses, éruptions de volcans, tremblements de terre, rigueurs des saisons et des climats, concurrence vitale, loi du *struggle for life*..., — Enfin, pour tout ce qui naît dans le temps, inexorable nécessité de peiner, de souffrir et de cesser d'être...

Pour peu que l'esprit s'attarde à considérer les choses sous ce désolant aspect, et se plaise à « broyer du noir », cette manière de regarder le monde par ses plus méchants côtés plongerait dans le désespoir et empêcherait tout le train de la vie d'aller. Le mal paraît alors universel et permanent. Les penseurs attristés se renvoient leurs plaintes à travers les siècles comme un lamentable écho. Job demande pourquoi le jour a été infligé aux misérables. Les poètes grecs redisent à l'envi que mourir vaut mieux que naître et que le plus heureux est celui qui n'a pas franchi le seuil de la vie. Le bouddhisme déclare l'existence mauvaise et aspire à en être délivré dans l'inerte quiétude du *nirvâna*. Le christianisme tient ce monde pour une vallée de misère et ajourne à une autre vie, dans un ciel idéal, un rêve de félicité future. « Toute créature gémit », affirme saint Paul ; et Gœthe, à qui la nature apparaît comme un vaste champ de carnage, la compare à un monstre occupant son éternité à se dévorer lui-même.

2. — Quelle cause assigner à l'existence du mal? Il doit en avoir une puissante, étendue et persistante, puisque ses effets se manifestent avec tant d'intensité, de constance et de généralité. Mais aucune des explications qu'on a tenté d'en donner ne satisfait la raison. Par les contradictions et les antinomies qu'il soulève, ce redoutable problème fait tomber toutes les théologies en confusion. « D'où vient le mal, si Dieu existe? demande Boèce, et, s'il n'existe pas, d'où vient le bien [1]? » A la question ainsi posée, il est difficile de faire une réponse topique. Lorsqu'on tient le monde pour l'œuvre d'un créateur qui l'a tiré du néant par un acte de sa toute puissance, ordonné dans sa toute sagesse avec une parfaite bonté, et qui continue de veiller sur lui par les soins d'une Pro-

---

1. *De consolatione philosophica.*

vidence, on le rend responsable de tout ce qu'il y a mis ou laissé se produire de maux, sans qu'il soit possible de lui découvrir, ni même de lui prêter de bonnes raisons. L'existence du mal dans la création est en effet inconciliable avec ses attributs d'omnipotence, d'intelligence suprême et de souveraine bonté, car elle dément l'une ou l'autre, et accule l'auteur de l'univers à l'une des alternatives de ce *trilemme* terrible : ou il n'a pas pu, ou il n'a pas su, ou il n'a pas voulu éviter le mal à ses créatures, et n'est conséquemment qu'un être impuissant, ou malhabile, ou crellement tyrannique.

On se réfugie alors dans le mystère de ses desseins qu'on ignore, mais cela n'explique rien.

On a cru sortir d'embarras et l'on est tombé dans un autre, imaginant, par oppposition à un Dieu bon, voulant et faisant le bien, un Dieu méchant et pervers, qui se plait à voir souffrir et faire le mal par nature, avec délectation. Les religions dualistiques personnifiant ainsi les bons et les mauvais cotés de l'homme et des choses, ont mis en conflit, dans une guerre sans trêve, Osiris et Typhon, Ormuzd et Ahriman, Jéhovah et Satan, le Ciel et l'Enfer, avec leurs légions d'anges et de démons, troupe secourable ou malfaisante, qui tient une si grande place dans les croyances humaines qu'elle semble constituer le fond de toutes les religions. Mais cet antagonisme puéril, qui fait de la création un duel de divinités hostiles, est une con   diction logique, et, par la limitation réciproque de puissances qui se démentent l'une l'autre, conclut à la déchéance des deux.

La mythologie grecque faisait infliger les maux aux mortels par des dieux qui vengaient leurs injures personnelles, ou qui, rivaux et jaloux les uns des autres, poursuivaient de leur haine les sectateurs des dieux ennemis.

D'après le dogme de la métempsycose, inspiré par l'idée de justice distributive, les maux de la vie présente seraient l'expiation de fautes commises dans des existences antérieures ; mais, comme nul n'en conserve le souvenir, on ignore le délit, alors qu'on subit la peine, et son équité n'a plus rien d'évident.

Pour le judaïsme et ses dérivés, le mal est la conséquence d'un péché originel dont le premier couple humain se serait rendu coupable en désobéissant à un ordre, d'ailleurs arbitraire, de son créateur, explication purement mythique et difficile à justifier au point de vue de la raison, puisqu'elle fait supporter à une innocente postérité la peine d'un délit qui ne lui est pas imputable. Il convient en outre de noter que tous les êtres vivants sont, ainsi que l'homme, sujets à souffrir, et un mal aussi répandu doit avoir une cause générale qu'il faudrait montrer.

Suivant la doctrine de Jésus, les douleurs de la vie sont une épreuve qui, subie avec résignation, sera compensée par d'amples rémunérations dans le ciel, et il promet une éternelle béatitude aux misérables, pour cela seul qu'ici-bas ils ont souffert et pleuré[1]. Mais, même avec la perspective d'un dédommagement éventuel, il semble bien rigoureux de faire acheter des félicités futures au prix de malheurs présents, tandis qu'une divinité vraiment bonne devrait à ses créatures un bonheur constant.

Abordant à leur tour le problème de l'origine du mal, les métaphysiciens n'ont pas mieux que les théologiens réussi à le résoudre, et se sont bornés à répandre quelques obscurités de plus. Il en est qui regardent le mal des

---

1. *Saint Mathieu,* V, 5.

uns comme la condition du mal des autres, de sorte que, par une balance de douleurs compensatrices, le bien général serait la résultante des maux particuliers, tandis qu'il devrait plus rationnellement être la somme du bien de tous. Les stoïciens tenaient que le mal est l'envers du bien et qu'ils se conditionnent l'un l'autre, sans qu'on les puisse séparer. « Le bien, disait Chrysippe, est le contraire du mal ; il est nécessaire qu'ils existent tous les deux, opposés l'un à l'autre et comme appuyés sur leur mutuel contraste[1] ». Mais on n'en voit pas la raison, et l'on souhaiterait que le bien pût se soutenir tout seul, sans avoir besoin d'un aussi fâcheux support. Cette alliance du bien et du mal n'a d'ailleurs rien d'absolu, puisque toute l'activité de notre vie se consacre à les disjoindre et à faire prévaloir l'un sur l'autre. Pour Hegel, le mal est la forme inférieure du bien, le bien en puissance, à l'état de devenir. Mais comme le bien lui-même serait alors une forme inférieure du mieux, un mal par rapport à l'excellent, il s'ensuivrait que le bien et le mal ne diffèrent qu'en degré, non en nature, sont d'essence commune et, finalement, s'identifient.

Nombre d'esprits, renonçant à résoudre un problème aussi ardu, chargent des puissances aveugles, personnification de l'accident sans règle et sans but, le hasard, la fortune ou le destin, de répartir à l'aventure, entre les êtres vivants, des lots propices ou funestes, ce qui ramène à la conception homérique d'un Jupiter qui, puisant dans deux récipients à sa portée, à droite les biens, à gauche les maux, les distribue selon son caprice aux mortels.

On voit la faiblesse et l'insuffisance de ces explications imaginaires. Aucune d'elles ne résisterait un moment à

1. Aulu-Gelle, *Nuits attiques*, VI, 4.

la discussion. En place de fables mythiques et d'hypothèses sans preuves, la science réclame une interprétation qui, mettant de coté les causes surnaturelles et les conjectures invérifiables, ne fasse intervenir que des causes naturelles, accessibles, déterminables. Étant donné que le mal est une limitation, une diminution de vie, il doit résulter des conditions mêmes et du fonctionnement de la vie. Il faut que sa cause, non plus externe, mais interne, s'explique par la réaction des êtres entre eux et se déduise de leurs rapports nécessaires, qui sont des lois. On verrait alors clairement l'origine réelle du mal, dans quelle mesure il est inévitable et s'impose, dans quelle autre sa contingence permet d'en éviter l'atteinte ou d'en corriger les effets.

3. — La loi générale des êtres finis les fait se constituer en vertu d'un double principe d'association et d'individuation. Chacun d'eux se compose d'êtres plus simples coordonnés en un tout, et ce tout lui même figure à titre de partie dans les agrégats complexes d'amplitude croissante. Ainsi l'homme est un composé d'organes, un organe de tissus, un tissu de cellules, la cellule d'éléments moléculaires, la molécule d'atomes... Et de même, dans les modes supérieurs de groupement, l'être humain fait partie d'une famille, la famille d'une nation, la nation de l'humanité, l'espèce humaine du règne animal, le règne animal de l'empire organique, l'empire organique du monde terrestre, et la progression se continue parmi les systèmes de monde jusqu'à l'unité suprême de l'univers qui comprend tout. D'une extrémité à l'autre de cette hiérarchie d'êtres, de l'atome au cosmos, la vie individualisée se développe en orbes grandissants par une fédédération de parties constituant à chaque degré un tout-clos unitaire. De là découlent deux sortes

de résultantes qui assignent à la vie ses conditions et ses lois.

Par cela même que des parties distinctes s'unissent en un tout vivant, elles deviennent solidaires les unes des autres, leurs pouvoirs d'action se surajoutent, leurs fonctions concourent à une même fin, des facultés nouvelles apparaissent, et le résultat de cet accord est la production, par voie de synthèse, d'un ensemble où la multiplicité des éléments se résout en une existence unifiée.

Mais, en même temps qu'un principe de concert et d'union, l'association introduit dans l'agrégat un principe de contradiction et de lutte, parce que les rapports des parties entre elles et avec le tout, loin de s'accorder toujours, ont aussi leur discordance et sont souvent en conflit. Malgré la solidarité qui les lie, chaque partie, en effet, a son individualité spéciale et collabore à une activité commune sans perdre son autonomie. C'est un être qui vit pour son propre compte, qui a ses conditions de genèse, ses exigences de conservation, ses tendances évolutives, son mode de fonctionnement, ses besoins, ses satisfactions. Formant par lui-même un petit tout, il est porté à se considérer comme un tout absolu, et, s'il se prête à certaines relations, il ne s'aliène jamais entièrement. Il s'intéresse surtout à lui même et oppose son égoïsme irréductible aux autres êtres, qui ont aussi leur égoisme, car c'est là pour tous une nécessité de vie. Ils se trouvent ainsi en compétition et en lutte. Il leur est même difficile de voir clairement ce qu'exigerait l'intérêt, soit des êtres inférieurs qui, inclus dans leur unité, dépendent d'eux, soit des êtres supérieurs qui les englobent et dont ils dépendent. Si en effet chaque être a, par sa conscience, le sentiment très vif de sa personnalité, il n'a qu'une notion confuse et de moins en moins distincte de celle des êtres qui, plus simples ou plus complexes, diffèrent de lui. Le moi perçu par le sens intime est comme un foyer de lumière qui brille d'un éclat propre et éclaire tout le reste, mais avec une intensité qui décroît suivant la distance et se perd assez vite dans une profonde obscurité.

Ainsi l'homme a une conscience très nette de sa personnalité totale; il sent, pense et veut au grand jour; mais il n'entrevoit que dans la pénombre d'une sous-conscience ce qui se passe dans ses centres nerveux inférieurs; il n'a presque aucune lueur du mécanisme autonome de la réflexivité; enfin la sensibilité des éléments cellulaires lui échappe entièrement. Il en résulte que le moi, ne connaissant bien que lui-même et ses besoins particuliers, vit surtout pour lui-même, sans beaucoup se préoccuper des êtres partiels qui le constituent, et nuit souvent à leurs intérêts qu'il ignore, tandis que les éléments du moi poursuivent chacun à part et non sans confusion, leur avantage, même aux dépens du tout dont ils ne soupçonnent pas l'existence.

Il en est pareillement des rapports de l'être humain avec les groupes hiérarchiques dont il partage la vie. Il entre dans ces collectivités sans se confondre avec elles, réservant toujours les droits essentiels de sa personnalité, les exigences de ses besoins et les prétentions de son égoïsme. Plus le cadre de l'association grandit, moins il se fait une juste idée du rôle qu'il remplit dans ces collectivités et des obligations qui en devraient dériver. Pour ce qui concerne la famille, le plus restreint de ces groupes, les fonctions de ses divers membres sont indiquées par la nature avec précision, et le sacrifice des intérêts du moi, facilité par de mutuelles affections, est consenti sans trop de peine, quoique les causes de conflit ne manquent pas;

mais, à mesure que l'agrégat social s'étend et se complique, la conscience que l'être individuel a de sa vie s'obscurcit, et le désir d'y contribuer paraît moins urgent, car chaque égoïsme voudrait jouir des avantages de la collectivité sans en supporter les charges. Dans les grands États modernes, peu de vrais patriotes ont le sentiment exact de ce qu'exige l'intérêt public, et une mesure d'abnégation en rapport avec le devoir civique. Moins encore sont assez éclairés pour comprendre l'importance de la civilisation, comme résumant la vie de l'espèce humaine, et pour concourir avec un zèle désintéressé à ses progrès. Enfin, quelques-uns à peine ont une vague idée de notre participation à la vie des séries les plus générales, du règne animal, du monde terrestre, et, dans une trandescendance finale, à celle de l'être universel.

La même cause agissant dans ces divers groupes, ils ont d'autant moins conscience et souci des intérêts individuels qu'ils les dominent de plus haut. C'est dans la famille que, à raison d'un contact immédiat, il en est le plus tenu compte. Déja l'État, bien qu'institué pour servir la masse des intérêts particuliers, les sacrifie volontiers à des exigences de vie nationale, souvent même à l'ambition ou aux caprices des gouvernants. Plus indifférente encore au sort des individus et des peuples, l'humanité les tient pour des ouvriers d'un jour qu'elle congédie leur tâche faite, et récompense d'ordinaire assez mal ceux qui se dévouent avec le plus d'ardeur à l'avancement de la civilisation. La nature livre les espèces vivantes à l'impitoyable loi de la concurrence vitale, sans se préoccuper des souffrances quelle cause, pourvu que l'évolution de la vie suive son cours. Le globe terrestre s'acquitte de ses fonctions cosmiques et ne s'inquiète guère si des foules d'êtres sensibles, nés de lui et qui font partie de son ordre, sont torturés et broyés par les convulsions de sa masse interne ou par l'agitation désordonnée de ses milieux superficiels. Enfin, l'Être suprême, planant au-dessus de toutes les contingences, n'agit sur l'ensemble des êtres que par des lois générales, et les abandonne aux accidents de leurs résultantes, sans jamais intervenir, pour en corriger les effets, par des décrets particuliers.

Malgré ses rapports de série, et quoique enserré dans les multiples liens de collectivités hiérarchiques, chaque être sort donc malaisément de son moi, voit tout du point de vue de son égoïsme et consacre à ses propres intérêts la meilleure part de son activité. L'enchevêtrement d'existences ainsi enchaînées les unes aux autres, mais dont chacune a sa fin particulière, ne saurait aller sans trouble. Entre ces individualités à la fois indépendantes et solidaires, des antagonismes et des conflits sont inévitables. Partout où ces intérêts exclusifs se heurtent au lieu de se concilier doit se produire un effet comparable à celui qui, dans un mécanisme complexe, détermine entre les pièces en jeu des résistances, des frottements et des chocs, c'est-à-dire une perte de force vive, inséparable de la transmission des mouvements. Seulement, lorsqu'en place de pièces inertes il s'agit d'êtres vivants, les frottements et les chocs se traduisent en maux sentis.

De cette double loi d'association qui unit les êtres et d'individuation qui les oppose, résultent tous les biens et tous les maux de la vie : les biens lorsque l'accord s'établit entre les parties et le tout, parce que ces convergences d'effets procurent un accroissement de vitalité ; et les maux quand se produisent soit entre les parties associées, soit entre elles et le tout, des antagonismes et des conflits qui entraînent des désordres et des diminutions de vie. Dans toute société d'êtres, par suite de rapports non moins

nécessaires que faciles à troubler, il y a donc des conditions de concert et de lutte, d'ordre et de perturbation, de
paix et de guerre. La vie collective est une harmonie qui
admet beaucoup de dissonances. *Rerum concordia discors,*
disait la sagesse antique. Nous allons essayer de montrer
que tous les maux dont nous souffrons, qu'ils soient physiques ou psychiques, personnels ou sociaux, naturels
ou accidentels, peuvent s'expliquer par cette cause.

§ II. — Du mal dans l'être individuel,

1. — Quoique l'être humain, qui a très clairement
conscience de son unité, ne paraisse pas susceptible de se
scinder, puisqu'il fait de l'indivisibilité de son moi le
trait caractéristique de l'*individualité* (*in-dividuus*), ce
tout, loin d'être simple, est un agrégat de parties qui, si
elles s'accordent pour produire une résultante d'ensemble,
sont en désaccord et en conflit sur nombre de points.

Considérons d'abord l'homme dans la dualité, non de
sa nature, mais de ses fonctions. On l'a cru longtemps
composé de deux êtres accotés et distincts, le corps et
l'âme, si dissemblables que le langage les oppose communément l'un à l'autre et que la plupart des systèmes
religieux ou métaphysiques les ont supposés d'essence
contraire. Malgré leurs corrélations que la science, qui
tend à les identifier, met toujours mieux en lumière, un
antagonisme réel existe entre l'âme et le corps, ou, pour
éviter ces personnifications trompeuses, entre les fonctions
physiologiques de l'organisme et les fonctions psychiques
de l'appareil d'innervation. Leur accord est indispensable
au développement de la vie, puisque, d'une part, le système nerveux relie, coordonne et harmonise les fonctions
des organes, ce qui implique entre ces deux moitiés de

l'être une si étroite solidarité et une telle réciprocité de services qu'aucune d'elles ne pourrait subsister sans l'autre. Néanmoins, elles ont aussi leurs conditions spéciales d'activité, des intérêts en partie contraires et des tendances divergentes, cause incessante de conflits. Livré à lui-même et cédant aux exigences de ses besoins, l'organisme ne réclame que des satisfactions d'ordre purement physiologique dont la fin est d'assurer le fonctionnement normal de l'ensemble, sa réfection trophique et sa régénération. Il se confine dans le cercle étroit de ses attributions, replié sur lui-même et sans appétitions qui le dépassent. L'esprit, au contraire, mis par les impressions des sens en relation avec le dehors, aspire à répandre son activité dans le monde extérieur. Affranchi par le corps de besoins matériels et sollicité en divers sens par les émotions de la sensibilité, les appréciations du goût, la curiosité de l'intelligence, l'exercice de la volonté, il ne vise et ne tend qu'à des satisfactions idéales. Ces deux sortes de fonctions diffèrent trop pour que les coassociés chargés d'y pourvoir séparément puissent s'accorder toujours, et il en résulte qu'ils se querellent souvent.

Voilà donc la guerre engagée au sein de ce moi que l'âme et le corps déchirent par leurs prétentions rivales, car aucun d'eux ne peut abusivement prévaloir qu'au préjudice de l'autre. L'organisme opprime l'esprit par ses nécessités impérieuses, par l'humiliant servage qu'il lui impose pour y subvenir, par ses appétits brutaux, ses basses jouissances, ses excès, ses maladies, son déclin, toutes causes de contrainte ou de faiblesse pour un agent qui voudrait ne relever que de lui-même; et, de son côté, l'esprit qui ne se croit libre que lorsqu'il prédomine, exploite le corps, le traite en esclave, le surmène et l'épuise en ne tenant pas assez compte de ses besoins. « Démocrite disait que si le corps mettait l'âme en procès et l'appelait en justice en matière de réparation de dommage, jamais elle ne se sauverait qu'elle ne fût condamnée en l'amende [1]. » La conciliation, dans une juste mesure, des intérêts contraires de l'âme et du corps est une des plus grande difficultés de la vie.

2. — Entrons plus avant dans le détail. Le même état de guerre, qui oppose l'un à l'autre les deux principaux ordres de fonctions, se retrouve, pour chacun d'eux, entre les modes spéciaux de leur activité.

L'organisme est un composé d'appareils, d'organes, de tissus et de plastides, dont chacun a son individualité sa vie particulière, son autonomie. Ce sont de petits organismes plus simples, reliés et unis, mais non confondus, qui ont des intérêts communs et des intérêts contraires. Lorsque Kant définit l'organisme : « Un tout dont chaque partie est à la fois but et moyen [2] », il exprime un idéal dont la réalité s'écarte sensiblement, parce que si chaque partie contribue à la vie de l'ensemble, elle vit aussi pour elle-même et fait souvent passer son intérêt propre avant celui du tout. Il arrive ainsi que tout vit à sa guise sans trop se soucier des parties, et parfois à leur détriment. S'il nous était donné d'observer, au sein de l'organisme, les conflits que s'y livrent ses éléments, nous constaterions avec épouvante, au lieu de l'ordre intérieur que l'unité persistante du moi porterait à conjecturer, une lutte sourde, mais acharnée et implacable entre des adversaires aux prises. Leur compétition pour la prépotence fait se produire ici les redoutables rivalités de la concurrence vitale. Un système d'organes ne peut

---

1. Plutarque, *Œuvres morales; règles et préceptes de santé.*
2. *Critique du jugement,* t. II, p. 33.

prévaloir, par ce qu'on appelle « intra-sélection », qu'en se faisant, aux dépens des autres, une part exagérée qui les laisse affaiblis et comme vaincus. Tout surcroît d'activité dans une partie de l'organisme impose ailleurs une diminution corrélative, car le budget de la vie est fixe, et la nature ne peut se montrer prodigue sur un point sans être forcée d'économiser sur un autre. Geoffroi Saint-Hilaire a formulé la règle de ces inégalités compensatrices par sa « loi du balancement des organes », où le gain des uns implique une perte pour d'autres. La distinction usuelle des tempéraments montre que, d'ordinaire, telle ou telle classe d'organes prédomine dans l'organisme, et, par cela même, son équilibre normal est rompu. Entre les éléments cellulaires, la guerre est plus générale et plus implacable encore. Comme ils vivent tous sur le même fonds de substance protéique, ils s'en disputent avec âpreté la jouissance, se partagent, d'après la loi du plus avide et du plus fort, les ressources bornées que le sang, *pabulum vitæ*, met à leur disposition, et ce que les uns ont en plus, les autres l'ont en moins. A cette armée de compétiteurs en lutte, ajoutez les légions de phagocytes, exterminateurs des cellules débilitées ou vieillies, et les bandes de microbes étrangers qui viennent incessamment assaillir l'organisme du dehors, vous aurez l'idée d'une mêlée ardente et confuse, d'où l'on a peine à concevoir qu'un ordre quelconque puisse sortir.

Ces désaccords inévitables entre les activités concurrentes des organes, de leurs éléments et de l'ensemble, suffiraient à expliquer la plupart des maux physiques dont nous souffrons. Nos états de besoin, de malaise, la diversité des maladies et l'intensité de la douleur, signalent ces perturbations à tous les degrés de gravité qu'elles comportent, et nous pouvons juger par là de leur fréquence comme de leur étendue. La santé réelle, le complet bien-être, expression d'un parfait accord entre toutes les fonctions de l'organisme, sans qu'il y ait nulle part excès ou manque, est un idéal irréalisable dans ce qu'il a d'absolu, parce que la multitude et la variabilité des agents qui concourent rendent leurs rapports toujours défectueux et précaires. La maladie est donc l'état naturel, non pas seulement du chrétien, comme l'affirme Pascal, mais de tout être vivant. Aussi longtemps que l'organisme subsiste, l'accord des fonctions l'emporte sans doute sur leur désaccord, et la vie en exprime la résultante; mais cette harmonie, si facile à troubler, ne peut durer qu'un temps, et, lorsque le désordre dépasse certaines limites, la conservation de l'ensemble devenant impossible, l'être est voué à la destruction.

3. — Notre activité psychique s'exerce dans les mêmes conditions d'antagonisme et de lutte. Comme les appareils et les organes du corps, les facultés spéciales que l'analyse distingue dans l'unité du moi conscient, la sensibilité, le goût, l'intelligence, le caractère, le sens moral ont, quoique liées et interdépendantes, leur particularisme étroit, leurs aspirations divergentes, de sorte que tantôt elles s'entr'aident et se développent de concert, tantôt des contradictions éclatent et l'accord se change en guerre civile.

Chacune de ces facultés, ayant des besoins et des exigences de fonctionnement à elles propres, cherche à les faire prévaloir dans l'activité du moi, et, comme celui-ci ne peut pas céder simultanément à leurs sollicitations contraires, cette opposition de tendance met forcément en conflit la passion, qui va où l'appelle le désir, impatiente de le contenter à tout prix, le goût idéal, qui s'applique à concevoir et à réaliser la beauté pure, l'intelligence qui cherche à connaître la vérité quelle qu'elle soit, le caractère, qui à force de volonté veut triompher de la résistance des choses, et la conscience qui prétend imposer à l'être moral une règle désintéressée du devoir. Un de ces modes d'action ne peut prévaloir, par circonstance ou par habitude, qu'à condition de suspendre, pour lui laisser libre carrière, toutes les fonctions rivales. Ainsi tiré en divers sens par de multiples aptitudes, obligé néanmoins de choisir entre elles et de se restreindre pour les exercer tour à tour, le moi, pressé de plus de besoins qu'il n'en peut satisfaire, est réduit à une activité toujours pleine de lacunes et de privations. D'ordinaire, une faculté maîtresse prédomine en lui comme une sorte de tempérament dans l'organisme, et l'on voit les affectifs attribuer la plus large part au sentiment, les imaginatifs à l'idéal, les intellectuels à l'étude, les volontaires à l'action, les gens de bien à la vertu. Mais une préférence aussi marquée ne va pas sans dommage, et les facultés négligées, qui seraient non moins nécessaires, restent, par insuffisance de développement, dans un état de langueur ou d'atrophie. Nous ne jouissons presque jamais d'une vie psychique complète, harmonieuse, où toutes nos aptitudes, normalement exercées, nous feraient goûter, dans une juste mesure, les jouissances variées auxquelles notre nature nous permettrait d'aspirer.

Les mêmes effets de concurrence se produisent pour chaque faculté prise à part, à raison de la multiplicité des manifestations que son activité comporte. Ainsi nos désirs s'accordent bien en cela qu'ils tendent tous au bonheur et se prêtent à l'occasion d'utiles secours; mais ils ont aussi leur antagonisme parce qu'ils poursuivent par des voies distinctes les divers biens de la vie, et n'ont chance d'en atteindre quelques-uns qu'en limitant leur effort. Ils se font ainsi obstacle l'un à l'autre, et le triomphe d'un seul n'est obtenu que par la défaite de ses compétiteurs. Conséquemment, le bonheur, qui exigerait la satisfaction simultanée et adéquate de tous les désirs, est impossible, puisque, pour un désir qui prévaut momentanément, la multitude des autres reste en souffrance. Nous ne pouvons donc obtenir que des parcelles de bonheur, et notre félicité sera toujours inachevée. En outre, le désir qui, victorieux de ses rivaux, prédomine et devient passion, s'exagère inévitablement la valeur du bien qu'il poursuit, la croit absolue quand elle ne peut être que relative, et, par suite, s'il réussit à le posséder, se prépare une déception lorsqu'il en reconnaîtra l'insuffisance, ou d'amers regrets s'il vient à le perdre avant que la satiété l'en ait détaché. Ainsi, en proie à d'innombrables désirs, dont la plupart ne seront jamais satisfaits, anxieux durant l'attente, inquiet ou déçu dans la jouissance, notre cœur est continuellement misérable et tourmenté.

L'imagination, que ne sauraient contenter les vulgarités et les laideurs du monde réel, se plaît à rêver un monde idéal qu'elle dispose à son gré, en le remplissant de belles images qui se forment, se succèdent et se dissipent comme des nuages dans l'air, sans que le goût puisse s'y tenir et se fixer. Son essence est de choisir, c'est-à-dire de préférer et d'exclure. Des arts distincts nous montrent les divers aspects de la beauté, et il est rare que le sens esthétique soit assez compréhensif pour les tous embrasser d'une même étreinte. Pour exceller dans un art, pour jouir pleinement du mérite de ses œuvres, il faut se spécialiser, limiter sa culture esthétique. Les conceptions les plus belles ne nous charment même qu'un moment et nous lassent après nous avoir ravis. Elles doivent se renouveler sans cesse pour raviver nos admirations éphémères. C'est pourquoi les goûts changent d'âge en âge, d'école en école, d'œuvre en œuvre, une loi de variabilité sans fin étant imposée à l'évolution des arts. « L'âme de l'homme, a-t-on pu dire, est comme la fille de Cérès, qu'Ovide nous montre les mains remplies de fleurs qu'elle cueille en folâtrant sur le penchant des monts de Sicile; quand de nouvelles fleurs l'attirent, la jeune déesse jette le bouquet qu'elle a dans les mains[1]. » Nous allons ainsi d'illusions en dégoûts, d'enthousiasmes en désenchantements, sans pouvoir rencontrer, parmi les aspects sans nombre du beau, des jouissances qui durent. Toujours le nouveau nous séduit, nous plaît et nous trompe.

Notre esprit est comme le champ de bataille où, soit dans la nuit de l'ignorance, soit dans la pénombre d'un demi-savoir, se combattent nos idées, le plus souvent en contradiction et en guerre. Le mal, représenté ici par l'erreur, tient au désaccord de notions communément dépourvues d'évidence, de certitude et de cohérence logique. Avide de tout connaître et ne pouvant se résigner aux lenteurs d'une recherche méthodique, la curiosité de l'esprit soulève à la fois une multitude de problèmes, anticipe sur leur solution, tient le faux pour douteux, le douteux pour vraisemblable, le vraisemblable pour vrai, prenant ainsi des lueurs d'aube pour le grand jour, des présomptions pour des preuves, et des conjectures pour la vérité. Une lutte sans trêve, dont témoignent assez nos discussions et nos doutes, se livre

---

1. Dondan, *Des Révolutions du goût.*

entre les notions imparfaites auxquelles notre créance s'attache, et le progrès de la science fait à grand peine triompher de siècle en siècle quelques rares vérités sur une foule d'idées fausses. L'opinion, « cette maîtresse d'erreur », mue et se transforme avec une incurable versatilité. « Il ne faut pas, dit La Bruyère, vingt années pour voir changer les hommes d'opinion sur les choses les plus sérieuses, comme sur celles qui ont paru les plus sûres et les mieux prouvées. » Combien de nos vérités d'aujourd'hui seront des erreurs demain!

Enfin, notre activité morale est aussi le théâtre de continuels conflits, d'abord entre les divers mobiles qui nous incitent à l'action, que la délibération met en balance et parmi lesquels la détermination arrête son choix, puis, une fois l'action engagée, entre les difficultés de l'exécution, et la volonté qui s'efforce d'en surmonter les obstacles. Souvent même le désaccord se produit, au sein de la conscience, entre les devoirs qui réclament en sens contraire, alors qu'il est malaisé de discerner le plus strict, et impossible de s'acquitter d'une obligation sans en violer plusieurs autres. Incertaine du bien, tourmentée de scrupules et vouée, quoi qu'elle fasse, à rester toujours imparfaite, la raison pratique va de l'embarras de l'hésitation au regret de résolutions téméraires, succombe fréquemment aux tentations qui l'assiègent et doit ensuite expier ses défaillances par des remords. La volonté, que tout empêche ou égare, n'arrive que par exception à ses fins. Notre vie se passe à projeter sans décider, à résoudre sans exécuter, et à entreprendre sans aboutir. Rarement le succès nous récompense de nos peines, et les meilleures intentions sont sujettes à mal tourner.

4. — La lutte est donc partout au dedans de nous, entre le corps et l'âme, entre l'organisme, ses organes et leurs éléments, entre les facultés de l'esprit et leurs modes spéciaux d'activité. Un principe général et permanent de discorde les met en opposition et aux prises. Nos besoins physiologiques et nos aspirations rationnelles, l'intérêt et le devoir, l'imagination et la science, cédant à leur opposition naturelle de tendances, se font une guerre incessante, où nous sommes à la fois le vainqueur et le vaincu. Meurtri, déchiré par ces divisions, le moi peut dire avec Job, et à plus juste titre que lui : « Ma vie est un combat. »

§ III. — Du mal dans les groupes humains.

1. — Un antagonisme plus formel encore et non moins fécond en maux, se produit entre les êtres humains et les divers groupes sociaux nécessaires à leur développement. Chacun de ces modes d'associations procure à ses membres d'inappréciables facilités de vie, mais il leur impose en retour des restrictions et des charges pénibles à supporter. Or, le moi est égoïste par nature, car c'est là pour lui une condition d'existence. Quoique lié à d'autres êtres par des rapports qu'il ne peut rompre, il garde toujours très vif le sentiment de sa personnalité, parce qu'il a le plus clairement conscience de lui-même, de ses besoins et de son autonomie, tandis que les liens qui l'attachent à ces collectivités sont plus ou moins lâches, flottants, en apparence facultatifs. Par suite, l'être individuel se considère comme un centre absolu d'activité, rapporte tout à lui-même et répugne au sacrifice de ses moindres intérêts. Mais, d'autre part, chacun des groupes

qui l'enserrent et le dominent a aussi son individualité, ses exigences de vie, son égoïsme non moins intraitable que celui des êtres particuliers, car il ne peut se constituer et se maintenir qu'en les rangeant aux nécessités de son ordre, en leur imposant des contraintes et des assujettissements. Sans doute, les résultantes de ces rapports se résolvent d'ordinaire, à l'avantage commun, en effets d'accord et d'harmonie; mais souvent aussi, les tendances divergent, les intérêts se contredisent, les égoïsmes entrent en conflit, et, de pacifiques, les relations deviennent belliqueuses. S'il veut éviter cette guerre et tous les maux qu'elle entraîne, l'être individuel, réduit à une fâcheuse alternative, n'a plus que le choix de renoncer aux bénéfices de l'association s'il refuse d'en payer le prix, ou s'il consent à l'acquitter, de se résigner à bien des servitudes et des sacrifices. Quelque parti qu'il prenne, il a des maux à souffrir.

2. — Quoique la famille, où l'être humain reçoit et transmet le principe de vitalité qui l'anime, soit de tous les groupes sociaux celui où, par suite de mutuelles affections, l'égoïsme se combine le mieux avec l'altruisme, elle ne laisse pas d'imposer à ses divers membres une part notable d'abnégation parce qu'elle oblige à vivre ensemble des égoïsmes qui, même solidaires, ne peuvent jamais abdiquer entièrement. Une part irréductible d'intérêt personnel se mêle toujours aux relations de la famille et met en péril son union, La plupart des querelles et des divisions qui la troublent tiennent à des conflits d'égoïsmes dont les prétentions inconciliables se refusent aux concessions qu'exige le bon accord.

Dès le début, dans l'union conjugale où l'homme et la femme, se complétant l'un l'autre, semblent n'être que les moitiés d'un seul tout, liées par un égoïsme à deux, une cause d'antagonisme les sépare et tend à les opposer. L'amour qui rapproche les sexes, les met par cela même en conflit, parce que leurs fonctions, leurs instincts et leurs aspirations diffèrent. Pour l'homme, que sollicitent des tâches viriles, l'obligation de faire vivre les siens des fruits de son travail, d'avoir au dehors des relations étendues, de servir et de défendre son pays, de contribuer même, selon son pouvoir, aux progrès de la civilisation, d'exercer en un mot les hautes facultés de son esprit, l'amour et la procréation ne sont qu'un incident de la vie. Pour la femme, au contraire, investie de fonctions conservatrices, chargée de concevoir, de porter, de nourrir et d'élever les enfants, de maintenir l'ordre et l'harmonie dans la famille, d'en être le charme et le bon génie, ces soins, qui réclament tant d'application et de dévouement, sont le principal de l'existence, la vraie vocation naturelle. Si cette disparité d'attributions n'est pas admise des deux parts, elle amène une longue suite de malentendus et de conflits. Ce qu'on a appelé le duel des sexes, le désaccord douloureux et parfois tragique qui met aux prises les moitiés désunies d'un couple mal assorti, trouble plus ou moins la plupart des ménages et ne peut être évité qu'à force de condescendance mutuelle ou de constante résignation. Lorsqu'un amour sincère y dispose les époux, ce devoir se confond pour eux avec le bonheur; mais si, en se liant, ils ont cédé à des considérations étrangères, l'intérêt personnel, toujours prêt à revendiquer ses droits, ne tarde pas à rendre ennemis deux égoïsmes rivés à la même chaîne, comme les anciens forçats.

Tous les rapports de la famille sont compromis ou faussés dès qu'un individualisme exclusif prévaut sur l'affection réciproque et que le *moi* prédomine sur le *nous*. Si, par exemple, l'un ou l'autre des époux est, par passion ou par caprice, infidèle à la foi jurée; si les parents, oublieux de leurs devoirs d'éducateurs, vont où la dissipation les appelle et s'occupent de leurs plaisirs plus que de leurs enfants; si ceux-ci, par ingratitude, n'acquittent-pas les bienfaits reçus en déférence et piété filiales; si, lorsqu'arrive l'âge de leur émancipation, les parents veulent encore exiger d'eux une docilité qui dégénère en tyrannie, tandis que les enfants, las d'être tenus en tutelle, revendiquent le droit d'agir librement, à leurs risques et périls; si, enfin, dans les questions d'intérêt, la cupidité l'emporte sur l'affection, ne laissant en présence que des convoitises en lutte et des plaideurs en procès, le lien de famille n'est plus qu'une entrave et l'animadversion remplace l'amour.

Aussi longtemps qu'une affection désintéressée prédomine, les sacrifices qu'impose l'esprit de famille sont consentis avec allégresse et amplement compensés, parce que celui qui fait abnégation de lui-même retrouve, par l'accroissement de vie procuré à ceux qu'il aime, un gain supérieur à la diminution de son moi; mais, lorsqu'un égoïsme intransigeant exige des concessions de ses proches et refuse de leur en faire, la discorde succède vite à l'harmonie. Une balance exacte des droits et des devoirs réciproques est sans doute malaisée à établir, parce que les conditions d'accord varient suivant les caractères, les situations, les âges, les milieux et les circonstances. Toutefois, l'union durable est à ce prix, et tout ce qui s'écarte d'une mesure de raison tend à la détruire.

3. — Dans leurs relations privées, les êtres humains, tous foncièrement égoïstes, sont surtout mis en conflit par l'opposition de leurs intérêts et les prétentions de leurs amours-propres. Comme, lorsqu'il s'agit d'affaires, chacun cherche son profit, il tâche de l'obtenir le plus

grand possible, au préjudice de ceux qui traitent avec lui. Seule une probité scrupuleuse s'abstient de poursuivre un gain illicite au delà de ce qu'autorise la loi d'équité, et le petit nombre d'honnêtes gens qui pratiquent cette rigide vertu montre assez combien une avidité qui ne recule pas devant l'injustice et la fraude prévaut dans les transactions communes. — Quant aux simples rapports de société, le moi, qui s'exagère si volontiers ses mérites, voudrait le plus souvent imposer aux autres la bonne opinion qu'il a de lui-même, sans leur témoigner en retour une bienveillance égale, et de là proviennent de continuels conflits entre des vanités rivales, également susceptibles, qui se heurtent et se blessent dès qu'elles se rencontrent. D'habiles ménagements et la politesse la plus attentive sont nécessaires pour éviter dans le monde les froissements et les brouilles, sans y réussir toujours, tant il est difficile de faire vivre en paix des amours-propres naturellement incompatibles, armés en guerre et près d'en venir au mains.

Si l'être isolé retire des facilités de vie de sa participation à des groupes corporatifs, ce mode d'association lui impose des restrictions et des charges, parce que chaque collectivité, constituant un petit monde fermé, a son égoïsme exclusif, ses conventions, ses préjugés, leur attribue force de loi et ne tolère pas qu'on s'en affranchisse. Quelle que soit leur disparité individuelle, tous ses membres sont astreints à une règle de conformisme, tenus de se modeler sur un type déterminé. Pour être admis et bien vu dans un de ces groupes, il faut en observer les usages, et, suivant les formules reçues, « être comme tout le monde », « faire comme les autres », « hurler même avec les loups », si l'on a le malheur d'être dans la compagnie des loups, ne pas s'écarter de la mode, sous peine de paraître ridicule, alors même que la mode est le plus contraire à des convenances personnelles et au bon goût, adopter l'opinion courante, feindre de croire dans un monde de dévots, ou se parer de vices bien portés dans un monde de viveurs. Par égard pour l'esprit de corps, on doit souvent cacher ce qu'on sent, taire ce qu'on pense, louer ce qu'on réprouve, se mentir ainsi à soi-même et s'abaisser aux simulations dont s'indigne la généreuse sincérité d'un Alceste. Qui subit trop servilement l'influence d'une coterie cesse de s'appartenir. Il sacrifie à chaque instant quelque chose de ses sentiments intimes, de son idéal, de ses convictions, de sa moralité même, et fait par imitation, snobisme ou respect humain, ce que lui interdirait sa raison. Or, c'est là une sujétion véritable, un amoindrissement réel pour qui tient à sauvegarder l'indépendance du moi et à conserver sa propre estime, plus précieuse que celle des autres.

En outre, chacun de ces groupes sociaux, séparé des autres par les conditions qui le particularisent, oppose à ses rivaux un esprit d'exclusivisme prompt à dégénérer en formelle hostilité. On sait quelles préventions, parfois même quelle animosité combative divisent certaines corporations, les castes ou classes sociales, les partis politiques, les sectes religieuses... On ne peut appartenir à un de ces mondes sans avoir tous les autres contre soi, et, dès qu'on sort d'un cercle étroit d'adhérents, on n'est entouré que d'ennemis.

4. — Bien des maux découlent, pour les membres de l'agrégat politique, du fait d'être liés à la vie d'une nation et d'avoir à subir la dépendance de l'État. L'individu et l'État représentent en effet deux êtres, égoïstes l'un et l'autre, dont les intérêts diffèrent, et entre lesquels, en même temps qu'une solidarité nécessaire, il y a un anta-

gonisme inévitable. Quoique ni le tout ni la partie ne puissent se passer l'un de l'autre, ils sont incapables de vivre en parfait accord. Pour peu que leurs prétentions respectives s'exagèrent au delà d'une limite difficile à établir, la tendance à l'oppression d'une part suscite une disposition à la révolte de l'autre, et forcément la guerre éclate entre l'intérêt public qui s'impose et l'intérêt personnel qui se sent lésé.

Déjà, pour maintenir quelque ordre parmi des activités indépendantes et empêcher les égoïsmes individuels d'empiéter les uns sur les autres, l'État doit recourir à des moyens de contrainte qui se traduisent en une quantité de lois et de règlements, dont la gêne augmente à mesure que l'organisme social devient plus complexe. Édictées pour assurer la paix publique, ces lois, civiles ou pénales, sont autant d'entraves à la liberté, et leur poids est un fardeau sous lequel peinent les peuples trop administrés. On serait alors tenté de donner raison aux partisans de *l'an-archie*, qui protestent contre la tyrannie des lois, si une suppression complète de lois n'était pas un mal pire encore que la surabondance des lois.

Ce que l'intérêt de l'État et celui des citoyens ont de contradictoire se résout en sacrifices imposés d'une part, acceptés ou subis de l'autre. L'être individuel, dont la vie est courte et l'horizon très borné, n'a guère de préoccupations qui les dépassent; l'État qui, au rebours, représente une collectivité étendue et durable, a charge de ses destinées dans le présent et dans l'avenir. Il doit diriger au mieux un vaste ensemble et préparer le bien des générations futures, en sacrifiant s'il le faut une part des intérêts privés aux exigences de l'intérêt général. En vertu du contrat social tacitement consenti, chaque citoyen est tenu de concourir pour sa quote-part aux charges publiques, et se trouve conséquemment atteint dans ses ressources par l'impôt, dans sa liberté par des prescriptions impératives ou prohibitives, dans son existence même par le service militaire qui l'expose à braver la mort pour défendre sa patrie. L'égoïsme individuel, qui voudrait bien jouir des avantages sociaux, mais non les payer trop chèrement, cherche par tous les moyens à se soustraire au dur égoïsme de l'État, à la rapacité du fisc, à la tyrannie de l'administration, à la servitude du militarisme. Seuls, les vrais patriotes, toujours en minime exception, s'acquittent avec zèle du devoir civique, sans marchander leurs sacrifices et subordonnent toute considération personnelle à l'intérêt national.

Entre gouvernants et gouvernés, la guerre est constante parce que les premiers, avides d'autorité, visent sans cesse à étendre leur pouvoir, tandis que les seconds, désireux de sauvegarder leur indépendance, ne songent qu'à le restreindre. Un peuple a également besoin d'ordre et de liberté; mais jouir des deux à la fois, dans une juste mesure, est un idéal difficile à réaliser. Par une sorte de compromis instable et précaire, les institutions politiques s'appliquent à prévenir, d'une part le despotisme des chefs, de l'autre l'insubordination des sujets; mais elles penchent toujours et versent quelquefois de l'un ou de l'autre côté. Aristote pouvait déjà constater, dans sa *Politique*, que chaque type de gouvernement, monarchique ou populaire, est susceptible d'avoir deux formes, l'une bonne, l'autre corrompue, suivant que ceux qui gouvernent se règlent sur l'intérêt général, ou sur leur intérêt particulier. Or, la seconde est de beaucoup la plus commune, car il n'y a guère d'exemple d'un chef d'État, d'une dynastie, d'une caste dirigeante ou d'un parti populaire qui aient exercé le pouvoir sans en abuser à leur avantage, ce qui rend inévitables de périodiques révolutions. L'histoire politique des peuples est le long récit des agitations causées par ces luttes d'influences rivales et par l'éternel conflit entre le principe d'autorité et les revendications de la liberté.

Parfois aussi les crises et les phases de la vie nationale réagissent de la manière la plus fâcheuse sur les destinées individuelles. Soumises, comme tout organisme vivant, aux lois de la biologie générale, les sociétés ont leurs stades d'évolution, leurs maladies constitutionnelles ou accidentelles, leurs âges successifs qui les font passer d'une débile enfance à une virilité forte, puis au déclin de la vieillesse pour aboutir à la mort. Pour chaque période donnée, les conditions de la vie nationale dominent celles des existences particulières. Il y a donc des générations privilégiées, appelées à vivre durant des époques prospères et glorieuses, tandis que d'autres, moins favorisées, venues dans les temps d'épreuves, de révolutions ou de décadence, ont cruellement à souffrir des malheurs publics.

Enfin, dans leurs rapports mutuels, les peuples, personnalités puissantes, sont animés d'un formidable égoïsme décoré du beau nom de patriotisme, et dont ils se font une vertu qui autorise et justifie tout. Pour un patriote exalté, aimer son pays, c'est haïr les autres, et le bien servir, c'est beaucoup leur nuire. Chaque nation, prenant ainsi ses prétentions pour des droits, s'applique avec un soin jaloux à faire prévaloir ses intérêts, justes ou non, par tous les moyens, sans en excepter les plus mauvais, la ruse, la fraude et la violence. De là ces longues rivalités, ces guerres, duels sauvages de nations, dont le récit occupe tant de place dans leurs annales, ces conquêtes brutales, ces dévastations, extorsions et pillages, maux inhérents à la constitution des États, et que la diplomatie s'efforce assez vainement de prévenir ou le droit des gens d'atténuer. Quand éclate un de ces fléaux déchaînés par l'ambition de gouvernements sans scrupules, des susceptibilités d'orgueil national ou le criminel amour de la gloire, la masse des intérêts particuliers est impitoyablement broyée.

5. — Une compétition de même ordre, mais plus inexorable encore, fait s'opposer et se combattre les différentes races humaines. Longtemps séparées et comme étrangères, distinctes par leur type d'organisation, leurs genres de vie, leurs mœurs, leurs aptitudes, leurs traditions, leurs croyances, leurs institutions et leurs lois, presque incapables de se comprendre, de s'unir ou même de se tolérer, elles oublient qu'elles sont sœurs, se tiennent pour ennemies et ne cherchent qu'à s'exproprier, s'asservir ou se détruire. On sait quelle implacable hostilité a, durant tout le cours de l'histoire, mis aux prises les Sémites et les Aryens, les blancs et les noirs, les Européens et les rouges ou les jaunes. La race la plus énergique et la mieux douée s'arroge un droit de suprématie sur les races inférieures qui, si elles refusent de subir cette domination tyrannique, sont refoulées ou exterminées. Par combien d'injustices, de massacres, de spoliations, de réductions en servitude, d'anéantissements de populations entières, s'est fondé dans le monde l'empire exercé par les races supérieures! On s'effraie d'y penser. Durant la longue nuit de la préhistoire, nombre de races ont péri dans ces luttes fratricides, et nous voyons actuellement les Peaux-Rouges de l'Amérique du Nord, les noirs d'Astralie, les Hottentots du Cap, les Polynésiens, etc., sur le point de disparaître, victimes de l'égoïsme féroce d'une race mieux armée pour le combat de la vie.

6. — Quoique la civilisation, qui consiste en gains accumulés de la raison, paraisse essentiellement bienfaisante, elle n'est telle que pour la postérité qui en recueille le profit sans les charges. Pour les générations successives qui travaillent à son avancement, elle est une source abondante de maux, à raison du désaccord fatal entre l'intérêt de l'espèce humaine, considérée dans son ensemble, et l'intérêt des êtres individuels ou collectifs qui la composent : l'humanité qui les englobe dans son unité souveraine, a son égoïsme propre et mène sa grande vie sans tenir compte des existences qui lui sont subordonnées, et dont les besoins diffèrent des siens. Pour l'espèce, l'intérêt suprême, la raison d'être, est le progrès de le civilisation qui doit être obtenu, n'importe à quel prix. L'intérêt plus restreint des individus, des peuples et des races serait de subsister tels quels, dans les conditions particulières où ils se trouvent placés. Or, ces deux sortes d'intérêts, loin de se confondre toujours, sont souvent en contradiction. Un sacrifice devient alors nécessaire, et, comme l'avantage des générations futures prime incomparablement celui de chaque génération donnée, le progrès, c'est-à-dire le triomphe d'un droit supérieur, ne peut s'accomplir que par la juste immolation du droit inférieur.

Le progrès, qui est une amélioration graduelle, implique des changements mesurés, mais continus. Une lutte doit donc se livrer en permanence entre l'esprit de conservation ou de routine qui ne vise qu'à se perpétuer, et l'esprit de réforme ou d'innovation qui aspire au mieux. Le présent est comme le champ clos où combattent, sans paix ni trêve, le passé qui ne se résigne pas à cesser d'être, et l'avenir, impatient de se produire à son tour. C'est pourquoi les pères et les enfants, la génération descendante et la génération montante, s'entendent d'ordinaire assez mal. Non moins cruelle que féconde, la dure loi du progrès exige, dans les éléments de la civilisation, le renouvellement de tout ce qui est imparfait, caduc, transitoire, et, parmi les ouvriers du grand œuvre, l'élimination des faibles, des incapables, des arriérés. Il faut que les générations vieillies, désormais impuissantes, soient successivement fauchées par la mort et remplacées par des générations jeunes, actives, pleines de force et d'ardeur; il faut que des peuples, jadis vaillants et glorieux, mais débilités par l'âge et humiliés par la vie, cèdent l'empire du monde à des nations en croissance, plus énergiques et mieux douées; il faut enfin que les races stériles, les sauvages et les barbares, reculent devant les civilisés, missionnaires armés de la civilisation, investis du soin de propager sur le globe de meilleures conditions de vie. Sans épurations de ce genre, douloureuses, mais nécessaires, on verrait des peuples en déclin perpétuer, comme le Bas-Empire ou la Chine, sans profit pour l'espèce ou plutôt à son détriment, leur impérissable caducité, sinon même la terre entière encore occupée par la première race d'anthropoïdes qui y fit son apparition. Si rigoureux qu'il puisse être en ce qui concerne les vaincus, ce concours pour la prépotence pouvait seul assigner les rangs et déterminer l'hégémonie des plus dignes. C'est pourquoi la guerre, malgré ses horreurs, a jusqu'ici rempli dans l'histoire une fonction civilisatrice, exprimé par la victoire le droit véritable, et son rôle continuera d'être utile pour l'espèce, aussi longtemps que le progrès n'aura pas fait prévaloir au sein de la paix un meilleur mode de sélection.

Ainsi pour le plus grand avantage de l'humanité, tous les intérêts particuliers qui feraient obstacle au progrès doivent être successivement immolés. Ce mal, dont sans doute auraient à se plaindre les victimes qui le supportent, a sa justification au point de vue de l'ensemble, puisque le préjudice de quelques-uns se change en gain pour le plus grand nombre et qu'un bien durable est acquis au prix de souffrances passagères. On entend parfois les sacrifiés dire : Peu nous importe que la postérité soit plus heureuse si nous sommes malheureux à cause d'elle et si nous souffrons pour un avenir dont nous ne jouirons pas! Ceux dont l'égoïsme en révolte récrimine contre cette loi du sacrifice ne se font pas une juste idée de la solidarité humaine. Puisqu'ils en ont recueilli le bénéfice pour tout ce que le passé leur a transmis d'accroissements de vie péniblement obtenus, ils doivent se résigner à une abnégation pareille en ce qui regarde la postérité. Considérons-nous comme des membres de l'humanité, chargés de collaborer à ses progrès; en y contribuant par nos efforts et nos sacrifices, nous pourrons alors jouir par avance du bien que nos épreuves auront préparé à nos successeurs.

§ IV. — Du mal dans la nature.

1. — Le milieu cosmique où s'écoule notre vie nous met en relation avec des séries d'êtres dont les uns sont utiles à nos besoins, les autres nuisibles à nos intérêts. De là résultent pour nous des catégories spéciales de maux, parce que nos exigences sont souvent en désaccord avec ces collectivités dont l'ordre nous domine et s'impose.

2. — Considérons d'abord le monde des êtres vivants. Chacune des innombrables espèces qui partagent avec nous le privilège de la vie, a ses conditions particulières

d'existence, bien que toutes ensemble se confondent dans l'unité de la création organique, et, malgré les corrélations qui les lient, par cela seul qu'elles coexistent et diffèrent, elles ont des intérêts en conflit.

Trop enclins à raisonner des choses en nous plaçant, pour les apprécier, au point de vue de notre égoïsme, nous appelons bonnes les espèces susceptibles de servir à la satisfaction de nos besoins, et mauvaises celles qui nous nuisent, les fauves qui nous menacent, les reptiles dont la piqûre est mortelle, les déprédateurs qui nous pillent, les insectes qui nous harcèlent, les plantes vénéneuses ou hérissées de piquants, les herbes stériles qui envahissent nos cultures, les microbes propagateurs de maladies infectieuses... Mais la nature ne s'est montrée ni favorable à dessein en créant pour notre avantage des espèces utilisables, ni intentionnellement malveillante en nous opposant des espèces ennemies. Son seul idéal, dans l'évolution du monde organique, semble avoir été de produire, partout où la vie était possible, une grande diversité de types adaptés aux conditions des milieux, sous les lois de la variation spontanée, de la concurrence vitale et de la sélection naturelle. Si elle a témoigné de quelque prédilection pour l'homme, c'est uniquement lorsqu'elle le douait d'une intelligence capable d'exploiter à son profit les trois règnes d'êtres vivants.

Perdu d'abord dans la foule des espèces animales et vivant sur le même fonds, l'homme a dû lutter contre elles afin de se défendre de leurs agressions et d'utiliser leurs ressources, car il lui fallait détruire pour subsister et vaincre pour n'être pas vaincu. Aussitôt que sa raison naissante s'éclaira de quelques lueurs d'ingéniosité, il apprit à se faire des armes et des pièges, en vue de combattre dans des conditions moins inégales les animaux, comme lui sauvages, et la guerre éclata, terrible, implacable, entre lui seul d'une part et le monde animal de l'autre. Cette guerre a rempli l'immense durée de la préhistoire, c'est-à-dire toute la période quaternaire. Après tant de sanglants combats, nous assistons, sur les territoires occupés par la civilisation, au triomphe définitif. Les espèces les plus redoutables de grands fauves ont été refoulées ou exterminées, et partout des espèces amies, réduites à l'état domestique, sont substituées par nos soins aux espèces hostiles ou farouches du premier âge.

Le même empire que la chasse, la pêche et l'élevage nous ont donné sur les animaux, l'agriculture s'est plus tardivement appliquée à l'établir sur le monde végétal. Là aussi, parmi une multitude d'espèces de peu de ressource, notre avidité a su découvrir une élite précieuse et de grand profit. Mais, pour propager et améliorer les plantes utiles, limiter l'aire occupée par les autres et les empêcher de la reconquérir, il a fallu engager contre la puissance désordonnée de végétation qui couvrait la terre, une lutte sinon aussi dangereuse, du moins beaucoup plus pénible que celle qui avait assuré la victoire sur le monde animal, et cette lutte incessante nous impose toujours d'immenses labeurs.

Enfin, des exigences de préservation nous obligent maintenant de combattre et d'assujettir le monde, si longtemps ignoré, mais dangereux et souvent funeste des infiniment petits. Cette création confuse arme en effet contre nous des légions d'ennemis dont il importe de neutraliser le pouvoir de nuire, et, par contre, nous offre des auxiliaires éventuels dont il est bon d'utiliser les services. La science, seule en état d'organiser cette nouvelle conquête, nous procurera le moyen de rendre les premiers inoffensifs et les seconds secourables. Pasteur aura été l'Hercule de cette classe de monstres, plus difficiles à vaincre que l'Hydre de Lerne, le lion de Némée ou le sanglier d'Eurymanthe.

Ainsi, par leur condition naturelle où la prédation s'impose, tous les êtres vivants, en état continuel d'antagonisme et de guerre, sont condamnés à subir les maux qui en découlent. Sans doute, l'atroce loi du *struggle for life*, de l'entremangement universel (ἀλληλοφαγία, disaient les Grecs bien avant Darwin), paraît, quand on se met à la place des mangés, d'une cruelle rigueur, et l'on est alors tenté de dresser contre la nature sans pitié un acte de véhémente accusation. Mais, quand la raison s'élève au point de vue de l'ensemble, tout change et l'on reconnaît alors que, loin de consacrer le triomphe du mal, la loi de la concurrence vitale amène celui du bien, puisqu'elle attribue la suprématie aux mieux organisés, aux plus forts et aux plus intelligents, qui, à tous égards, méritent le mieux de vivre. Elle est donc un principe d'évolution progressive, et, malgré les souffrances qu'entraîne son application dans le détail, on doit la déclarer juste et sage, car on ne voit pas par quelle loi plus douce il aurait été possible d'obtenir les mêmes effets. L'homme surtout est moins fondé à s'en plaindre qu'aucun être vivant, puisqu'il est celui de tous qui en retire le plus d'avantages.

2. — Une lutte plus laborieuse encore et non moins pleine de périls a dû être engagée par l'homme contre le monde des corps bruts, afin d'en exploiter les richesses qui, nulle part, ne s'offraient gratuitement à ses convoitises. Quoique, à raison de sa passivité, la création minérale n'opposât que son inertie à des entreprises d'usurpation, un immense effort, dont le débile conquérant avait longtemps été incapable, pouvait seule

surmonter la résistance de la nature inorganique. Pour la contraindre à nous livrer ses trésors et les adapter à nos besoins, dompter les forces rebelles, transformer en esclaves dociles les cours d'eau, les vents, la vapeur, les explosifs, l'électricité même, mystérieuse et cachée; pour extraire, épurer et façonner les métaux, rompre la dureté des roches, modeler et durcir la plasticité des argiles, arracher la houille à ses gisements profonds, surmonter à la surface du globe l'obstacle de la pesanteur, établir par la navigation le libre parcours des eaux, s'ouvrir même un chemin invraisemblable dans les airs, il fallait organiser, à force de travail et de génie, une lutte gigantesque contre la condition générale des choses et la vaincre en acquérant le pouvoir de la modifier à notre gré. Si le triomphe remporté par la civilisation est aussi lucratif que glorieux, il ne doit pas faire oublier ce qu'il a coûté et coûte encore chaque jour de dangers, de soins et de peines c'est-à-dire de maux, vaillamment subis.

3. — Dans ce formidable duel où l'homme, armé de sa seule intelligence, a contre lui la totalité des êtres bruts ou vivants dont se compose son milieu cosmique, la nature souffre bien d'être vaincue et dépossédée en détail; mais lorsqu'elle oppose ses forces unies à son chétif adversaire, elle l'accable par sa souveraine puissance que nous jugeons alors oppressive et malfaisante. Nombreux sont les fléaux qui résultent pour nous des fonctions de la vie du globe en désaccord avec nos conditions d'existence. Nous reprochons avec amertume à la nature la violence de ses éléments déchaînés, les orages, tempêtes et cyclones, cause de tant de désastres, les irrégularités de la météorologie, qui font se succéder des sécheresses prolongées et de brusques inondations, les inégalités des saisons et des climats qui nous exposent

à des froids mortels ou à des ardeurs dévorantes, les éruptions des volcans, les tremblements de terre, les pestes et épidémies qui déciment les populations…, et, plus que tout, la suprême indifférence avec laquelle cette maîtresse de nos destinées assiste, impassible et dédaigneuse, souvent même avec un air insultant de fête, à nos plus cruelles douleurs. Elle nous paraît alors plus hostile et méchante, une marâtre et non plus une mère.

Fondées pour nous, ces récriminations n'atteignent pas la nature. Dans les calamités dont nous gémissons, il convient de voir non l'œuvre funeste à dessein d'une puissance qui déploie contre nous ses fureurs, mais l'activité normale d'un monde qui accomplit ses fonctions cosmiques, sans s'occuper de nos intérêts qu'il ignore et dont il nous laisse le soin. Ces accidents, qualifiés par nous de désordre, font, au rebours, partie de son ordre, dont les exigences priment tout, et, puisque nous bénéficions de cet ordre par les conditions propices de vie qu'il nous fait, nous devons en supporter sans plainte les effets dommageables par inconstance. Il n'y a de trouble que partiellement et dans le détail. L'harmonie règne dans l'ensemble, puisqu'il évolue avec régularité, offrant aux séries d'êtres englobés dans son unité un milieu favorable à leur développement. En outre l'homme a son intelligence pour prévenir ou atténuer les effets de ces maux. La civilisation tout entière est une adaptation réciproque de la vie humaine et de la vie de la nature, en vue d'approprier ses ressources à nos besoins et de neutraliser ses influences nuisibles. Opposons notre savoir, notre prudence et notre activité à la malfaisance des choses, nous réussirons de mieux en mieux à la désarmer, à rendre la nature plus clémente et plus douce, à sauvegarder et à faire prévaloir nos intérêts. Là seulement où nulle ingérence ne peut l'emporter sur elle, il faut nous résigner à l'indéfectibilité de ses lois.

4. — Nous ne croyons pas nécessaire de poursuivre au-delà du globe terrestre l'étude des conflits entre l'ordre des systèmes intercosmiques et les exigences, bien humbles en comparaison, de la vie humaine. Les sociétés d'astres dont notre planète dépend, nous dominent de trop haut pour qu'on puisse admettre l'idée de rien changer aux conditions d'existence qu'elles nous font, et la soumission s'impose. Bornons-nous à dire quelques mots des rapports entre les êtres humains et l'être universel, personnifié diversement par les religions dans des Dieux, car bien des maux devaient encore provenir de ces conceptions imaginaires.

Par cela seul, en effet, qu'au lieu de laisser l'Un-Tout dans l'indétermination de son infini et de son absolu également inaccessibles, on se le représentait à la ressemblance de l'homme, doué d'attributs pareils avec un peu plus de grandeur, et que, au lieu de le faire agir exclusivement par des lois générales et constantes, on lui prêtait des révélations arbitraires, des volontés révocables, des interventions miraculeuses, toutes les relations entre l'homme et le principe d'activité qui anime l'univers se trouvaient faussées. Une longue suite de méprises et de conséquences funestes devaient forcément découler de l'illusion anthropomorphique, parce qu'elle mettait en présence, en opposition et aux prises, deux égoïsmes inconciliables : d'une part, une divinité puissante qui, après avoir ordonné le monde pour réaliser de mystérieux desseins, continue de le gouverner à coups de décrets particuliers, mais qui, partageant les passions et les faiblesses de l'homme, est ainsi que lui orgueilleuse, intéressée, avides d'hommages, jalouse, colère, vindicative, qui se fait un jeu cruel d'exposer ses créatures à de périlleuses épreuves, pour les rémunérer s'il y a lieu, ou les punir par une éternité de supplices...; d'autre part, l'homme misérable, besogneux et tourmenté, qui, ayant conscience de sa faiblesse et de son assujettissement, s'ingénie à fléchir son puissant dominateur, l'implore par des prières, le flatte par des hommages, l'honore par des cultes, cherche à capter sa faveur par des promesses ou des offrandes, à se faire pardonner ses fautes par de feintes expiations... Ainsi entendue, la piété n'est qu'une sorte de marchandage, intéressé des deux parts, une lutte de ruses et de tromperies où l'homme tâche d'exploiter et d'abuser par tous les moyens les maîtres redoutés dont il croit dépendre.

Si les religions ont pu être utiles comme expression d'un idéal supérieur, des maux sans nombre devaient résulter des fictions théologiques. De là proviennent, au lieu d'un sentiment pur, confiant et désintéressé de l'être suprême, la terreur servile inspirée par des Dieux tyrannique et méchants[1], la propension de leurs adorateurs à faire le mal à leur exemple, à commettre, en croyant les honorer ou les servir, les actes les plus criminels. En outre, comme les religions, fondées sur des révélations diverses et contradictoires, se démentent l'une l'autre, elles sont en état permanent d'hostilité, d'autant plus intolérantes qu'elles se présument plus vraies, ce qui déchaîne le fanatisme, les persécutions, les guerres religieuses. Elles ne s'accordent que pour combattre la science, seule capable de corriger leurs erreurs. La somme des maux imputables aux religions balancerait

----

1. *Primus in orbe deos fecit timor* (Pétrone, *Satyricon*, 106).

donc amplement, dans l'histoire de la civilisation, le bien
que les moins mauvaises ont pu faire, et le vers de Lucrèce
leur sera toujours applicable :

Tantum relligio potuit suadere malorum.

5. — Une dernière cause de mal, plus difficile à supporter qu'aucune autre, parce qu'elle contredit toutes nos
convoitises de vie, est l'inéluctable nécessité de mourir.
La faculté de prévoir et l'impossibilité d'éviter le terme
fatal assigné à notre existence, révoltent le plus fort de
nos instincts, le vouloir-vivre avide d'une durée sans fin
et de développements sans mesure. Notre intérêt personnel se trouve ici en conflit avec les nécessités absolues de la vie générale, et, conséquemment, sacrifié par
elle.

Nous avons essayé de montrer ailleurs[1] la fonction de
la mort dans l'ordre de la nature, comme la condition
d'existence de tous les êtres finis, et, pour l'ensemble,
d'un perpétuel devenir. Dans un monde où rien ne devrait
périr, rien ne pourrait naître, évoluer et progresser. La
mort, grande rénovatrice, libère l'éternelle substance de
ses appropriations passagères et l'offre, toujours disponible, aux élaborations successives de la vie. C'est elle
encore qui, dans cette suite de genèses, introduit un
principe de perfectionnement par l'élimination des êtres
vieillis, des types inachevés et inférieurs, que la vie remplace à mesure en leur substituant des êtres jeunes et
forts, des types améliorés et supérieurs. Le renouvellement, la transformation des êtres et de leurs séries, leur
apparition et leur disparition dans le temps, sont la loi

---

1. *Le Problème de la mort*, conclusion.

fondamentale de l'universelle vie et de son incessante activité.

Il faut donc que ce moi, qui nous est si cher, périsse une fois son terme venu et fasse retour au tout; il faut que les générations humaines soient supprimées l'une après l'autre et cèdent la place à des générations nouvelles, où se produiront les effets que l'hérédité comporte; il faut que les peuples et les races, acteurs du drame historique, occupent tour à tour la scène pour y jouer leur rôle et s'en aillent bientôt après; et de même il faut que les espèces vivantes, les mondes, les systèmes de mondes disparaissent l'un après l'autre et cessent d'être, par impuissance de durer toujours. Il faut que tout s'écoule et passe, s'achemine vers un terme, y arrive et tombe dans l'abîme de l'éternité, car, sans cette loi de mortalité générale, la vie, qui est une rénovation continue, perdrait sa fécondité créatrice et se confondrait avec le néant.

Ainsi tout ce qui vient à l'existence dans la durée, tout ce qui est conditionné, relatif et contingent, c'est-à-dire la totalité des êtres finis, est condamné à finir comme ne représentant qu'un aspect borné, forcément transitoire, de l'éternelle réalité. Seuls la substance primordiale et l'Un-Tout, absolus par essence et infinis, sont exempts de la loi de mortalité; mais ils ne peuvent communiquer qu'à titre précaire aux êtres périssables inclus dans leur unité, une part viagère de leur inaliénable indestructibilité. Ce qui entre dans le temps par la naissance doit en sortir par la mort. L'éternité d'un être fini serait une contradiction logique et, pour lui-même, le plus funeste des dons, car la vie, prolongée sans terme dans une condition bornée, deviendrait à la longue un intolérable supplice. Nos rêves d'immortalité, qui nous font désirer l'impossible, sont une grande illusion et un absolu non-sens. Lorsque tout a sa fin, depuis l'atome jusqu'aux astres, n'est-il pas déraisonnable pour l'homme de prétendre à une éternelle durée?

Sans doute, il ressent plus cruellement qu'aucun être l'angoisse et l'épouvante de la mort; mais la même raison qui le dispose à la craindre parce que seul il est capable de la prévoir, peut aussi, mieux éclairée, l'incliner à la résignation en lui montrant la nécessité, l'opportunité d'une fin. Nous devons accepter et subir la mort, non comme un mal ou une peine, ouvrant des perspectives inconnues et redoutables, mais comme la dernière fonction de la vie, l'acquittement d'une dette et le suprême devoir. C'est l'accomplissement d'une loi commune à tous les êtres, utile pour leur ensemble et salutaire à nous-mêmes. Puisque nos prédécesseurs sont morts pour nous faire place, nous aussi devons mourir pour faire place à nos successeurs. Nous ne sommes pas fondés à nous plaindre de voir s'achever notre vie, puisqu'il nous a été donné d'en goûter les joies dans la mesure de notre sagesse et de notre activité. La nature nous ôte d'ailleurs le goût de vivre par les infirmités croissantes de la vieillesse et nous amène à considérer la mort comme une délivrance et un bienfait.

§ V. — Considérations générales sur le mal.

1. — Ainsi les causes du mal sont partout, en nous et autour de nous. Elles nous assiègent sans relâche et de toutes parts, sous les formes les plus variées. Mais aucune puissance malfaisante ne nous les inflige à dessein, et toujours elles résultent des lois de la vie, de ses conditions et de ses rapports, c'est-à-dire de la nature même des choses, seule explication que la science puisse donner;

sans que la raison en puisse réclamer d'autre. A tous les degrés de la hiérarchie des êtres, par cela seul qu'ils sont individualisés, interdépendants et solidaires, quoique distincts, le mal se produit de lui-même, en vertu de leurs relations nécessaires et de l'antagonisme inévitable entre l'intérêt particulier de chaque être et soit l'intérêt spécial de ses éléments, soit l'intérêt collectif des séries dont il est membre. Le droit de vivre pour soi-même met en compétition et en conflit, d'une part les êtres qui constituent l'agrégat individuel, entre eux et avec l'agrégat, de l'autre l'être individuel avec les diverses sortes d'agrégats supérieurs et ces agrégats entre eux. Sans doute les fonctions de tous ces groupes associés et unifiés se confondent dans une certaine mesure, tant que se prolonge l'existence de l'ensemble, et son unité résulte de leur énergie; mais une part notable de l'énergie propre à chaque individualité se consacre à la conserver, même au préjudice des autres. Des tendances aussi contraires peuvent difficilement réaliser un accord parfait. Entre des activités égoïstes et des intérêts opposés l'état de guerre est naturel et permanent.

Puisque le mal provient de la constitution même des êtres et de leurs rapports nécessaires, il faut conclure qu'il y aura toujours du mal dans le monde. Tant que la vie fera naître et évoluer des individualités relatives et contingentes, elles auront à supporter un lot de besoins et d'efforts, et réduites à subsister les unes aux dépens des autres, devront se combattre, s'exploiter réciproquement, puis terminer une existence troublée ou réduite par l'inévitable mort. Nos rêves de félicité parfaite et sans terme, dans une nature élyséenne d'où toute cause de mal, de travail et de souffrance serait exclue, sont absolument chimériques, en contradiction avec toutes les lois de la vie réelle.

2. — Mais si la vie admet des maux, aussi nombreux que cruellement ressentis, elle compte aussi de vrais biens. Ici se pose la question, pour nous d'un si grand intérêt, de savoir suivant quelle proportion le bien et le mal se combinent dans notre vie et celui des deux qui, en somme, y prédomine. On voudrait pouvoir établir le bilan précis de cet actif et de ce passif, afin de déterminer le prix véritable de l'existence. Une évaluation de ce genre est assurément malaisée, parce qu'on manque d'un étalon de mesure et que l'estime des biens et des maux varie d'être en être. Néanmoins on peut affirmer que, pour l'ensemble, la part respective des uns et des autres n'est pas équivalente et que le bien l'emporte réellement. Si, en effet, comme les pessimistes l'affirment, le mal prévalait dans le monde, le désordre serait général et la vie ne pourrait durer. Si même le bien et le mal s'équilibraient exactement, comme des poids égaux dans les plateaux d'une balance, la valeur de la vie se réduirait à zéro, tandis que, pour la généralité des êtres vivants, le désir inextinguible, insatiable de la conserver, dit clairement quel prix on y attache. Nous sommes, il est vrai plus sensibles au mal qu'au bien, puisque c'est assez d'une peine un peu vive pour corrompre toutes nos joies, tandis qu'une seule joie ne suffit pas à nous faire oublier toutes nos peines. En outre, nous tenons souvent pour un grand mal la privation de biens qui n'en sont pas et dont il serait aisé de se passer, tandis que nous n'estimons pas à leur réelle valeur les vrais biens, les plus essentiels de la vie, la santé du corps, le calme du cœur, l'activité réglée de l'esprit, la paix de la conscience, dont on ne connaît tout le prix que lorsqu'on les a perdus. Il y a, dans le fait même de vivre, un principe de satisfaction dont on jouit sans se rendre compte, et qui est le plaisir de se sentir être, d'éprouver des impressions variées, d'être ému par des sentiments divers, d'imaginer de penser et d'agir, d'avoir la claire conscience d'une force autonome qui s'exerce, et affirme sa personnalité dans l'univers. Aussi longtemps que la vie individuelle persiste, le bien doit prédominer dans son ordre, puisqu'elle en est la résultante. Elle doit aussi prédominer dans l'ensemble des êtres, puisque, malgré tous les maux constatés dans le détail, cet ensemble évolue avec une suite et une régularité qui frappent d'admiration. En dépit des pertes de force vive que subit, dans le jeu de ses rouages, le mécanisme de l'univers, son fonctionnement même implique la prépotence des causes d'ordre. En somme, le mal est toujours particulier, accidentel et transitoire, circonscrit et relatif; le bien l'emporte par son étendue, sa persistance et sa généralité. « Le désordre, dit Huxley, n'existe pas dans l'ensemble; il n'est que cette partie de l'ordre qui nous fait souffrir »[1]. De même M. Ravaisson : « Sous les désordres et les antagonismes qui agitent cette surface où se passent les phénomènes, au fond, dans l'essentielle et éternelle vérité, tout est ordre, amour, harmonie. »

3. — La part respective du bien et du mal dans la vie ne constitue même pas une proportion constante; celle du premier peut être progressivement accrue, celle du second graduellement atténuée. Comme le mal résulte d'antagonismes et de conflits qu'il serait possible d'éviter par une meilleure direction des rapports entre les êtres, les désordres dont il est la conséquence sont susceptibles de se réduire peu à peu, et tel est le but où semble tendre l'intelligence universelle.

1. *Science et Religion*, p. 123.

Il est à noter d'abord que chaque être humain a, suivant sa mesure de raison et de prudence, le pouvoir de neutraliser en partie les chances de mal qui le menacent ou l'atteignent, et toute notre activité se consacre à obtenir ce résultat. L'office de la morale, comme nous essaierons de le montrer plus loin, est de nous diriger le mieux possible dans la poursuite et l'acquisition des biens de la vie, dans l'exemption ou l'atténuation de ses maux. Il dépend en premier lieu de nous seuls d'éviter la part, de beaucoup la plus importante, du mal que nous nous faisons à nous mêmes, par notre intempérance, nos excès, nos passions déréglées, nos erreurs et nos fautes. Parmi les maux que nous n'avons pas contribué à nous attirer, il en est peu d'inévitables ou d'irréparables. La plupart admettraient des préservatifs ou des remèdes. Contre toutes ces causes d'affliction, nous avons la raison pour arme ou pour bouclier, et notre sort dépend surtout de notre sagesse ainsi que de notre activité.

La même raison agissant dans l'ensemble des êtres, par suite de leur interdépendance générale, les antagonismes tendent à se pacifier, et le consensus des fonctions de mieux en mieux coordonnées dans les divers groupes, aspire à réaliser entre eux un plus harmonieux accord. La vie universelle est un effort constant pour adapter les uns aux autres les êtres et les séries d'êtres, rendre leurs conditions d'activité mieux concertées, leurs corrélations et leurs solidarités plus étroites, amener en un mot leur diversité sans cesse accrue à une plus parfaite unité! Le progrès lent, mais assuré d'un esprit travaillant à tous les degrés d'association en vue de ce résultat, ne pourra manquer de l'atteindre. Sans que jamais le mal puisse être entièrement supprimé, il est donc permis d'espérer qu'il comporte une décroissance indéfinie. Ce qu'il y a de mentalité cachée dans la totalité des êtres semble évoluer vers un maximum de bien et un minimum de mal, forme rationnelle d'un optimisme expectant qui assignerait à l'universelle vie la seule fin qui soit digne d'elle.

4. — Enfin, quant à cette part irréductible de maux qu'infligera toujours la nature aux êtres individuels et finis, tels que la loi du besoin et de l'effort, de la lutte et de la concurrence vitale, tels encore que ce lot d'accidents fortuits qui nous assaillent sans qu'on puisse rien pour les prévenir ou les amender, et qui résultent de la contingence des choses, ou la limite fatale assignée aux développements de la vie et à cette vie elle-même, il convient de les subir avec une résignation stoïque, comme des conditions absolues d'existence imposées par d'inexorables lois. Si notre raison pouvait interroger la raison suprême de l'univers et si celle-ci condescendait à lui répondre, elle dirait sans doute que ces maux inévitables dérivent de la nécessité de l'être; et cela doit nous suffire, car, selon le mot de Strauss, « la nécessité, en d'autres termes l'enchaînement des causes et des effets dans l'univers, c'est la raison même ».

CHAPITRE III

ESQUISSE D'UNE MORALE POSITIVE DÉDUITE DES LOIS DE LA VIE

---

§ I. Théorie d'une éthique rationnelle.

1. — La plupart des moralistes de nos jours déplorent l'état de crise où se débat la morale traditionnelle, dont la base paraît ébranlée et l'institution ruineuse. Jusqu'ici, en effet, la théorie des devoirs se fondait sur des croyances religieuses, admises sans examen par la foi, ou sur des principes abstraits auxquels la métaphysique attribuait une valeur d'axiomes. Tantôt une divinité, dont l'homme subissait la dépendance, avait pris soin de lui tracer des règles de conduite qu'il ne pouvait enfreindre sans encourir, dans ce monde ou ailleurs, des pénalités vengeresses. Tantôt des philosophes, s'adressant à la pure raison, faisaient dériver de quelque principe *a priori* tout un système d'obligations. Malgré la diversité des points de départ, les morales ainsi établies ne différaient pas trop quant aux principaux devoirs, parce que la nature humaine est une et que ses exigences de vie s'imposent. Que la morale fût religieuse ou rationaliste, édictée par

des révélateurs comme Moïse, Zoroastre, Çakya-Mouni, Jésus, Mahomet..., ou formulée par des sages comme Confucius, Socrate, Aristote, Épicure, Zénon, Cicéron, Spinoza, Kant... le fond essentiel restait à peu près le même, et les préceptes, quoique, dérivés de données semblables, n'étaient pas sujets à varier beaucoup dans le détail. Il semble donc qu'on pourrait encore les admettre et s'y tenir, car, ainsi que le remarque Pascal : « Toutes les bonnes maximes sont dans le monde : on ne manque qu'à les appliquer[1]. » Mais ce manque d'efficacité pratique qui les stérilise vient de ce qu'elles ne possèdent pas une autorité suffisante. Leur principe fondamental, au lieu d'être évident, comme il le faudrait, est discutable, et les doutes suscités par la critique compromettent de plus en plus le système entier de l'éthique.

La morale religieuse, en effet, suppose une communication de la divinité, une révélation surnaturelle, des *Commandements de Dieu*, des *Tables de la loi*, promulguées parmi les éclairs et les tonnerres[2]. Bossuet convient que la morale du christianisme « se fonde sur le mystère ». Or, la science, que ne contente pas le mystère, écarte aussi le miracle, et la foi seule, en fermant les yeux, peut bénévolement y croire. Faute de ce support, la morale, pour les incroyants, ne repose plus sur rien. En outre, les sanctions établies au nom de la divinité ne sont ni bien apparentes dans cette vie, ou souvent même elles semblent appliquées à contresens, ni plus assurées dans une autre, à laquelle la science dénie toute certitude. D'autre part, la métaphysique est plus impuissante encore à instituer un système autorisé de devoirs sur quelque principe qu'on ne puisse contester, car ceux

1. *Pensées*, édit., Havet, t. I, 70.
2. *Exode*, XIX, 16.

qu'on invoque d'ordinaire, innéité du sens moral, prescriptions de la conscience, impératif catégorique..., ne sont ni manifestes par eux-mêmes, ni susceptibles d'être prouvés, et leur manque de valeur positive infirme les préceptes qu'on en déduit, la vie, chose réelle, ne se laissant guère modeler sur de vagues idéalités, dès qu'elles ne cadrent pas avec ses besoins.

Ainsi le déclin des croyances religieuses et le discrédit des principes métaphysiques laissent présentement la morale sans autorité, sans caractère obligatoire et sans attribution de sanctions. Pour diriger les actions des hommes et contraindre leurs volontés rebelles, elle n'a plus le prestige d'un commandement divin, la perspective de rigueurs ou de récompenses célestes, la crainte de l'enfer ou l'espoir d'un paradis, si puissant sur l'imagination des croyants, ni même ces règles d'un haut idéal philosophique que seuls peuvent concevoir et réaliser quelques esprits supérieurs. Il n'est pourtant pas possible, puisque la vie doit être une activité raisonnée, de la mener sans but fixe, sans direction suivie, sans desseins motivés, car elle ne serait plus alors qu'une agitation confuse et désordonnée. Comme il faut une boussole au navire, il faut à l'homme une morale qui le guide où il veut aller. Puisque c'est la science qui, par sa négation du surnaturel et sa critique des principes *a priori*, a déterminé la crise actuelle, on est en droit d'exiger d'elle qu'elle répare le mal dont la responsabilité lui incombe. Elle est tenue de reconstruire sur une base plus ferme l'éthique traditionnelle dont elle a causé la ruine, et d'instituer, en place d'une morale déduite de révélations sans preuve ou de principes caducs, une morale positive, d'un caractère vraiment scientifique, c'est-à-dire fondée sur d'expresses lois et se bornant à en faire des applications rationnelles. Ainsi constituée, la morale aurait tous les avantages que possède la science. Elle n'imposerait à l'agent que des obligations d'une certitude parfaite, et y rattacherait des sanctions indubitables, découlant de l'ordre connu des choses, de manière à montrer en pleine lumière la raison de chaque précepte, les conséquences normales de son application. Enfin, libre de toute inférence religieuse ou métaphysique, elle supprimerait la contradiction des croyances et des systèmes, et rallierait tous les esprits par l'évidence d'une vérité démontrée.

Établie sur un fondement scientifique, la morale aurait le plus d'autorité par son principe, qui serait hors de conteste, et le plus de force impérative dans la pratique, parce qu'avec la netteté de ses lois elle mettrait mieux en lumière les résultantes de leur application. Les morales religieuses, qui subordonnent leurs rémunérations à des volontés divines arbitraires et révocables, ne donnent pas une juste idée de ce que la notion de loi a de strict, et laissent toujours entrevoir ou prétendent même fournir le moyen, soit de capter indûment, par des rites, des offrandes ou des prières, la bienveillance des Dieux, soit de fléchir, après l'avoir encourue, leur sévérité par des expiations fictives, un repentir tardif ou l'intercession d'influences célestes secourables aux pécheurs. Avec la loi morale, au contraire, maîtresse sourde et inexorable, il n'y a plus à compter sur des faveurs ou des indulgences imméritées. Force lui reste toujours dans le développement de ses conséquences, et tous les effets prévus suivent régulièrement leur cours.

Sans doute, la morale, érigée à l'état de science, ne pourra jamais, comme au surplus les morales religieuses ou philosophiques, exercer sur les esprits qu'une action persuasive, non coercitive, pour les ranger à ses lois.

Toujours il y aura des volontés réfractaires, des intelligences fermées aux vérités les mieux prouvées. Tout ce que la science peut faire, c'est éclairer. Mais cela même est sans prix et rien n'importe davantage, parce que, en vertu d'une loi formelle de la psychologie, l'idée tend à se réaliser en acte, et ce que nous faisons est fonction de ce que nous pensons. A mesure que la validité des préceptes sera mise en meilleur jour, la conduite se conformera plus exactement aux prescriptions bien motivées, car si, faute de savoir, beaucoup se trompent sur les voies à suivre, nul ne cherche, de gaîté de cœur, son préjudice évident. De même que, dans la pratique des arts utiles, ceux-là réussissent le plus sûrement, qui au lieu de se fixer à de trompeuses routines, appliquent avec précision les données de la science où toute erreur est évitée, dans la direction de la vie, les résultats les plus certains et les plus féconds seront acquis par une rigoureuse observation de ses lois. Comme, d'après Descartes, « notre volonté ne se porte à suivre ni à faire aucune chose que selon que notre entendement la lui représente comme bonne ou mauvaise, il suffit de bien juger pour bien faire. » Distinguer le faux du vrai, dit-il encore, c'est le moyen de voir clair en ses actions et de marcher avec assurance en cette vie. Et ailleurs encore : « Une parfaite connaissance de toutes les choses que l'homme peut savoir est aussi nécessaire pour régler nos mœurs que l'usage de nos yeux pour guider nos pas[1]. » « Travaillons à bien penser, dit de même Pascal : voilà le principe de la morale[2]. »

La première condition pour faire son devoir, c'est en effet de le connaître, et la science peut le mieux nous

----

1. *Discours de la méthode*, I, 11 ; *Principes*, préface.
2. *Pensées*, édit. Havet, I, 11.

l'enseigner clairement, puisqu'elle est seule capable de
formuler avec certitude les lois qui régissent les choses.
Ses détracteurs, il est vrai, lui contestent le pouvoir
d'instituer une morale, et la confinent dans l'étude des
phénomènes étrangers à l'éthique. Ils paraissent triompher sans trop de peine, tant qu'ils se bornent à constater
combien sont inaptes à cet égard plusieurs sciences par-
venues de nos jours à un tel développement qu'elles semblent représenter la science entière. Il est assez visible
que ni la mathématique, ni l'astronomie, ni la physique,
ni la chimie, ni même les sciences naturelles ne peuvent
utilement suffire à instituer une morale, l'objet de leurs
recherches ayant des rapports trop éloignés avec une
direction rationnelle de la vie, et, lorsque des esprits se
plaisent à signaler leur impuissance à fournir des règles
de devoir, ils font preuve de quelque puérilité. On pourrait cependant soutenir à leur encontre que ces sciences,
de si peu de secours pour la morale, ne laissent pas de
contribuer à son établissement, en donnant une idée très
nette de ce que doivent être des lois véritables, expressions d'un ordre constant [1] ; et Leibniz a pu dire, en ce
sens, qu'il y a de la morale partout, jusque dans la géo-
métrie. Si les sciences actuellement les plus avancées ne
comportent guère que cette utilité générale, d'autres
sciences plus récentes, à peine ébauchées mais de grand
avenir, sont moins étrangères à l'éthique et arrivent à
en toucher les confins. La biologie, l'anthropologie, la
psychologie et la sociologie, qui toutes ont pour objet
l'étude des manifestations de la vie, aboutissent par leurs

---

1. « Le mot *ordonner* est singulièrement expressif par son équivoque
même : la science ordonne l'univers, y met de l'ordre; la morale ordonne
à l'homme, lui donne des ordres » (A. Bertrand, *l'Enseignement intégral*,
p. 200).

conclusions et leurs lois à la morale, lui fournissent déjà de précieuses indications et préparent son établissement final, qui, plus complexe que celui d'aucune autre science, ne pourra être que leur couronnement commun. Descartes en avait le pressentiment quand il écrivait : « La plus haute et la plus parfaite morale présupposant une entière connaissance des autres sciences, est le dernier degré de la sagesse »; et il ajoute, dans une de ses lettres : « Le moyen le plus assuré de savoir comment nous devons vivre est de connaître auparavant qui nous sommes, quel est le monde où nous vivons. » En somme, la vraie morale ne peut être que de la science appliquée. Toute autre est plus ou moins conjecturale et suspecte. Mais, eu égard à l'importance et à la dignité de ses applications, la morale fondée sur d'expresses lois, mérite qu'on lui attribue avec Auguste Comte, « la suprématie scientifique, la présidence philosophique, l'universelle domination. »

Comme on juge un arbre à ses fruits et une théorie à ses déductions, nous allons essayer de montrer que la solution exposée ci-dessus du problème de la vie est susceptible de trouver dans ses applications à la morale une sorte de justification rationnelle et de vérification expérimentale. Nous n'avons point, d'ailleurs, à instituer de toutes pièces une éthique nouvelle; la morale traditionnelle a été, quant aux préceptes, faite et bien faite par les moralistes de tous les temps. A peine aurait-elle besoin d'être retouchée çà et là et pour ainsi dire mise au point. Son unique défaut, mais capital maintenant, est de n'avoir pas assez de valeur probante et d'impérieuse autorité. Le seul moyen de lui en procurer davantage et de la rendre moins inefficace, serait de donner à son principe général et à ses sanctions l'évidence qui leur manque et de motiver avec plus de certitude les mêmes prescriptions en les faisant dériver de lois clairement établies.

2. — Le principe fondamental de l'éthique doit être une loi tirée de la nature de l'homme, assez manifeste pour ne pouvoir être contestée et assez générale pour embrasser l'ensemble de son activité, de manière à en résumer tous les devoirs dans un seul. Ce principe ne peut être que l'idée même de vie, car tout s'y rattache. Chaque être doué de vie aspire à vivre, à persister dans son être, à le développer autant que le comportent ses facultés, ses aptitudes virtuelles, son milieu et les circonstances. Tel est le but unique où tendent invariablement nos instincts et tous les efforts de la raison. L'objet de nos désirs est toujours un accroissement de vie. « Depuis le premier tressaillement de l'embryon dans le sein maternel jusqu'à la dernière convulsion du vieillard, tout mouvement de l'être a pour cause la vie en son évolution; cette cause universelle de nos actes, à un autre point de vue, en est l'effet constant et la fin[1]. » D'une part nous poursuivons sans cesse les biens qui nous font le mieux jouir de la vie, le bien-être, le bonheur, les satisfactions du goût, la connaissance du vrai, la perfection morale, les avantages sociaux; de l'autre, nous nous efforçons d'éviter les maux qui restreignent la vie ou la font douloureusement sentir, la souffrance, le malheur, les dégoûts, l'erreur, l'imperfection, la perversion des rapports sociaux. Nous ne pouvons rien désirer, rêver ou faire qui ne se rapporte à la vie, et ce que nous lui demandons, c'est toujours de la vie, plus de vie, le maximum de vie. Cette loi est absolue et ne souffre pas

1. Guyau, *Esquisse d'une morale sans obligation ni sanction* (Paris, F. Alcan).

d'exception, car l'ascète qui se mortifie ne le fait qu'en vue d'une vie plus haute, et celui même qui se tue aime encore la vie dans la mort, puisque, s'il rejette volontairement le fardeau de l'existence, c'est qu'il juge ne pas vivre assez à son gré.

Dans l'universalité de tendances qui nous invitent à vivre, il y a un principe général de morale qu'il suffit de développer pour avoir un programme tout tracé d'éthique rationnelle. On sait ce que notre nature exige et commande. Être vivant, l'homme est tenu d'appliquer, au mieux de ses intérêts, les lois de la vie qui le dominent. La théorie des devoirs est alors la science de la vie mise en préceptes, et sa pratique l'art de vivre le plus et le mieux possible. Pour Aristote, l'idéal moral, le bien véritable, consiste dans le plein exercice de l'activité vitale. « Le devoir de vivre, dit de même M. Sécrétan, est au fond de la morale[1]. » Mieux encore, il est toute la morale.

Ainsi établi au cœur même de la réalité, fondé sur la nature de l'être et cessant de prendre pour base des conceptions théologiques ou métaphysiques, le principe de la morale est à la fois évident et positif. Il ne s'agit plus d'obéir aux ordres d'une divinité qui n'est connue que par des révélations incertaines, et qui légifère dans son intérêt plus que dans le nôtre, ou d'attribuer une valeur coercitive aux déductions de quelque formule abstraite, aussi vague que transcendante ; l'éthique se réduit à bien comprendre des lois démontrables et à s'y conformer par raison. C'est là notre intérêt le plus clair, le plus direct et le plus grand. Le principe de l'obligation n'est plus hors de nous, plus ou moins douteux ; il est en nous et

____
1. *La Société et la morale*, p. 249.

d'une certitude parfaite. Le devoir de vivre ne concerne que l'être vivant, mais il le prend tout entier, le sollicite par toutes ses appétitions instinctives ou raisonnées, l'engage par tous ses intérêts, ne lui commande que ce qui est utile à lui-même, et ne lui interdit que de se nuire. Il y a donc là une science à constituer, la science des lois de la vie, qui enseignerait les meilleures règles à suivre, l'avantage de s'y soumettre et le danger de s'en écarter.

Sur ce principe de l'obligation morale, il ne pourrait guère y avoir de dissentiments car toutes les éthiques l'admettent implicitement; mais où les esprits cessent de s'entendre, parce que la science n'est pas faite, c'est quand on passe au détail des applications. Tous les hommes, si différents que puissent être leurs genres de vie et les mobiles de leurs actions, s'appliquent à vivre et, quoi qu'ils fassent, c'est toujours de la vie. Leur jugement propre semble donc pouvoir y suffire, sans qu'il soit besoin de leur assigner des règles. Mais, bien que toutes les actions humaines visent à un accroissement de vie et que, vus sous un certain angle, elles puissent paraître raisonnables, puisqu'elles sont tenues pour telles par ceux qui les font, elles obtiennent rarement le résultat souhaité, parce qu'elles ne sont pas conformes aux lois de la vie, et c'est en les comparant à ces lois qu'on doit apprécier leur moralité réelle. Vivre, en effet, selon la raison, ce n'est pas vivre à l'aventure, bien ou mal, n'importe comment, sans autre règle que la fantaisie. Ainsi font la plupart des hommes, et s'ils tirent communément si peu de profit de la vie, comme en témoignent leurs déceptions et leurs plaintes, c'est qu'ils n'ont pas su en faire bon usage. Vivre moralement, c'est vivre le mieux possible, par une saine application de la vie, ce qui exige beaucoup de savoir, de volonté forte et de constante activité. Notre sens personnel est trop mal instruit et trop faillible pour y suffire; il faut consulter de préférence la raison générale, mieux éclairée et plus sûre, parce qu'elle est l'expression de l'expérience universelle. Héraclite faisait consister le devoir dans la conformité de l'action à la raison commune du genre humain. Descartes veut de même qu'on suive « la vraie raison[1], » et la grande maxime de Kant est : « Agis de telle sorte que ta règle de conduite puisse être appliquée par tous les hommes ». Cela revient à dire que, pour avoir un caractère scientifique, les préceptes de morale doivent découler, non d'inspirations particulières, forcément variables et contingentes, mais de lois formelles, dont l'autorité se mesure à la généralité.

3. — Outre un principe d'obligation qui assigne un but à la vie et domine de haut le système entier de l'éthique, outre des séries de règles qui en fassent une application détaillée à tous les ordres de fonction, il faut à la morale des sanctions qui donnent aux préceptes posés la force nécessaire pour contraindre à l'exécution des lois. Sous peine de n'exercer sur nos déterminations qu'une influence peu efficace, ces sanctions doivent être tirées de l'ordre réel des choses et se réduire à l'effet normal de l'application des lois. Si les morales religieuses ou philosophiques n'ont pas eu jusqu'ici une autorité suffisante pour s'imposer même aux croyants les plus convaincus, c'est qu'un doute planait toujours sur leurs sanctions, ajournées à un avenir inconnu et subordonnées aux volontés arbitraires d'une puissance dont on ne sait jamais quels motifs la porteront à sévir ou à pardonner. La morale scientifique, renonçant à spéculer sur une justice surnaturelle et aléatoire, doit se renfermer dans le monde réel

____

1. *Lettres à la princesse Élisabeth*, 1 et 15 mai 1645.

et actuel où elle trouve à la fois plus de conditions de certitude et des moyens plus efficaces de contrainte. « Notre principe à nous est qu'il faut régler la vie présente comme si la vie future n'existait pas [1]. » Lorsque les sanctions invoquées seront uniquement déduites des conséquences normales de nos actions, telles que la science des lois de la vie peut en montrer le rigoureux enchaînement, elles auront le même degré d'évidence que ces lois, et personne, à moins d'aveuglement ou de déraison, ne sera fondé à les mettre en doute.

Tout acte conforme aux lois de la vie tend à procurer un accroissement de vie, puisqu'il est une condition, une fonction de son développement. Pour chaque agent capable de raisonner, c'est là une sanction dont la perspective le stimule et dont la jouissance le rémunère. Tout acte contraire aux lois de la vie tend à la restreindre, trouble son ordre, le compromet ou l'empire, et c'est aussi là une sanction, d'abord comminatoire, puis répressive. Le bien-être, le plaisir, la joie, expression et récompense de la vie accrue, sont le signe de la conformité de l'action aux lois naturelles; la douleur, la peine, la tristesse, qui suivent une diminution de vie, signalent ou répriment ses perturbations. La nature, qu'on accuse parfois d'être immorale, se montre ici d'une moralité plus prévoyante et plus sûre que la nôtre, puisque tour à tour elle nous incite à vivre par l'aiguillon du besoin, nous invite à la jouissance par la séduction du plaisir, nous arrête à la frontière de l'abus par la satiété, nous retient par le frein de la souffrance, nous appelle à de nouveaux progrès par l'attrait du changement, nous dirige ainsi dans le chemin de la vie comme des enfants tenus à la lisière. Tous les effets

----

1. Renan, *l'Avenir de la science*, p. 331.

de nos actions, qu'ils soient agréables ou pénibles, ont une valeur de prémonition ou de sanction. On peut rattacher à chacun de nos actes une suite régulière de résultantes qui en sont le châtiment ou la récompense. Tout se paie, en biens ou en maux. Le principe régulateur de la morale serait l'adage sanscrit : « L'action, bonne ou mauvaise, une fois faite, son fruit doit nécessairement être mangé. »

Ici, néanmoins, une réserve s'impose, car la loi n'est pas absolue. Toutes les sanctions n'ont pas le même degré de certitude. Quelques-unes seulement sont infaillibles ou inévitables; la plupart des autres, à raison de la diversité des influences qui interviennent dans les effets contingents de nos actions, ne peuvent prétendre qu'à la probabilité. Ce sont des règles qui, justes dans la grande majorité des cas, comportent néanmoins des exceptions. Il arrive par circonstance que les sanctions encourues ou méritées ne se produisent pas. Ainsi, quoique une rigoureuse observation des lois de l'hygiène soit généralement salutaire, on peut se porter très mal en s'y conformant, si l'on est débile ou maladif, et, au rebours, les violer impunément, si l'on est robuste et résistant. On voit des hommes de bien mériter la considération publique et ne pas l'obtenir, tandis que des indignes en jouissent contre tout droit; d'éminents patriotes rendre à leur pays des services signalés et n'avoir pour récompense que la haine des partis; des inventeurs de génie se vouer au progrès de la civilisation, et mourir méconnus après une existence d'épreuves et de misère... On voit, dans les beaux vers de Henri Heine, « le juste se traîner sanglant sous le fardeau de sa croix, tandis que le méchant, heureux comme un triomphateur, se pavane sur son fier coursier ». Ce défaut apparent de régularité dans l'application des sanctions est ce qui nuit le plus à l'autorité des préceptes de morale. Il ne l'infirme pourtant pas, car il suffit que la règle formulée soit manifestement efficace dans la grande pluralité des cas. On aura toujours moins chance d'errer à la suivre qu'à la méconnaître. En outre, la vraie récompense du devoir accompli, qui est la satisfaction de la conscience, ne dépend en rien des accidents de fortune, et on l'obtient toujours par cela seul qu'on l'a méritée.

Ces considérations générales posées, esquissons une théorie des devoirs sans chercher à épuiser la matière, car notre but est moins de composer un traité de morale scientifique que d'indiquer sommairement comment il serait possible de l'établir. Afin d'exposer avec ordre les fonctions de la vie et les devoirs qui s'y rapportent, nous les partagerons en deux séries par la considération de leur complexité. Dans la première nous rangerons les devoirs qui, présentés séparément, un à un, portent en eux leur évidence et ne laissent pas place à l'indécision; dans la seconde, nous aurons à examiner les cas plus complexes où, plusieurs devoirs réclamant à la fois et en sens contraire, leur désaccord rend nécessaire une option motivée. La morale se diviserait ainsi en deux parties, l'une élémentaire, bornée à l'énumération des devoirs simples, l'autre comparée, qui marque les rangs entre les devoirs et décide quels sont ceux qui, en cas de conflit, doivent prévaloir.

§ II. Morale élémentaire.

CLASSIFICATION DES DEVOIRS SIMPLES.

1. — La vie se compose d'un ensemble de fonctions dont le détail remplit l'existence et auxquelles corres-

pondent autant de devoirs spéciaux qu'il y a de modes d'activité. Il importe de les tous connaître et de ne n'en négliger aucun si nous voulons vivre pleinement. La morale est donc tenue d'en faire une revision exacte. Comme la vie résulte d'un double développement, à la fois intensif en ce qui concerne l'exercice des facultés constituantes du moi, et extensif par nos relations avec les divers groupes dont nous faisons partie, nous avons à distinguer : 1° la morale personnelle, traitant des obligations de l'être humain envers lui-même; et 2° la morale sociale, qui règle nos rapports avec la série des groupes.

2. — La première et la plus essentielle des lois de la vie, pour chaque individualité prise à part, consiste à conserver et à développer son être. Ce devoir général, auquel se rattachent tous les devoirs particuliers, impose à notre activité une orientation très nette que l'éthique doit consacrer et qu'elle chercherait vainement à contrarier. La vie la plus riche et la plus libre résulte de l'exercice normal, harmonieux, de toutes les aptitudes ou puissances virtuelles du moi. On distingue communément en lui, sous les noms de corps et d'âme, deux ordres de fonctions, physiologiques et psychiques. Il convient de les examiner séparément, pour la clarté de l'exposition, sans que, dans la réalité, on puisse les disjoindre et sacrifier l'une à l'autre. Puisqu'il y a en nous de la bête et de l'ange, étroitement unis, nous ne pourrions ni nous réduire à l'état de bête sans avilir notre nature, ni essayer de faire l'ange, puisque cela reviendrait encore, suivant Pascal, à faire la bête. Il faut concilier les deux.

La théorie des devoirs de la vie organique, seule section de la morale qui soit scientifiquement établie, est représentée par l'hygiène, qu'on peut définir : l'art de se bien porter, de jouir d'un constant bien-être et de vivre longuement. Ses préceptes, déduits des lois de la physiologie, enseignent les moyens les plus sûrs de maintenir le fonctionnement normal de l'organisme. On doit regarder la santé comme le premier des biens de la vie, car, outre sa valeur propre, elle est la condition et la garantie de tous les autres. Avec elle, on a la force, le plaisir, l'aptitude à tout faire, une longévité probable étendue jusqu'au terme naturel de l'existence. Sans elle, tout manque, tout est souffrance, privation, contrainte et péril. Appliquée avec méthode et sans défaillance, l'hygiène, plus efficace pour prévenir les maladies que la médecine pour les guérir, assurerait à la plupart des êtres humains des conditions moins défectueuses de vie et d'activité.

La règle la plus générale de l'hygiène consiste à donner aux vrais besoins de l'organisme la juste mesure des satisfactions que ses exigences réclament, sans les restreindre dans ce qu'elles ont de nécessaire, ni les dépasser dans ce qu'elles ont de facultatif. La morale réprouve d'une part la folie des ascètes qui croient gagner en perfection lorsqu'ils se macèrent et se mortifient, de l'autre la recherche immodérée du plaisir, en avance ou en excès sur le besoin. Par prudence, il est bon de céder seulement à ce que son urgence a d'impérieux, et non à l'attrait perfide de la volupté. Ceux qui la poursuivent avec le plus d'ardeur sont ceux qui en jouissent le moins, parce que les plaisirs les plus vifs ne sont accordés qu'à la sobriété et à la continence. Le fonctionnement normal de l'organisme exige beaucoup de tempérance et un exercice continuellement actif. Le but est atteint lorsqu'on réussit à faire de l'homme un bon animal, robuste et sain.

3. — En même temps que la vie physiologique, il faut développer la vie psychique, infiniment plus étendue et à tous égards supérieure. Se borner à la première serait se réduire à la condition des brutes, sans avoir la sûreté de leurs instincts et avec tous les périls d'une raison dégradée. Puisque l'homme ne l'emporte en dignité que par son esprit, c'est lui surtout qu'il importe d'exercer quand on veut vivre. Ses aptitudes sont diverses, mais toutes, la sensibilité, le goût, l'intelligence, le caractère, le sens moral, sont nécessaires à l'activité de la raison. Il y aurait à instituer, pour chacune de ces facultés, une morale particulière et pour ainsi dire une hygiène spéciale, car leurs besoins, leurs aspirations, leurs modes de développement et leurs satisfactions diffèrent. Par malheur, comme la psychologie est en retard sur la physiologie, cette partie de la morale est moins avancée que la précédente, et les lois de l'activité rationnelle, ainsi que les obligations et les sanctions qui en découlent, manquent encore, sur bien des points, de la précision souhaitable.

De même que la morale physiologique est l'art de se bien porter, la morale affective pourrait être définie : l'art d'être heureux. Tous nos désirs tendent au bonheur et ne s'écartent pas un seul instant de ce but. S'ils l'atteignent si rarement, c'est qu'ils ignorent ou méconnaissent les conditions et les lois de la félicité relative à laquelle ils pourraient atteindre. Cette morale ou hygiène de la sensibilité, qui constitue la sagesse, ne consiste pas à supprimer les passions, force motrice de la vie, mais à en faire un bon usage, à les diriger avec prudence, à les contenir dans de justes bornes. On doit préférer les plus fécondes, celles qui procurent le plus de joie, et éviter les sentiments tristes, dont les plaisirs même ont quelque chose de pénible. Toutefois, en s'attachant à ce qui est vraiment digne d'être aimé, il faut se garder d'en exagérer la valeur, parce que de fausses appréciations rendent la privation plus difficile à supporter, la possession décevante et la perte inconsolable. Les hommes demandent en vain le bonheur à des passions sans mesure, l'amour idéal, la cupidité, l'ambition, tandis qu'une seule règle peut assurer la paix du cœur : la modération des désirs, le contentement de ce qu'on a, le renoncement à ce que la fortune refuse ou vendrait trop cher. Nous accusons à tort la nature d'être avare de vrais biens; elle en est prodigue au contraire et nous les offre en abondance sur le chemin de la vie; les meilleurs mêmes ne sont pas d'une acquisition malaisée; mais nous nous détournons d'eux, attirés par de faux plaisirs qui nous échappent ou nous trompent. La source du bonheur est en nous. Il n'y a d'heureux que le sage qui, sans étouffer tout désir, ne se passionne pour rien parce qu'il sait l'insuffisance de tout, jouit sans trouble de ce qu'il a, se résigne sans trop de peine à se passer de ce qui lui manque, et ne se tourmente pas à vouloir l'impossible ou à regretter l'irréparable.

Le désir, impulsion ou élan de la sensibilité, n'est qu'une force aveugle qui a besoin d'être dirigée. L'imagination lui donne pour guide la beauté. Il faut de l'idéal dans la vie, car la réalité simple, acceptée sans dicernement, telle qu'elle se présente à chaque pas, serait le plus souvent grossière, triviale, misérable et déplaisante. Parmi les vulgarités insuffisantes de la nature, il faut choisir avec goût. Cette partie de la morale, qu'on peut appeler esthétique, est l'art de concevoir et de réaliser la beauté. Pour que l'imagination et le goût puissent s'acquitter de cette fonction, il faut les exercer, les cultiver, contenir leurs écarts, affiner leurs impressions. L'étude assidue des plus beaux modèles, des chefs-d'œuvres les plus accomplis de la nature et des arts est surtout propre à développer le sens critique, à faire apprécier les diverses manifestations du beau idéal. C'est l'art qui en donne l'expression la plus haute et la plus parfaite, mais il est malaisé de lui assigner des règles, parce que les conceptions de la beauté dépendent de l'inspiration personnelle et varient suivant les temps et les lieux. Le précepte le plus général consisterait à faire, parmi les créations inégales de la nature, un choix délicat des éléments du beau, puis à les combiner dans des œuvres qui, supérieures à celles de la nature, ne cessent pas de paraître naturelles, et nous montrent les choses, non comme elles sont, mais comme elles devraient être.

L'idéal, tel que l'art se borne à le concevoir et à l'exprimer n'est qu'un rêve de beauté. Pour en jouir pleinement, il faut pouvoir le faire entrer dans la réalité, la modeler sur lui, car la vie la plus belle et la plus grande est celle où l'on a mis le plus d'idéal. Mais cela implique une transformation du réel, et la condition nécessaire pour l'asservir et le dominer, c'est de le connaître. Ici intervient le rôle de l'intelligence, dont l'activité a pour but de nous procurer la connaissance des choses par l'institution des sciences. La morale intellectuelle, qui est l'art d'arriver à la découverte de la vérité, peut formuler un ensemble de règles très sûres d'après les méthodes suivies par les sciences : ne rien admettre en sa créance qui ne soit évident ou démontré; vérifier avec soin les inférences douteuses; n'accepter le vraisemblable que dans la mesure de sa probabilité; ne pas anticiper sur la connaissance; éviter dans la recherche du vrai la précipitation et la présomption; douter souvent au lieu d'affirmer sans cesse; observer, expérimenter, vérifier avec une infatigable persévérance; voilà le seul moyen d'échapper à la plupart des erreurs où tombent si souvent les hommes. L'étude des sciences nous ouvre et nous livre l'inappréciable trésor des connaissances acquises; nous pouvons y puiser autant que notre curiosité le désire. Cette hygiène de l'esprit a pour sanction l'inquiétude de l'ignorance, le tourment du doute, les déceptions de l'erreur, mais aussi l'attrait de la recherche, la joie de la découverte, la satisfaction de la certitude et, comme dit si bien Descartes, le plaisir « d'admirer et d'adorer l'incomparable beauté de cette immense lumière »[1].

Mais cela ne saurait suffire encore : la passion donne le branle à l'activité psychique; le goût idéal lui indique une direction; la science éclaire sa voie; pour atteindre le but, forcer les obstacles et plier l'ordre des choses à nos désirs, il faut en outre que la volonté fasse prévaloir son empire. Ici se placerait une morale du caractère qu'on pourrait définir l'art de réussir dans nos entreprises. Peu de moralistes se sont occupés de l'éducation de la volonté, sans doute parce que cette faculté, essentiellement autonome, est la plus difficile à contraindre et la moins accessible aux bons conseils. Pourtant, comme elle a ses qualités et ses défauts, qu'elle peut pécher par excès ou par manque d'énergie, il n'est pas inutile de chercher à l'éclairer sur nos propres intérêts. La vie est une activité continue et la lutte que notre initiative engage contre la résistance des choses aboutirait moins souvent à la défaite si elle était menée avec plus de clairvoyance et de méthode. La prudence exige qu'on se rende

____

1. *Troisième méditation.*

bien compte du but à atteindre, des moyens d'action, des obstacles à vaincre et de la mesure de nos forces. Il importe de ne pas projeter plus qu'on ne peut faire, d'être réfléchi dans la délibération, résolu dans la détermination, ferme et constant dans l'exécution, aussi long-temps du moins que des circonstances adverses n'obligent pas à renoncer. Le succès et la réussite, en tant qu'ils dépendent de nous-mêmes, sont la récompense d'une activité bien réglée; l'avortement de nos desseins, l'expiation de notre imprudence ou de notre versatilité.

Enfin la fonction la plus haute de la morale consiste à subordonner la volonté à des règles de devoir conformes aux lois les plus générales de la vie, en vue de réaliser, par la pratique du bien, la plus grande perfection. Elle est guidée dans cette tâche par la conscience ou sens moral, sorte d'instinct acquis et transmis par la série des ancêtres, et qui, développé par l'éducation, modifié par l'état de civilisation, le milieu social et les circonstances, est l'expression la plus élevée de la raison, l'adaptation des activités particulières à l'ordre universel. La vertu, étrangère à toute considération d'intérêt personnel, exige surtout « l'intention droite », la seule chose qui, selon Kant, ait une valeur absolue. Elle a pour récompense le plaisir de la conscience satisfaite, le fier sentiment de la perfection accrue, tandis que tout manquement à la loi du devoir a pour châtiment l'humiliation d'une déchéance et la torture du remords. Ce sont là des sanctions dont rien ne peut nous priver quand nous les avons méritées, ni nous libérer si nous les avons encourues. L'homme de bien qui observe la loi morale, et le pervers qui la viole sciemment se font ainsi à eux-mêmes un paradis et un enfer.

La pleine activité du moi exige qu'il soit simultanément

tenu compte de toutes ces obligations personnelles, que des soins donnés à l'organisme dans la mesure de ses besoins, que la sensibilité, le goût, l'intelligence, le caractère, le sens moral, se développent de concert, car toutes ces facultés sont nécessaires pour constituer une vie normale, et l'insuffisance d'une seule compromettrait l'intégralité de l'être. Comme elles se prêtent de mutuels secours, elles n'ont toute leur puissance que dans un harmonieux accord.

4. — Ni la vie ni la morale ne pourraient se borner à une culture intensive du moi, incapable de subsister par lui-même; il faut aussi rendre sa culture extensive, prolonger l'être, individuellement si borné, et l'agrandir jusqu'à faire entrer dans le cercle de son activité celle des divers groupes sociaux dont il ne se concevrait pas séparé. Comme il participe à ces existences collectives, il doit en suivre l'ordre et les lois, s'harmoniser avec elles et en retirer le plus d'avantages possible. Nous sommes ainsi sollicités en deux sens inverses par les besoins de notre nature, l'un qui nous dispose à nous concentrer sur nous-même, l'autre qui nous porte à nous répandre au dehors et qui sont en morale l'équivalent exact des deux forces centripète et centrifuge d'où dérivent, d'une part la constitution de chaque monde, de l'autre ses mouvements coordonnés dans un système de mondes. Indiquons brièvement les devoirs qui nous incombent dans les groupes hiérarchiques dont notre personnalité relève et qui nous font passer d'un égoïsme instinctif à un altruisme rationnel.

C'est par la famille que s'opère cette transformation de tendances, grâce à un ensemble de sentiments où l'amour des autres confine à l'amour de soi et qu'on a pu qualifier d'égo-altruistes. Le groupe familial, où s'écoule notre vie, de son point de départ à son dernier terme, est le plus étroit, le plus intime et le plus fortement lié qui se puisse former entre des êtres humains. Continuateurs de nos ancêtres, nous vivons en communauté d'existence avec nos parents et nos proches, et nous devons préparer le sort des générations futures. De là résultent des devoirs qui, accomplis ou violés, assurent ou détruisent le bonheur commun.

Toutes les obligations de la famille se résument en une loi d'affection mutuelle. Le complet développement de la vie physiologique et psychique, pour l'homme et la femme, est dans l'harmonie de leur union, dont le principe doit être, non le simple attrait qui porte les sexes l'un vers l'autre, ou même la séduction d'agréments passagers, moins encore un bas calcul de cupidité ou un appareillage de convenances mondaines, mais surtout un amour réciproque fondé, non sur une exaltation romanesque et décevante, mais sur de formelles sympathies, sur une concordance reconnue de sentiments, de goûts, d'idées et de caractères, particulièrement sur une estime et une confiance réciproques. Moitiés d'un même tout, unis par les enfants nés d'eux et dans lesquels leurs deux existences se confondent, les époux se doivent l'un à l'autre la fidélité qu'ils se sont promise, l'assistance dans toutes les épreuves de la vie. « Il n'y a, dit Homère, rien de plus beau qu'une maison où, dans l'harmonie du ménage, l'homme et la femme n'ont qu'un cœur et une pensée. »

A l'égard des enfants, prolongement de leur personnalité, les parents ont le devoir de les aimer, mais d'un amour prévoyant et ferme, de les élever, de les instruire, de les dresser aux bonnes mœurs, plus par leur exemple que par leurs leçons, en un mot de leur assurer les meilleures conditions de vie. La prime que coûte une

bonne éducation donnée aux enfants est royalement payée
par les fruits qu'ils en recueillent. Les parents, au
contraire, qui, par incurie ou faiblesse, les gâtent au lieu
de les diriger, compromettent leur avenir et sont punis
par leur inconduite.

En retour, les enfants doivent aux parents dont ils ont
reçu la vie, qui les ont nourris, entourés de soins, élevés
avec tendresse, une affection et une reconnaissance dont
ils ne pourraient se décharger sans la plus noire ingratitude.

Entre proches, l'intérêt commun est de vivre en bon
accord, de se soutenir les uns les autres, de former tous
ensemble un milieu de cordiale intimité. Dans les familles
heureuses où prévaut la loi d'affection, le bonheur de
chacun est fait du bonheur de tous. Quant aux familles
divisées où l'infidélité, l'égoïsme, la cupidité, l'intolérance
d'humeur, les mauvais rapports suscitent des querelles
sans fin et font de la vie domestique un enfer, mieux
vaudrait vivre seul, sans intimité, mais sans chaîne et
sans tourments.

5. — Comme la morale domestique est l'art d'être
heureux en famille, la morale des relations privées est
celui d'entretenir avec ses semblables des rapports d'agrément et d'utilité, de se faire des amis, de s'attirer l'estime
et la considération. La règle idéale est d'agir à l'égard de
notre prochain comme nous voudrions qu'il agît envers
nous. Dans les questions d'affaires et d'intérêts à débattre,
une probité scrupuleuse est de rigueur. *Suum cuique
tribuere.* L'honnêteté est le meilleur moyen d'inspirer
confiance et de réussir sûrement. Si les fripons, a-t-on
pu dire, savaient l'avantage qui s'attache au renom
d'honnête homme, ils seraient honnêtes par friponnerie.
On jouit mieux d'ailleurs d'une modeste aisance honora-

blement acquise que d'une scandaleuse fortune élevée à force de rapines et de tromperies.

Dans le commerce du monde, pour goûter pleinement les avantages de la vie sociale, il faut suivre la loi des convenances consacrées par l'usage, le *quid decet* des moralistes. Bien des qualités aimables, beaucoup d'art et de délicatesse sont nécessaires quand on veut vivre en paix avec les hommes, gagner leur sympathie, éviter le risque de froisser ou de blesser la susceptibilité des amours-propres. La politesse des manières, une réserve discrète, l'aménité même n'y suffiraient pas. Il est besoin de bienveillance réelle, d'une large tolérance et d'une indulgence infinie.

Le devoir d'assistance mutuelle nous oblige de venir en aide aux malheureux aux prises avec les accidents ou les difficultés de la vie et les rigueurs d'un sort contraire. L'affection des petits et des humbles honore plus que celle des grands. Mais le plaisir d'être utile aux autres doit être le seul mobile, et c'est en perdre déjà le mérite que d'escompter leur reconnaissance. L'homme bienfaisant n'en attend guère, donne et n'exige rien en retour.

6. — Lorsqu'on réfléchit à tout ce que l'être humain, si faible dans son isolement, retire d'avantages de sa participation à la vie d'un État régulièrement organisé, aux garanties d'ordre, de protection et de liberté dont il lui est redevable, on reconnaît qu'il serait ingrat s'il ne témoignait pas un amour profond pour la patrie qui lui assure ces inestimables biens, et s'il ne mettait pas à les accroître, le zèle et l'abnégation dont ces ancêtres ont fait preuve pour les acquérir. Le patriotisme, qui est la vertu nationale par excellence, agrandit démesurément la sphère de notre activité et nous assimile la vie d'un

peuple entier, dans ses multiples manifestations de richesse, de sentiments, d'art, d'idées et de mœurs. Il nous intéresse à ses traditions et à ses œuvres dans le passé, à ses succès ou à ses épreuves dans le présent, à ses espérances ou à ses craintes dans l'avenir.

La morale civique règle nos rapports avec cette grande collectivité. Elle exige que l'on contribue de sa fortune aux charges publiques, de sa personne à la défense du pays, de son intelligence et de son travail à sa prospérité. On doit se conformer aux lois établies, s'abstenir de troubler leur ordre, et, si des réformes ou des améliorations paraissent nécessaires, les poursuivre par des voies légales, les obtenir de l'opinion mieux éclairée, et non prétendre les imposer par un coup de force. Quiconque exerce par suffrage, mandat ou délégation, une part de la puissance publique est tenu d'en user, non dans son intérêt propre, mais pour le bien de l'État car il ne l'a reçue que pour le servir. La société politique la plus prospère est celle où ces devoirs sont mis en pratique par le plus grand nombre des citoyens. Les patriotes qui s'y appliquent avec le plus de zèle et de succès ont pour récompense la satisfaction d'avoir été utiles à leur pays, et, le plus souvent, la considération qui s'attache à de glorieux services rendus. Il est beau d'avoir mérité ce prix ; il est plus beau encore de sacrifier, quand les circonstances l'exigent, une popularité passagère au bien durable de la patrie.

Il y aurait à instituer une morale internationale pour régler avec équité les rapports des peuples entre eux. Le droit des gens est une tentative, par malheur fort insuffisante, pour étendre aux relations des États des lois analogues à celles que les lois civiles établissent entre concitoyens. L'idéal serait de modeler les obligations internationales sur les principes généraux de la morale personnelle, de manière à prévenir les empiètements d'égoïsmes exclusifs, et à remplacer un état permanent de rivalité, de défiance ou de guerre par une condition de paix et de bon accord. Un peuple viole la loi d'équité humaine quand il fait à d'autres ce qu'il ne voudrait pas qui lui fût fait.

7. — Une morale plus vaste que la précédente aurait à déterminer nos devoirs par rapport à l'ensemble de l'humanité. Le patrimoine de civilisation acquise et transmise dont elle nous fait jouir mérite une gratitude infinie. Nous devons nous en acquitter par un amour ardent pour le genre humain, généreuse vertu que Cicéron célèbre à bon droit comme « la plus éclatante et la plus grande de toutes les choses honnêtes[1] ». Nous naissons chargés d'obligations de toutes sortes envers les générations antérieures, dont le constant effort a préparé nos conditions de vie, envers celle qui porte avec nous le poids du jour, et même à l'égard de celles qui seront appelées à nous succéder.

Le devoir général, qui résume ici tous les autres, serait exactement formulé par le conseil que David mourant donne à Salomon : « Sois homme[2]. » Être homme, dans le sens le plus complet du mot, c'est vivre le plus possible la vie de l'humanité toute entière, s'assimiler les trésors de civilisation accumulés par elle, éléments de bien-être, sentiments raffinés, chefs-d'œuvre des arts, découvertes des sciences, moralité épurée, lois sages, institutions justes... Chaque être humain doit avoir l'ambition de faire entrer dans sa courte vie tout ce que les générations passées ont trouvé de meilleur, de s'élever au

1. De finibus, V, 23.
2. « Esto vir » (Rois, III, 11, 2).

plus haut niveau qu'ait atteint la raison générale. Cessant alors d'être confiné dans les limites si restreintes de son individualité et de sa nationalité, il serait vraiment contemporain de tous les âges, citoyen de tous les pays, un représentant du genre humain.

Comme nous bénéficions des gains réalisés par nos prédécesseurs inconnus, nous avons la tâche d'accroître, dans la mesure de notre pouvoir, ce riche fonds dont héritera la postérité. Pour payer ce que la sagesse hindoue appelle « la dette de l'ancêtre » nous devons nous acquitter des bienfaits reçus en bienfaits transmis et concourir utilement aux progrès de la civilisation. Peu importent la débilité de nos forces et l'infimité de notre contribution personnelle. « La journée est courte, dit Hippocrate, et le travail est grand; la récompense aussi est grande et l'ouvrage presse. Ce n'est pas à toi qu'il appartient d'achever l'œuvre; mais tu ne dois pas cependant cesser d'y travailler. » L'Humanité avance lentement et avec peine; néanmoins elle progresse sans interruption, et quand on considère son point de départ, on est forcé de convenir que, malgré tant d'obstacles, elle a fait pas mal de chemin. Ayons confiance dans ses destinées, que ne troubleront pas nos agitations passagères, et, sans nous laisser décourager par elles, disons-nous avec Ramus, victime de celles de son temps : « Je supporte sans peine toutes ces tempêtes parce que je contemple dans un paisible avenir, sous l'influence d'une philosophie plus humaine, les hommes devenus meilleurs et plus éclairés. »

8. — Puisque nous faisons partie de la nature et entretenons avec elle de continuels rapports, la morale doit aussi fixer, vis-à-vis d'elle, la règle de nos droits et de nos devoirs.

A l'égard du monde animal, si la loi de la concurrence vitale, les exigences de nos besoins et notre prééminence nous autorisent à exploiter ses ressources, nous ne devons pas en abuser par caprice ou par cruauté. En nous appliquant à introduire dans la faune du globe un ordre favorable à nos intérêts, il faut éviter de bouleverser cet ordre au gré de nos fantaisies et d'anéantir par imprudence des types inoffensifs, utilisables ou beaux, dont l'avenir pourra regretter un jour la perte. Une loi de charité générale dont la violation même nous serait funeste devrait nous faire considérer les animaux comme des frères inférieurs, des parents pauvres ou attardés. Il convient surtout de traiter avec douceur et bienveillance les espèces assujetties qui nous fournissent de riches produits, collaborent à nos travaux ou servent à notre agrément. Leur docilité, leur affection même seront la récompense des ménagements et des soins qu'on aura pour eux. C'est la marque d'une civilisation supérieure de remplacer, dans nos rapports avec ces humbles serviteurs, la violence brutale et la férocité sauvage, par une douceur pitoyable pour des êtres qui partagent avec nous le privilège de la sensibilité et de la douleur.

Plus libres d'exploiter à notre gré les autres règnes de la nature, nous avons encore l'obligation générale de ne pas bouleverser l'ordre de l'ensemble en nous appliquant à le tourner à notre avantage. Nous sommes en effet les contre-maîtres plutôt que les maîtres de la création terrestre, et notre égoïsme n'y ferait pas prévaloir sans péril ses prétentions tyranniques ou perturbatrices. L'orgueilleuse parole de Feuerbach : « Que la volonté de l'homme soit faite ! » n'est recevable que si cette volonté concorde avec les tendances et les lois de la nature, car si celle-ci souffre d'être modifiée et améliorée conformément à ces lois, elle se refuse à être violentée et troublée contrairement à leur ordre. « Celui qui méprise une loi de la nature les méprise toutes. L'univers entier se révolte alors contre lui et la nature s'arme de toutes ses puissances, innombrables et invisibles, pour se venger de lui et de sa postérité, sans qu'il puisse prévoir à quel moment et de quelle façon. Celui qui, au contraire, obéit à toutes les lois de la nature, de tout son cœur et de toutes ses forces, verra tout collaborer en sa faveur. Il sera en paix avec l'univers[1]. »

« Suivre la nature », selon la grande maxime des stoïciens, c'est nous associer à sa grande vie. Le monde où nous vivons n'est pas simplement un amas de richesses à mettre au pillage ; c'est un milieu bien ordonné où abondent les objets dignes d'émouvoir notre sensibilité, un temple de beauté où notre goût trouve à exercer ses facultés esthétiques, le plus intéressant des sujets d'étude offerts aux recherches de nos sciences, le théâtre d'action où notre volonté se déploie. Il y a une sorte d'harmonie entre les ressources de la nature et nos besoins, entre notre âme et l'âme des choses, entre leurs plus beaux aspects et notre idéal, entre leur ordre et notre conscience, entre leurs lois et notre raison. L'union intime de l'homme et de la nature serait la plus haute perfection des deux.

9. — Sur la question des rapports entre l'être humain et l'être suprême, représentation synthétique de la totalité des êtres, la morale scientifique se trouve en désaccord formel avec les morales religieuses et philosophiques. La plupart des théologies et des théodicées ont en effet conçu leur dieux à l'image de l'homme et leur ont attribué, avec plus de puissance, son égoïsme, ses pas-

---

1. Kingsley, cité par Lubbock, *l'Emploi de la vie*, p. 145. (Paris, F. Alcan.)

sions, ses caprices, ses partialités. A ces maîtres redoutables une piété mal entendue s'applique à rendre un culte servile, cherchant à flatter leur orgueil par des démonstrations d'humilité, à invoquer leur assistance par des prières et des supplications, à capter leur faveur par des offrandes, à désarmer leur rigueur par des sacrifices, c'est-à-dire à les tromper ou à les corrompre par tous les moyens.

Au rebours, la science, écartant toute figuration anthropomorphique de la divinité, laisse l'Être suprême dans son indétermination absolue, car, elle sait que : « là où l'indétermination cesse, la superstition commence ». Dieu n'est pour elle qu'un principe infini d'activité qui se déploie dans l'univers, et, dans les lois qui le gouvernent, elle voit la révélation manifeste de décrets éternels. Puisque nulle part elle ne surprend et ne constate de dérogations miraculeuses à leur ordre éternel, rien n'autorise à croire que l'ingérence d'un arbitraire divin intervienne jamais dans le détail des phénomènes pour en changer le cours au gré de sa fantaisie. Nous n'avons plus affaire à des Dieux méchants qui nous infligent volontairement des maux, ni à des Dieux secourables dont il faille invoquer l'assistance dans nos épreuves, ni à des Dieux vengeurs qui nous menacent dans leur justice arbitraire. Nous n'avons à tenir compte que des lois immuables qui régissent toutes choses. Il est donc parfaitement inutile d'implorer la divinité et de lui demander de se démentir en notre faveur. Nos supplications sont vaines et nous ne devons attendre d'elle ni grâces imméritées, ni pardon qui nous évite l'expiation de nos fautes. « Toute tentative, dit Kant, d'honorer Dieu et de se le rendre favorable autrement que par la vertu constitue un faux culte et de vaines pratiques. » Conformer notre conduite aux lois de l'univers, participer le plus possible à la vie divine et concourir à ses fins, voilà le seul culte digne de l'Être suprême et de nous.

A la divinité ainsi comprise, les âmes pieuses, si promptes à se répandre en effusions et en prières, reprocheront sans doute son impassibilité morne, son manque de sympathie et de bienveillance, son indifférence à nos besoins, à nos douleurs, à nos plaintes et à nos implorations. Mais, par suite de son universalité même, l'Un-Tout, qui fait participer tous les êtres finis à sa réalité, ne pourrait sans injustice, faire preuve de partialité en faveur de quelques-uns. Il leur assigne des conditions générales de vie et les abandonne ensuite à leur propre activité. Ce qu'ils ont d'initiative pour se diriger à travers la contingence des choses n'aurait pas été possible autrement. A cette absence complète d'arbitraire divin, nous devons notre part de réelle autonomie. Rester libres d'agir sous des lois, voilà le seul idéal qui convienne à la raison. Si c'est là pour elle une charge et un péril, c'est aussi là sa noblesse et un honneur.

Le sentiment et l'adoration du divin doivent se réduire à des élans de pur amour pour la source de toute vie, à une admiration profonde pour ce qui resplendit de beauté, d'intelligence dans l'univers, de sagesse dans ses lois. En y conformant notre vie, nous participons à la vie divine, nous collaborons à son œuvre, nous jouissons, autant que le comporte notre nature, de son infinie grandeur. Cette communion avec l'être suprême s'effectue par toutes les aspirations de notre être, par nos convoitises insatiables de vie, nos désirs de bonheur, nos rêves de beauté, notre curiosité de savoir, nos scrupules de moralité, nos rapports sociaux qui vont s'unifier en lui. Par tous ces modes d'activité, notre raison, si bornée qu'elle soit, se rattache à la raison absolue et tend à se confondre avec elle.

Pour ce qui est hors de nos prises, là où la nécessité, expression d'inéductables lois, commande et s'impose, le devoir de la vraie piété consiste à subir, avec une résignation stoïque, la limitation forcée de tout être contingent et fini. Cette résignation, inspirée par la claire vue de notre subordination à des lois d'une souveraine sagesse, est plus facile que celle qui cède à contre-cœur aux arrêts d'un arbitraire divin dont notre égoïsme est toujours disposé à discuter la justesse. La raison se soumet avec moins de peine quand elle voit dans ce qui l'afflige des raisons générales, car elle comprend alors qu'il serait vain de s'insurger contre la force des choses, et juge avec Descartes plus aisé de changer nos désirs que l'ordre du monde. La résignation scientifique, qui nous incline à supporter avec sérénité les tristesses de la vie, ôte à la mort même son aiguillon, car la perspective d'une fin cesse d'effrayer quand on en écarte de chimériques terreurs, et qu'on la tient pour la dernière obligation de la vie, l'accomplissement d'une loi divine qui assure la rénovation des êtres dans un éternel devenir.

10. — On voit, par cet exposé sommaire de nos principaux devoirs, que l'être humain qui veut jouir d'une vie complète est tenu d'abord de développer en lui-même sa puissance d'activité, puis de la répandre au dehors dans les groupes dont il fait partie. Il ne pourrait en effet se confiner dans un égoïsme étroit et sordide sans se priver de l'extension de vitalité que procure une large participation à l'existence des séries sociales. Combien est inférieur, au point de vue de l'intensité de la vie, le triste célibataire, emprisonné dans son moi comme

un limaçon dans sa coquille, et le chef de famille qui se
sent vivre dans tous les siens! Celui-ci même n'a qu'une
existence bornée s'il limite ses relations à son intérieur
domestique en comparaison de celui qui, répandu dans
le monde, a su s'y faire de vrais amis et trouve dans cette
parenté d'élection, des agréments et des facilités de vie
que la famille ne suffit pas à procurer. Quelle plus large
extension de vie assure encore une participation active à
l'existence nationale, aux progrès de la civilisation dans
l'humanité, à la grande vie de la nature, à celle de la
totalité des êtres par le sentiment religieux! Voilà l'é-
chelle de vie dont il nous est donné de gravir tous les
degrés, nous pouvons ainsi étreindre un ensemble toujours plus vaste de réalités, élargir indéfiniment notre
existence et y faire entrer l'univers entier.

§.III. Morale comparée.

RÈGLE DE SUBORDINATION DES DEVOIRS.

1. — L'énumération des devoirs que nous venons d'esquisser et qui correspond aux diverses fonctions de la vie,
ne soulève guère des difficultés. Considérée à part, chacune
de ces obligations a sa valeur propre comme assurant un
gain de vie, et s'impose par son évidence. L'intérêt qui
porte l'agent à s'en acquitter est si peu douteux que l'hésitation même serait difficile à concevoir. Mais il est très
rare que le devoir se présente à nous avec ce degré de
simplicité, car l'unité d'impulsion et de tendance suffirait
en ce cas à déterminer l'action. La vie se compose d'une
multitude de fonctions entrecroisées qui réclament à la
fois et nous sollicitent en sens contraire. Dans l'impossibilité de pourvoir à toutes simultanément, il faut faire
entr'elles un choix toujours embarrassant pour la cons-

cience, puisqu'on ne peut alors accomplir le devoir préparé sans en négliger ou même en violer plusieurs autres. Une règle d'option qui après les avoir comparés, fasse une juste appréciation de leur valeur respective et les distribue hiérarchiquement, est ici le complément nécessaire de la morale. Mais la difficulté paraît grande pour l'établir. Tandis que les moralistes s'accordent généralement sur les devoirs simples et que leurs prescriptions rencontrent un assentiment à peu près unanime, les divergences et les contradictions sont fréquentes en ce qui concerne les devoirs complexes, c'est-à-dire les antinomies de la morale comparée, et le désordre des actes humains atteste mieux encore la réalité d'une immense lacune dans la théorie de l'éthique. La subordination des devoirs est presque entièrement livrée à l'arbitraire des décisions particulières, trop souvent fautives, parce que, quoi qu'on fasse, on a toujours l'illusion de s'acquitter d'un devoir. Les casuistes, qui ont abordé sans méthode ce sujet délicat, ont compromis la morale elle-même par le caprice de leurs interprétations. L'unique règle qu'on puisse poser d'une manière générale, c'est de préférer le devoir supérieur au devoir inférieur, ce qui assure le plus de vie à ce qui en procurerait le moins. Mais il n'est pas toujours bien facile d'en juger et l'on a souvent plus de peine, dans ces conflits d'obligations, à reconnaître où est le devoir qu'à l'accomplir. Essayons d'indiquer les règles qui doivent diriger quant au meilleur choix à faire. Nous aurons à comparer d'abord les devoirs de l'être humain envers lui-même, puis ses devoirs personnels et ses devoirs sociaux extérieurs.

2. — Les obligations relatives, d'une part à la vie physiologique, de l'autre à l'activité psychique mettent fréquemment le moi en opposition avec lui-même, et l'obli-

gent à prendre parti entre ses propres intérêts difficiles à
concilier.

Considérons d'abord les exigences de l'organisme :
elles seraient à classer sous trois chefs distincts, d'importance inégale, suivant qu'elles se réfèrent à sa conservation, à ses conditions de santé ou au simple désir de
bien-être. La première, seule absolue, est la plus impérieuse et doit passer avant aucune autre, comme la nature
même nous l'indique par le plus fort et le plus persistant de nos instincts. Sauvegarder son être est le principal des devoirs, puisqu'il est indispensable à l'accomplissement de tous les autres. S'il y a des cas où il est
beau de sacrifier volontairement sa vie à un intérêt supérieur, cette immolation de soi, qui constitue l'héroïsme,
dépasse la mesure d'une obligation stricte. Il faut l'admirer quand le dévouement l'inspire, mais on ne saurait l'imposer à titre de loi commune.

Aussitôt après le devoir de conservation vient celui de
préserver la santé, quand on en jouit, ou de la rétablir
lorsqu'elle se trouve compromise; mais il comporte déjà
plus de latitude, et la morale commande qu'on en sacrifie
quelque chose ou qu'on s'expose à des risques si d'autres
devoirs, plus pressants, l'exigent.

Quant au simple bien-être, qui intéresse moins la santé
que le plaisir, il doit être tenu pour tout à fait subalterne,
et sa recherche, constituant une superfluité pleinement
facultative, est à mettre au dernier rang comme urgence
et comme fécondité de vie. Les gens trop adonnés aux
jouissances sensuelles font le plus sot des calculs lorsque,
disposant du nécessaire dont se contente la raison, ils
perdent à poursuivre le plaisir la santé et même la vie.

3. — Le corps et l'esprit ont leurs exigences contraires, leur antagonisme fatal. Quelle mesure de sacri-

fices ou de concessions réciproques convient-il de leur imposer? Lorsque surgit entre eux un conflit d'obligations, la prééminence de droit appartient aux nécessités de l'organisme, pour ce qui concerne sa conservation et la santé, puisque tout le reste en dépend. Subordonné à l'être physique par ses conditions d'existence et d'activité, l'être psychique doit alors céder le pas et ne soulever de prétentions qu'une fois la question de préservation tranchée. *Primo vivere, dein philosophari*, dit la sagesse commune. Mais, cette réserve faite, la primauté sur tout ce que n'exigent pas les vrais besoins de l'organisme revient sans conteste à l'esprit, dont le développement l'emporte en étendue et en dignité. C'est un beau programme de de vie qu'exprime la formule anglaise : *Plain living and high thinking* », une vie simple et une haute culture. La plupart des hommes, au rebours, recherchent avec passion les raffinements inutiles de la haute vie et se contentent de pensées basses.

La saine appréciation des devoirs respectifs du corps et de l'esprit permet de maintenir sans trop de peine l'harmonie qui leur est également nécessaire. Les besoins essentiels du premier sont en effet assez bornés, et le second, en se prêtant à les satisfaire, assure ensuite son libre fonctionnement. On exagère à tort l'antagonisme de nature qui diviserait l'être humain en deux moitiés hostiles et incompatibles. Loin d'être ennemis, l'âme et le corps, consubstantiels, solidaires et indissolublement unis, se prêtent de mutuels secours. On doit donc réprouver la sottise des voluptueux qui sacrifient à des jouissances matérielles les nobles plaisirs de l'esprit, et la folie des ascètes qui, sous prétexte de mater le corps pour mieux assurer la prééminence de l'âme, la privent d'un bon et durable serviteur. Les besoins physiologiques une fois satisfaits dans ce qu'ils ont de légitime, les facultés psychiques doivent exercer la prépotence, utiliser à leurs fins les ressources de l'organisme, mais sans devenir jamais tyranniques et mettre en péril sa conservation ou sa santé. L'accord, aussi parfait que possible, des deux ordres de fonctions, réalise le maximum de vie souhaité par Juvénal : *Mens sana in corpore sano*[1].

4. — Une règle de subordination serait aussi à poser entre les devoirs relatifs aux diverses fonctions psychiques, car elles n'ont pas la même valeur. La préférence donnée à l'une ou à l'autre est en général arbitraire. Il est extrêmement rare que le clavier de nos facultés soit bien accordé, et la prédominance abusive de l'une d'elles peut tout fausser.

Par la puissance du désir et l'étendue de ses convoitises, la vie affective donne le branle à toute l'activité psychique. Le cœur a ses besoins propres, ses satisfactions nécessaires, qu'il ne cesse pas de réclamer et qu'il faut lui accorder, pour avoir la paix; mais il n'a pas le droit, que lui attribuent faussement les romanciers, de gouverner en maître absolu, parce qu'avec ses aveuglements, sa fausse appréciation des biens qu'il poursuit, ses joies incertaines, toujours mêlées d'inquiétudes ou de regrets, il met dans la vie plus de trouble que de bonheur. Les hommes qui accordent le plus à la passion sont loin d'être les plus heureux. L'exemple des sages qui demandent au désir juste ce qu'il faut de jouissances pour rendre la vie supportable, montre qu'il faut peu de vrais biens pour assurer la félicité philosophique, lorsqu'on la fait surtout consister dans la tranquillité d'esprit et la recherche de plaisirs supérieurs qui ne trompent ni ne passent.

1. Satire X, v. 356.

Les désirs une fois contenus dans cette mesure de modération qui constitue la sagesse, les pures jouissances du goût, moins précaires que celles de la passion, doivent leur être préférées, car l'admiration vaut mieux que l'amour, et l'attrait de la beauté donne à la vie, dans le sens de l'idéal, une orientation plus sûre que les vagues appétitions de la sensibilité, si souvent déçues.

Une part d'idéal doit entrer dans le développement de la vie pour en embellir le cadre, mais non y prédominer exclusivement. Il convient d'estimer la fonction intellectuelle plus que la fonction esthétique et la science plus que l'art, parce qu'elle a une valeur générale supérieure. La vérité, universelle et constante, l'emporte sur la beauté, toujours variable et relative. Alors que, suivant les lieux et les temps, le goût individuel compare, exclut et choisit, la science fait tout comprendre et formule des lois stables, communes à tous les esprits. Elle a de plus une fécondité d'applications que ne comportent pas les chefs-d'œuvre d'art. Il est plus utile d'être instruit que d'avoir du goût. On est moins sujet à l'illusion et à l'erreur.

Enfin, au-dessus de la passion, au-dessus de l'art, au-dessus de la science, il faut mettre la vertu, parce que rien n'égale et ne vaut la perfection morale, qui fait de l'homme de bien, le saint véritable, le plus accompli des héros. Seule, la vie morale est toute nôtre. Nous n'y relevons que de nous-même, car, quoique la loi du déterminisme montre que nous sommes agis alors que nous croyons agir, du moment où la raison adhère à la loi qui la régit, elle fait sien le mobile qui prédomine et se trouve agir à la fois forcément et librement. La liberté, c'est la nécessité comprise, approuvée et voulue. En outre, les sanctions de la vie morale sont indéfectibles, à l'abri des accidents de fortune, et il suffit de les avoir méritées pour les obtenir, comme de les avoir encourues pour en subir l'expiation, sans que rien au monde puisse les ravir ou en libérer. A ces divers titres, la vie morale mérite la suprématie, bien qu'on la lui accorde rarement.

Telle serait la règle de subordination des devoirs en ce qui concerne les modes de l'activité psychique. La vie la mieux employée est celle qui, sans sacrifier aucune de nos facultés, car toutes sont nécessaires et interdépendantes, accorde la prééminence et fait la plus large part aux plus élevées en dignité, aux plus fécondes en développements et en jouissances durables. Aristote veut qu'on accomplisse avant tout la loi morale, parce que sans cela le bonheur n'est pas, tandis que, la loi accomplie, le bonheur vient s'y joindre par surcroît. Stuart Mill demande aussi qu'on fasse pour être heureux autre chose que poursuivre le plaisir, qu'on tende à un noble but sans arrière-pensée de bas égoïsme. En y marchant de la sorte, mille plaisirs s'offriront d'eux-mêmes sur la route, pareils à ces fleurs qu'on cueille en passant. La vertu, en effet, n'impose le sacrifice d'aucune satisfaction conciliable avec la morale; elle se borne à n'admettre que des plaisirs purs, les plus dignes, à tous égards, d'être préférés.

Faute d'assez de raison, la plupart des êtres humains vivent au rebours de ces lois et expient durement la faute de les avoir méconnues. Ils consacrent d'ordinaire la meilleure part de leur activité à poursuivre un bonheur qui leur échappe toujours, parce qu'il est dans la modération des désirs et non dans la satisfaction d'une infinité de désirs. Un petit nombre d'artistes et de poètes s'appliquent à la recherche ou à la jouissance du beau idéal dans la nature ou dans l'art sans en faire, le plus souvent, beaucoup entrer dans la conduite de leur vie. Bien peu

de savants ou de curieux s'adonnent à la découverte ou
à l'étude des vérités scientifiques. Enfin, une élite plus
rare encore de parfaits hommes de bien observe et pratique la loi morale, donnant ainsi l'exemple de ce que
l'humanité transfigurée pourrait être et devrait devenir.
L'état de flagrante immoralité, d'ignorance, de laideur
et de malheur où se débat l'immense majorité des existences humaines tient à ce qu'on subordonne le plus souvent le culte de l'idéal à de grossières passions, la
recherche du vrai aux caprices du désir ou aux mirages de
l'imagination, et le devoir à des considérations d'intérêt.

Une preuve de la prééminence dont nous venons d'indiquer la loi ressortirait au besoin de l'ordre suivi par
l'évolution des facultés psychiques dans le cours de leur
développement, soit individuel, soit historique. Au sortir
de la première enfance, phase purement animale et instinctive, l'être humain s'éveille d'abord à la vie affective,
et jusqu'à l'adolescence est régi par les tendances de
son émotivité. L'idéalisation prévaut ensuite avec les illusions durant la jeunesse, âge de poésie et d'enthousiasme.
L'intelligence et la réflexion dominent à leur tour dans
l'âge viril. La moralité n'arrive à sa perfection la plus
haute que durant la vieillesse, fruit d'une expérience tardive des lois de la vie. Ces mêmes stades d'évolution se
retrouvent dans les phases successives de la civilisation.
Au début, pendant un cycle de sauvagerie qui fut l'enfance
du genre humain, tout l'effort de la raison fut employé
à faire les découvertes utiles aux nécessités de la vie.
Vint ensuite une phase de barbarie pastorale où, grâce
aux ressources, aux loisirs, aux rencontres et aux aven-
tures de l'existence nomade, les passions purent prendre
leur essor. Durant la période agricole qui va des vieux
empires civilisés de l'Orient à la renaissance, la civilisa-

tion est principalement esthétique; l'art et la poésie sont l'influence maîtresse, les véritables inspirateurs du progrès. Depuis quelques siècles, nous sommes entrés dans un âge où pendant que l'art en déclin perd de son importance antérieure, la science voit démesurément augmenter la sienne et tend à transformer la condition humaine par l'inépuisable fécondité de ses applications. Seule la moralité commune est encore très en retard; mais un temps viendra sans doute où par l'effet même des notions acquises et d'une compréhension plus claire des lois de la vie, l'humanité, revenue de ses erreurs et moins sujette à faillir, entrera dans une phase de moralité supérieure qui, pour notre présent si défectueux à cet égard, ne peut être qu'un espoir lointain.

5. — Le nœud essentiel de la morale comparée serait une juste appréciation des devoirs respectifs de l'égoïsme et de l'altruisme, de la vie personnelle et de la vie sociale, car leurs exigences contraires, pour peu qu'elles excèdent une mesure de raison, sont presque toujours en conflit. L'être humain, à la fois individuel et sériel, ne peut ni vivre isolé, ni s'absorber et se perdre dans des collectivités. Formant un tout par lui-même, mais faisant partie intégrante de divers ensembles, il a deux mobiles d'action, deux ordres de fonctions, et conséquemment deux classes d'obligations. D'une part, à titre de personnalité distincte, d' « entéléchie », il a le droit et le devoir de sauvegarder son moi, de s'appartenir à lui-même avant de se donner à d'autres, de réserver son autonomie, et ce droit, dans ce qu'il a d'absolu, ne doit être cédé à personne, aliéné à aucun degré d'association; mais, d'autre part, comme membre inséparable de groupes hors lesquels il ne pourrait vivre, il doit consentir aux charges et aux sacrifices qu'impose l'intérêt social, afin de participer aux

avantages que l'association procure. L'éthique est donc tenue de fixer dans quelles limites de raison et d'équité l'égoïsme est nécessaire et légitime, dans quelles autres l'altruisme devient utile et obligatoire. Il importe de marquer avec précision cet entrecroisement de voies où la morale change de direction, car on s'y trompe le plus souvent.

Le moi n'est pas toujours haïssable, comme le prétend Pascal ; il ne devient tel que lorsqu'il s'exagère. Tant qu'il se borne à maintenir son intégrité, son droit d'exister, l'égoïsme s'impose comme le premier des devoirs, même au point de vue social, parce que pour vivre, agir, s'acquitter d'une fonction de série, avant tout il faut être. Chaque individualité a le droit inaliénable d'être elle-même, telle que sa nature, son éducation, son autonomie veulent qu'elle soit, sans se laisser ni absorber par la famille, ni asservir par le monde, ni tyranniser par l'État. Il y a donc une mesure morale d'égoïsme qui doit passer avant toute obligation d'altruisme et qui consiste à maintenir intacte l'essence même de la personnalité. Aucun devoir social ne peut exiger la complète immolation de l'être individuel, le sacrifice de sa vie, de ses affections les plus chères, de son idéal, de ses convictions, de sa conscience, puisqu'il ne pourrait y consentir sans tout perdre et cesser d'être quelqu'un. Dans nos rapports avec les divers groupes sociaux, nous devons mettre un soin jaloux à réserver ce qui fait notre dignité d'être, nos sentiments intimes, l'indépendance de notre pensée, et l'imprescriptible droit d'obéir à notre conscience plutôt qu'à des ordres étrangers. Les individualistes proclament avec raison que « les originaux sont le sel de la terre », préconisent le *self-reliance*, le *self-confidence*, refusent d'abdiquer devant quelque autorité que ce soit et répètent le conseil donné par la Pythonisse à Socrate : « Suis ton

génie et méprise l'opinion de la multitude! » On mé-
connaît ce devoir quand, par faiblesse et lâche condescendance, on laisse son moi s'évanouir et disparaître, soit
par une abnégation trop complète dans la famille, soit
par une docilité servile aux conventions et aux préjugés
du monde, soit par une soumission volontaire à un directeur de conscience ou à un supérieur d'ordre pour lequel
on n'est plus qu'un bâton dans la main d'un vieillard,
soit par une obéissance aveugle à des lois injustes et
tyranniques, soit enfin par une piété mal entendue qui
porte le mystique à s'abîmer dans son Dieu. Le moi doit
maintenir sa personnalité envers et contre tous, en
présence des groupes les plus élevés et de la divinité
même, car céder la possession et la maîtrise de soi serait
s'abaisser, par une sorte de suicide, au rang des choses
passives. C'est un devoir pour les séries elles-mêmes de
ne pas porter atteinte à ce droit primordial de l'individualité, parce qu'elles ont intérêt à ce que chaque être
ait sa valeur propre et garde une vive empreinte au lieu
de dégénérer en monnaie fruste, effacée et sans usage.

Mais, au delà des justes bornes où l'égoïsme mérite de
prévaloir et doit être strictement contenu, c'est à l'altruisme
qu'il convient d'attribuer la plus large prééminence, parce
qu'il se prête le mieux à une extension indéfinie de l'activité vitale. Les garanties conservatrices du moi une fois
assurées, ce qu'il y a de facultatif dans notre développement personnel doit être subordonné aux fonctions de la
vie sociale. « On ne saurait, écrit Descartes, subsister
seul, on est en effet l'une des parties de l'univers, et plus
particulièrement encore l'une des parties de cette terre,
l'une des parties de cet État, de cette société, de cette
famille, à laquelle on est joint par sa demeure, par son
serment, par sa naissance, et il faut toujours préférer les

intérêts du tout dont on est partie, à ceux de sa personne en particulier[1] ». *Toujours* est trop absolu, comme nous venons de le montrer, et Descartes même le prouve par son exemple, puisque, pour sauvegarder les droits de son génie, il a rompu les attaches qui le liaient à sa famille, à son monde, à sa patrie, et cherché plus de liberté dans un exil volontaire. Mais, cette réserve faite, la préférence donnée à l'altruisme sur l'égoisme n'a plus que des avantages. L'égoïste qui, se refusant à toute concession d'intérêt personnel, prétend se confiner dans le culte et l'adoration de son moi, ne tenir compte que de lui-même et se préférer à tout, fait le plus sot des calculs. Notre existence individuelle, si bornée dans tous les sens, a besoin de s'agrandir en s'associant à des séries de plus en plus vastes auxquelles la rattachent des liens qu'elle ne peut rompre ou relâcher qu'à son détriment. Or, pour bénéficier des gains de vie qu'offre la participation à l'existence des divers groupes sociaux, il faut en suivre l'ordre et se plier à leurs lois. L'altruisme n'est plus alors qu'une amplification intelligente et généreuse de l'égoïsme qui, au lieu de se concentrer sur lui-même, se répand au dehors, vit dans les autres et par les autres, s'unit à des groupes hiérarchiques dont il fait sienne la richesse de développements, et donne ainsi à son moi, si chétif et si borné, une extension indéfinie.

Lorsqu'il se fait intransigeant, l'égoïsme se fonde sur la croyance que nous sommes des êtres absolus, capables d'exister par nous-mêmes, et que nous avons le droit de tout subordonner à nos fins particulières. La science, au contraire, démontre que nous sommes des êtres relatifs, dépendants et solidaires de tous les autres. D'autre part,

1. Lettre à la princesse Élisabeth, 1645.

l'altruisme deviendrait tyrannique s'il prétendait sacrifier constamment le droit des parties aux intérêts [du tout, puisque ce tout n'existe que par ces parties. Ni l'égoïsme, ni l'altruisme ne peuvent donc être exclusifs. Cela condamne également la théorie du « sur-homme » de Nietzsche, visant à établir l'exploitation de tous par un seul, et la théorie de la « non-résistance », de Tolstoï, qui livre le moi sans défense comme une proie offerte à toutes les usurpations. Malgré l'antagonisme apparent de l'individu et de l'agrégat social, la nature les concilie en fait, puisqu'ils sont indispensables l'un à l'autre, et la raison doit les amener à un accord profitable à tous les deux. « Ce qui est utile à l'abeille, dit Marc-Aurèle, est aussi utile à la ruche, et ce qui est utile à la ruche l'est aussi à l'abeille. » Mais, dans ce départ d'obligations, la plus large attribution doit être faite à l'altruisme, parce que c'est en lui que la vie trouve le plus à progresser. L'égoïsme, en général, se défend assez de lui-même et aurait plutôt besoin d'être retenu que stimulé. L'altruisme représente mieux le devoir, car la vertu, essentiellement désintéressée, consiste surtout à détacher l'individu de lui-même, à lui inspirer l'esprit d'abnégation. « La préférence de l'intérêt général au personnel est la seule définition qui soit digne de la vertu et qui doive en donner l'idée. Au contraire, le sacrifice mercenaire du bonheur public à l'intérêt propre est le sceau éternel du vice[1] ».

La nature et la raison s'accordent à rendre possible, facile même et dans tous les cas avantageux, moyennant des concessions réciproques, la conciliation de l'égoïsme et de l'altruisme, puisqu'ils nous sont également nécessaires, et que le second ne demande au premier

---

1. Vauvenargues, *Introduction à la connaissance de l'esprit humain*, III.

qu'un superflu dont il le rémunère amplement. Ce que l'être individuel peut faire de mieux, les droits de sa libre personnalité une fois garantis, c'est de se donner avec le plus large désintéressement aux devoirs sociaux, de chercher son bonheur dans celui qu'il procure aux autres (1), d'acquérir une plénitude de vie par la participation aussi étendue que possible aux fonctions, d'une inépuisable fécondité, de la famille, du monde, de l'État, de l'humanité, de la nature, de l'être universel. « L'homme définitif, dit H. Spencer, sera tel que ses besoins particuliers coïncident avec les besoins publics. Il sera l'homme qui, en accomplissant spontanément ce que lui indique sa nature, accomplira aussi les fonctions d'une unité sociale, et qui, toutefois, ne pourra donner la plénitude de sa nature qu'à la condition que tous les autres en feront autant. »

6. — Pour compléter cette étude de morale comparée, il resterait à indiquer la règle de subordination entre les devoirs relatifs aux divers groupes sociaux. Tous nous sont nécessaires ou utiles, et leurs exigences, qui souvent nous sollicitent en sens opposés, nous créent alors des obligations contradictoires. Comment déterminer la part qu'il convient de faire à chacun d'eux lorsqu'ils se trouvent en conflit? Quel intérêt doit être sacrifié, quel préféré? Et comment choisir sans méprise quand, pour accomplir un devoir, il en faut violer un autre? Grave et douloureux problème qui rend la conscience hésitante avant l'action et la laisse, quoi qu'elle décide, cruellement déchirée. La règle posée par Fénelon pour trancher ces redoutables antinomies, est d'une généralité trop sommaire et cesserait d'être juste étendue à tous les cas : « Il faut, disait-il, préférer sa famille à soi, sa patrie à sa famille, l'humanité

---

1. « Le vrai bonheur, c'est d'en donner » (J. de Maistre).

à sa patrie, » et s'il avait exprimé toute sa pensée, il aurait sûrement ajouté : « Il faut préférer Dieu à tout. » Néanmoins, cela ne doit pas être entendu sans tempérament et il y a des réserves à faire, car l'immolation complète de l'inférieur au supérieur conduirait à l'anéantissement de tous les groupes subordonnés. Or, puisque chacun d'eux joue le rôle de partie et remplit une fonction dans l'ensemble, il a le droit et le devoir de vivre pour son propre compte, et ses intérêts de conservation passent avant l'intérêt social, lequel n'a droit à prévaloir que s'il ne compromet en rien les conditions d'existence des groupes inférieurs.

Les groupes les plus restreints sont les plus nécessaires à l'être individuel parce qu'ils le touchent de plus près. On tient à sa famille plus étroitement qu'à son monde, à son monde plus qu'à l'État, à sa patrie plus qu'à l'humanité, à l'humanité plus qu'à la nature, et aucun devoir général ne mérite de l'emporter qui tendrait à la suppression de ce que le devoir particulier a d'essentiel. Ainsi les obligations conservatrices de la famille doivent primer les obligations facultatives de la société privée, et la morale réprouve ces femmes du monde, frivoles et dissipées, qui n'ont le loisir d'être ni épouses ni mères, et ne représentent que des poupées de salon, mi-actrices, mi-courtisanes. De même dans les rapports de la famille et de l'État. Une loi qui, par exemple, prétendrait, comme l'ont proposé Platon et certains réformateurs modernes, renverser les bases de la famille, supprimer le mariage, proclamer la communauté des femmes et des enfants, ou simplement abolir soit l'héritage, soit la propriété, qui assure la durée de la société domestique, une telle loi, édictée par un monstrueux abus de pouvoir, ne serait pas moralement obligatoire, et un intérêt supérieur à ceux qui sont engagés dans l'État commanderait de la transgresser.

Une règle analogue de subordination alternative serait à poser dans les conflits qui s'élèvent entre le devoir national et le devoir humain. Le premier, quoique plus particulier, doit prévaloir quand il s'agit de la conservation même de la patrie, car avant même de collaborer à la civilisation, un peuple a le droit absolu d'exister. Aussi, bien que la guerre soit une violation manifeste de la loi d'humanité, elle est pour lui non seulement légitime, mais obligatoire s'il la fait pour défendre sa vie, son territoire ou sa liberté menacés. Elle serait au contraire immorale et condamnable s'il l'entreprenait par cupidité, ambition ou amour de la gloire. C'est un patriotisme odieux que celui qui cherche, sans nécessité qui l'excuse, son avantage au détriment du genre humain, par une sorte de brigandage où la force prime le droit. La morale internationale exigerait que les peuples policés rivalisent seulement à qui servira le mieux les progrès de la civilisation.

Enfin, en ce qui concerne les devoirs religieux, la piété devient criminelle lorsque, s'exaltant jusqu'au fanatisme, elle met au-dessus de tout les obligations imaginaires qu'elle se crée envers Dieu, et lui sacrifie à l'occasion soit les devoirs de la famille (Abraham prêt à immoler Isaac, Agamemnon consentant au sacrifice d'Iphigénie, Mme de Chantal passant sur le corps de ses enfants, vocations monastiques, glorification du célibat...), soit les devoirs envers la patrie (guerres civiles de religion, proscriptions, persécutions...), soit les devoirs d'humanité (sacrifices humains, inquisition, autodafé, guerres religieuses internationales...). Une éthique rationnelle doit réprouver toute forme de piété qui exige le sacrifice de quelque devoir particulier, car le vrai sentiment religieux ne peut être que l'inspirateur et l'aboutissant de tous ces devoirs dans le culte de la vie universelle. L'être absolu et infini qui contient en lui tous les êtres se démentirait si, au lieu de consacrer l'ensemble des obligations spéciales, il contraignait d'en violer une seule pour le servir.

Ces exemples suffisent à faire comprendre dans quelle mesure la règle trop exclusive de Fénelon doit être modifiée. Les divers groupes sociaux où la vie personnelle étend ses relations entrecroisées peuvent d'ailleurs coexister sans se nuire, se prêter au contraire de mutuels secours, à condition de se faire les uns aux autres les concessions qu'exige le bon accord. Ces multiples devoirs ne sont incompatibles que sur des points réservés, et faciles à concilier sur tous les autres. Ceux qui se réfèrent à des exigences de conservation sont absolus, mais restreints; ceux qui intéressent le développement ont moins d'urgence mais comportent une latitude indéfinie d'activité. Il y a donc en général harmonie, non antagonisme, entre les séries de devoirs sociaux. Elles n'entrent en conflit que lorsqu'elles s'exagèrent et se faussent.

7. — On peut juger par cet exposé sommaire combien sont nombreux et pleins les devoirs qu'imposent les lois de la vie. Subvenir à tant d'obligations, satisfaire à la fois les nécessités du corps et les aspirations de l'esprit, développer en soi la sensibilité, le goût, l'intelligence, le caractère, la conscience; suffire à ce qu'exigent la famille, le monde, l'État, l'humanité, la nature, concilier ces tendances parfois divergentes, et, en cas de contradiction formelle prendre le meilleur parti, est une tâche effroyablement ardue, et les pauvres humains sont excusables de s'en acquitter d'ordinaire assez mal. En mettant mieux en lumière les conditions de la vie et ses impérieuses lois, une morale rationnelle leur apprendrait à

éviter les erreurs et les fautes où ils tombent trop souvent.

La principale difficulté de l'éthique sera toujours qu'une théorie de devoirs ne peut formuler que des règles générales, applicables sans doute dans la majorité des cas, mais comportant dans la pratique des exceptions et des atténuations sans nombre. Il y a en elles quelque chose de flottant qui fait dépendre chaque division particulière moins de la rigueur inflexible de la loi que de la spécialité du cas et des circonstances. Lorsque les situations diffèrent, les obligations ne peuvent pas être pareilles. Elles se modifient suivant la nature des êtres, leur rôle dans des séries, leurs aptitudes, leur éducation, leur milieu, leur état de famille, leur nationalité, leur race, leur degré de civilisation et le détail infini des occurrences où se développe la vie. L'option morale est un problème que l'initiative personnelle doit trancher sous sa responsabilité propre, à ses risques et périls.

De là résulte une double conclusion : la première, c'est que, quoi qu'on fasse, l'idéal de vie qui consisterait à s'acquitter au mieux de tous les devoirs est irréalisable, dans ce qu'il a d'absolu. Êtres bornés, faillibles et contingents, nous devons nous résigner à une existence incomplète, défectueuse, précaire, pleine de lacunes et d'accidents; la seconde, c'est que, pour chaque condition donnée, la vie la plus étendue et la meilleure, la plus riche de biens, la plus exempte de maux, est assurée à celui qui, prudent et ferme, se règle sur les lois de l'éthique, met en harmonie avec elles toutes ses fonctions et réussit à maintenir dans leur développement la moins imparfaite eurythmie.

TABLE DES MATIÈRES

CHAPITRE II
Symbiose des êtres vivants.

CHAPITRE III
Symbiose intracosmique.

CHAPITRE IV
Synthèses intercosmiques.

CHAPITRE V
Synthèses précosmiques.

LIVRE TROISIÈME
CONCLUSIONS ET DÉDUCTIONS

CHAPITRE PREMIER

CHAPITRE II
Cause et origine du mal.

CHAPITRE III
Esquisse d'une morale positive déduite des lois de la vie.

Coulommiers. — Imp. PAUL BRODARD. — 813-1900.

Coulommiers. — Imp. PAUL BRODARD. — 1129-1900.